第 6 届金经昌中国青年规划师创新论坛

提升城乡发展品质

Urban and Rural Development Quality Improvement

金经昌中国青年规划师创新论坛组委会　编

同济大学 出版社
TONGJI UNIVERSITY PRESS

第6届金经昌中国青年规划师创新论坛

主办单位

中国城市规划学会
同济大学
金经昌城市规划教育基金

承办单位

同济大学建筑与城市规划学院
上海同济城市规划设计研究院

协办单位

长三角城市群智能规划协同创新中心
《城市规划学刊》编辑部
《城市规划》编辑部
中国城市规划学会学术工作委员会
中国城市规划学会青年工作委员会

编辑委员会

主任

周　俭　彭震伟　石　楠

委员

（以姓氏拼音先后排序）

陈　飞　程大鸣　戴慎志　黄建中　匡晓明　李京生　栾　峰　钮心毅　孙施文
童　明　汪劲柏　王　德　王　骏　王新哲　夏南凯　肖　达　印晓晴　俞　静
张国全　张海兰　张尚武　张　松　赵　民　赵　蔚　周海波　朱介鸣

主编

张尚武　肖　达　俞　静

编辑

黄　震　宁化岩　杨　磊　孙　莹　臧　超
陆佳元　郭　燕　陆申燕　王翠婷　施国强

编务

陈　涤　蒋　琳　顾鲁燕　蒋　琳　张知秋　顾振华

前　言

十九大召开，习近平新时代中国特色社会主义思想和基本方略的提出，对中国的城镇化发展也提出了新的要求。

从 2015 年 12 月中央城市工作会议系统性提出"一个尊重"和"五大统筹"的基本思想，到 2017 年 10 月 18 日中国共产党第十九次全国代表大会提出的"不忘初心，牢记使命，高举中国特色社会主义伟大旗帜，决胜全面建成小康社会，夺取新时代中国特色社会主义伟大胜利，为实现中华民族伟大复兴的中国梦不懈奋斗"的战略号召，城乡规划工作所面对的城乡发展环境正在发生深刻变革，国家空间体系的构建与治理面临着从理念到实践全面创新的改革要求。

2017 年 6 月 3 日，第 6 届金经昌中国青年规划师创新论坛于同济大学举办，论坛围绕"提升城乡发展品质"展开讨论。主论坛环节，我们邀请了唐凯会长、周俭院长、于海教授、王军研究馆员，分别以"发挥规划编制人员的才智——城市规划行业协会的视角""时间与城市空间的生活品质""生活世界与共享空间""地权契约与城乡发展"为题作了主旨发言。在分论坛环节，我们设立了城乡统筹和规划变革、城市设计与文化传承、城市更新与社区治理、研究方法与技术创新四个分议题，集聚了国内学术权威与青年规划师们共同探讨、深入交流规划理念与创新实践，28 位青年规划师精心准备了发言，21 位邀请嘉宾参与了谈论。

"金经昌中国青年规划师创新论坛"以"倡导规划实践的前沿探索、搭建规划创新的交流平台，彰显青年规划师的社会责任"为宗旨，由中国城市规划学会、同济大学、金经昌城市规划教育基金联合主办，同济大学建筑与城市规划学院、上海同济城市规划设计研究院联合承办，长三角城市群智能规划协同创新中心、《城市规划学刊》编辑部、《城市规划》编辑部、中国城市规划学会学术工作委员会、中国城市规划学会青年工作委员会参与协办。"金经昌中国青年规划师创新论坛"系同济大学校园内的常设论坛，每年 5 月中下旬在同济大学校庆期间举办。

第 6 届金经昌中国青年规划师创新论坛论文集，是在上述论坛征稿基础上汇编而成的。本次论坛共征集到 101 份稿件，我们组织了同济大学建筑与城市规划学院教授及多位校内外行业专家围绕议题进行了评议，对其中的 85 篇论文稿件进行了修改后录用。在此特别感谢所有参与论坛的专家学者、青年规划师和各个友好合作单位对论坛的大力支持，欢迎你们提出宝贵意见和建议，更热诚地希望你们给予长久的支持与帮助。

第 6 届"金经昌中国青年规划师创新论坛"组委会

2017 年 11 月

目 录

城市更新与社区治理　　108

研究方法与技术创新　　150

主题报告 提升城乡发展品质

Urban and Rural Development Quality Improvement

发挥规划师的聪明才智——城市规划行业协会的视角

唐　凯　住房和城乡建设部原总规划师、中国城市规划协会会长

　　城乡规划事业发展到今天，已形成了多元化的城乡规划编制队伍。首先，截至 2016 年 8 月，全国规划编制单位总数已达 2 880 家，虽然事业单位和国有企业依然为主导，但私企随着市场化推进而发展迅速，规划设计咨询服务也日益完善。其次，城市规划编制队伍是规划专业技术的主力军，近九成的注册规划师在规划编制队伍中，编制单位的办公条件、技术装备也越来越强。丰富的规划实践，促进了城乡规划的法律、法规的建设、管理制度的完善、技术方法的创新和学科发展的进步。再次，规划编制队伍并非均衡发展，全国各地情况差别比较大。东部地区、大城市的人才集聚优势显著。

　　那么，对于规划编制单位和规划编制人员又有哪些问题和困惑呢？对于规划编制单位而言，最关注的问题包括规划编制单位的定位问题、管理体制问题、学科发展影响下的改革适应问题以及城乡规划市场规范化问题。对于规划编制人员而言，较多的困惑在于如何发挥自身价值，提高专业影响力、学术创新能力与科研成果转化能力。

　　面对问题，我们要认真研究如何应对？如何促进行业发展？第一，以开放的态度，树立为国家服务的信念。城乡规划改革方向，离不开国家的改革方向对城乡规划的要求。邹德慈院士一直主张，"规划不是仅仅为住建部的部门服务，更是为国家服务"。城市规划是综合、全面、开放的，通过空间把各部门规划统筹起来。要建立整体观。要以人为核心。要建立科学共同体，发挥多学科优势，形成针对问题解决问题的、合力的技术框架。第二，以超前的意识，加强学科合作与新技术应用。顺应学科发展需要，跟上科技发展步伐，城乡规划编制单位要在软硬件建设上舍得投入，坚持科研、鼓励创新，保持自身的领先地位。第三，坚持为人民服务宗旨，走进社区、走进群众中。城乡规划成果"最终要用人民群众满意度来衡量"。此外，还需要进一步建立好规划行业乃至城乡建设的人才库，发挥注册城乡规划师的作用，建立有利于人才成长的机制。总体来说，要提高城乡发展品质，提高城乡规划编制的质量，首要的关键因素是人，是队伍建设。行业协会也将积极为会员做好服务，为国家建设以及两个百年目标的实现，尽一份力。

城市空间的生活品质

周　俭　同济大学建筑与城市规划学院教授、上海同济城市规划设计研究院院长

报告中提出了城乡发展中的空间品质的研究问题。一是中观空间视角，分析城市吸引力的影响因素；二是社区研究视角，分析居住人群对社区品质的评判；三是理论探讨视角，分析社会空间与社会资本与空间品质的关系，而这也是规划师需要认真思考的问题。《伦敦空间发展战略》提出要"在全球城市中脱颖而出"，要争取达到"最高的环境标准和生活质量"，其6个具体目标中，也有3个和城市空间品质相关。

首先，城市空间吸引与历史文化空间的价值具有密切关系。比照人口结构和住房价格的空间分布，可以观察城市吸引力和宜居空间的分布关系。通过巴黎、东京和上海的案例比较，吸引高端人群聚集的居住地区，往往也是房价最高的地区和城市最为重要的历史街界。一个城市长期积淀，不仅包括了物质文明，也包括了大量的社会文明，城市的历史积淀与城市吸引力、城市空间价值，存在很大的正相关性。如何解释这一现象？可以从社会资本视角进行分析。社会资本包含了信任、互惠和社会支持等方面，社会资本的积累有助于提升社区的健康、安全、教育、经济福利、职业发展、政治参与水平和居民生活质量，是促进社会融合和宜居生活的重要因素。

2014年，同济规划和同济社会学联合课题组做了上海13个居民小区的问卷调查。包括年代最早的虹口港混合社区，徐汇、黄浦的租界社区，中华人民共和国成立后的鞍山工人新村社区以及新建商品房同济绿园社区和宝山顾村动迁房社区等。13个居民小区包括了新建商品房、公房、新式里弄、老式里弄、动迁安置房、经济适用房6种类型。这些社区建设年代跨度大，空间尺度差异也很大。通过1000多份问卷调查，从信任、互惠和社会网络进行了社会资本测评。可以看到，从总体社会资本来看，老式里弄最高，其次是新式里弄，最低是动迁安置房。居住30年以上的居民之间的互惠性显著高于5年以下居民，老式里弄邻里关系信任和睦程度最高，年代较久远遗留社区的社会资本远高于其他类型的社区，中小规模社区认同度较高，较高的居住密度一定程度上促进了邻里自发的交往。

然而，改革开放以来，社会空间的建构的基本取向往往是更多地向资本和权力倾斜，导致了大型（安置和保障）住区的超大街坊、同质社区的大规模集聚的现象。城市中产生了很多维护成本高、难以接近，甚至对某些人群完全区隔的空间。这使得社会资本难以积累，并对社会空间造成巨大伤害，凸显了当下中国城市社会分化和社会空间领域面临的社会公正问题和空间品质的挑战。

首先，关于城市空间的社会性问题。法国著名社会学家列斐伏尔将空间划分为具有物理形态的感知空间、概念化的构想空间和象征性的生活空间。这些空间在现实生活情境中能动地建构关系，它既可以是环境性的空间，也可以是关系性的空间。从关系性角度来看，城市改造更新不论大小，都是一种城市空间的重构过程，对城市空间资源利益的重新布局。"小街坊 – 密路网"的"开放街区"其实是一种从效率空间转变为社会空间的规划价值观转向。开放街区促进了社会行为，社会行为又促进空间产生新的意义，有助于城市空间积累更多的社会意义。从这一点而言，城市空间的共享特征是城市生活品质提升的一种必要的社会属性。其次，关于城市空间的生活品质问题。城市空间的共享性强调社会空间的互动和建构，有益于在各社会阶层的异质性在城市空间上的融合。城市公共空间的共享有问题，那么在某种程度上可以认为这个城市空间的社会公平性不足，也就不能说这个城市空间是有品质的。上海历史城区中许多街道空间正是具备了这些共享空间，才备受大家喜爱。规划作为政策工具，要深入考虑城市空间重构过程中的社会公正问题，这也是城市空间生活品质的基本问题。

对城市空间品质的研究需要更多视角，上述提及的只是关于城市空间生活品质研究的一些视角，它们相互之间既有关联性但又不仅限于这些。我们需要认识到，城市品质是与城市居民群体和个体生活体验和获得感相关的领域，因此它具有很强的社会性、多样性和时间性。

生活世界与共享空间

于 海 复旦大学社会发展与公共政策学院教授

围绕社会学的关键词"互动",来分析社会中的"人"的概念和空间问题。

首先,提出"生活世界"的概念。从城市学者列斐伏尔提出的三个空间概念,到舒茨在《从社会实在问题》中提出的"生活世界是共同生活和意义结构"的观点,到哈贝马斯提出生活世界的空间维度,即人和人的交往所形成"背景知识"构成了生活世界直接确定性的界限和环境。

其次,将生活世界的概念引入城市学,对接城市学者的空间概念。列斐伏尔认为,生活空间就是表达的空间,他特别强调人实际上是通过表达来表现、阐释生活,形成对世界的理解。列斐伏尔说,"街道是一个即兴的剧场","街道是一个会面的地方","人是场景,又是观众,有时还是演员"。人与人之间的互动是城市生活存在的根基。城市学者芒福德提出"城市是发展人格的剧场,城市经验是人类文化和人格发展的内在成分,一个丧失戏剧对话感觉的城市,也失去了人文性的文明。城市好坏的标准最终由城市的社会性和有机性的程度来衡量。"雅各布斯提出了"街道芭蕾",人们在城市的人行道上,在与人的互动中接受教导。《美国城市的死与生》到今天依然散发着敏锐的感受性,不可遏制的人文性。德塞托的《日常生活实践》提出了步行的意义,步行者把城市规划所定义的街道转变成了空间。以上的城市学者的城市剧场概念,街道芭蕾概念,回到步行世界的诉求,诠释的正是空间范畴的生活世界理念。

其三,重新考量生活世界和人的关系,需要解读"生活世界"的人文学。人只有在生活世界中才真正成其为人。城市生活空间中的互惠、信任、社会交往都属于人性的生活,城市空间需要解决关于人性的问题。严格来说,今天的城市空间却越来越不适合人居或者不适合人性的成长。新出生的婴儿需要长久地依赖于抚养者,人的存在从婴儿努力捕捉母亲的眼光开始。不仅为了哺乳,还因为通过母亲的目光确认他的存在,从而发展出人格。家是生活世界的第一所在,并从这个基点出发走向了街区和城市。人在他人目光中成为一个真实的人,只有野蛮人才活在自我中。亚当斯密在《道德情操论》中提出,一个孤立的人无从知道自己行为的合宜与否或心灵的美丑,只有通过社会这面镜子才能获得答案。黑格尔说过,人的真相只能是社会的,至少需要两个人,人才能成为人。马克思观点更是耳熟能详,人不是抽象的存在,人是一切社会关系的组合。社会学家库利认为,人在社群和社会交往中获得人性。人,离开了与他人的想象的交流和真实的交流,是无法成为人的。孤立状态中人性亦会衰退。

然而,当下中国的"生活世界"出了什么问题?以"我"和我曾经的"生活世界"——马当路街区为例。1949年,街区内除了殡仪馆,什么都有,中华人民共和国成立前60多家机构,现在只剩下3家,1个大型商办综合体,1座教堂,1个是我曾度过2年时光的幼儿园。这里有"我"生活世界的经验,有放课后的街头追逐,而今天哪里还有这样的街头生活呢?上海这样的街区很多,成片的肌理已不复存在。过去30年我们更多地是把人跟人隔离开来。城市空间面临着碎片化、封闭化、原子化、私有化、景观化的问题,这些都是反人性成长的。我们对今天的城市空间不满意,就必须要回到生活世界,回到人文学、人性论,回到社会性的努力上。

那是不是要回到原来一个厨房间3~4家合用的生活世界呢?也不是。原来的生活世界互动很多,但公私空间不分,不是我们情愿回去的。我们想要回到的是在共享空间里重建人文交往,是接触、欣赏、尊重、参与、创造的过程,一个真正有温度的生活世界,而温度是由人与人的交往和互动带来的。我们正在经历这样的转变:从生产空间到生活空间,从生产岸线到生活岸线,从经营城市到社区营造,从城市速度到城市温度。创智农园案例中,我们正是希望通过景观共治来实现社区内表达空间和生活世界的创建。希望我们的孩子是沙坑一代,是在一个人与人都能彼此察觉与接触的空间中成长起来的一代。

地权契约与城乡发展

王　军　故宫博物院研究馆员、故宫学研究所副所长

地权契约背后的财产权就是人格，基于财产权的契约是文明社会的重要支撑。改革开放以后，土地使用权成为财产权，推动了高速城镇化发展，也带来了诸多城乡问题。要解决这些问题，就要回溯历史。中国文明源远流长，古代的地权契约是值得今天实事求是地来给予研究和评价的。

今天来看城乡最大的问题，是空间衰败。不论是北京城里的胡同，还是厦门的近代洋楼，又或是昆明的农家院子，都在衰败。中国曾经最伟大的就是乡村，没有旧城改造、没有新农村建设，老百姓自己就弄得很好。然而。现在我们经济增长的和平时期，国家投入那么多钱，城乡空间却在衰败。那一定是这个城市、这个乡村生命力的最核心地方出了问题，这不是物质问题，这是社会问题。那么病因在哪里？在地权与契约。前几年，一位艺术家试图为以上问题找个答案。他展示了大量从民间收集来的地契，如今则都成了废纸。看着这些废纸，我心里沉甸甸的，这些都是我们老祖宗的尊严，然而契约背后的权利风雨飘摇。

一是地权契约构建了社会自治的基础。从秦始皇设郡县开始到辛亥革命，中国县的个数没有太大变化，而人口从汉代6 000万一路攀升到清代4个多亿。地方行政机构没有增加，一县管理的人数却从5万人增长到30万人。中央政府如何用极少的官员进行这样庞大的管理呢？关键在于中国社会的极其强大的自治能力。城市内部是行业自治，农村是乡绅自治。政府可以通过行会推行社会管理，包括收税。契约之订立，是民事主体的自由行为。

二是从地权契约演变看中国城乡治理特点。中国古代土地制度经历了封建制、井田制，随着生产力发展而进入到私有制。《周礼》记载有版图之制和邦中之赋的制度非常完备。版是户籍，图是地籍，据此进行社会管理，统计人口和土地产出，据此解决土地纠纷。而邦中之赋已有些城市房地产税的味道，构建了基本的城市公私关系。各朝代均强调私宅不受侵犯，地权边界清晰。

宋代，城郭之赋被纳入国家基本税制，这是为城市设立的专门税种，包括宅税和地税，相当于今天酝酿开征的房地产税。城郭之赋根据房屋的区位状况分等级征收，很公平，是一个了不起的制度创举。

孙中山先生提出"创立民国，平均地权"，他认为，基础设施投入所带来的不动产增值，需要通过一个正常程序返还公共财政，避免两极分化，并使公共服务得以持续。

面临的波折和挑战，顶层设计已绕不过去。中华人民共和国成立后，城乡土地制度经历了一个曲折过程。从最初的保护公民合法收入与各类所有权，到极左时期整体产权体系的破坏，城乡环境快速恶化。1982年宪法规定城市土地国家所有，农村土地集体所有。土地财产权被虚置，又使得公共服务投入带来的巨大社会增值无法计量，难以合理返还公共财政，而导致公共服务出现严重短缺。1988年宪法修正案规定"土地的使用权可以依照法律的规定转让"，施行有偿有限期土地使用制度下，《土地管理法》赋予城市政府征收农地之权，带来了今天扩张征地、存量拆迁的建设模式，由此带来不断激化的社会矛盾。因此，十七届三中全会以来，拆迁征地制度改革启动，而问题关键仍在于城镇化带来的巨大社会增值如何分配。因此，我们要向历史学习，通过契约的方式推动城镇化，这将是城乡关系的重大调整。通过不动产税，促进公共服务投入、社会增值与财政返还的良性循环。地方政府摆脱对土地财政的依赖，被征收者因缴税而能正当获得相当于甚至高于市场价格的补偿，城市周边村民可通过缴税购买公共服务，成为市民。

综上所述，地权契约乃文明社会之基石，社会人格由此塑造，公私关系由此界定。中国古代的地权契约制度为中华文明生生不息提供了强大的支撑，是不容被抹杀的中华优秀传统文化的重要组成部分。当前在中国城乡推进的土地制度改革，关系社会增值如何在城乡内部、城乡之间合理分配，关系公私利益与治理关系如何调整、社会重建如何规划。这方面，中国有着丰富的历史资源可供借鉴。文明之转型实为公私关系之转型，我们需要建设正当的公、正当的私、正当的公私关系。只有站在这样的高度，才能完成再造地权、重建契约之伟业，中国城乡健康永续发展，才可望实现。

[主要观点]

1 江苏省城市规划设计研究院周秦的《"三类空间"划分的前世今生——基于近20年江苏县级城市总体规划的实践与思考》聚焦县级城市总体规划中市域空间划分问题，梳理了自行探索空间划分方式的阶段、《城乡规划法》出台后相对成熟的四区划定阶段以及今天根据总体规划编制新要求所提出的"分区"向"分类"模式转变的阶段。探索了通过主要功能分解和相关规划落实两大导向来推进生态空间、农业空间和城镇空间的分类划定，并总结提出，这是一个不断尝试探索螺旋式上升的过程，"分区"模式强化管控，"分类"模式是管控和引导并重，保护和发展兼顾，使得多规协调更具有现实意义。

2 沈阳市规划设计研究院刘春涛的《基于实施导向的县域宜居乡村规划探索》以辽中县宜居乡村规划为例，探索一种实施导向下的县域、乡镇、村庄建设规划的总体框架。在政府强调建设、规划师强调愿景、农民强调实际收益的多元主体述求下，宜居规划要同时兼顾建设性和延续性。县域层面通过摸底、对标和研判，明确全县乡村宜居建设的重点、时序、标准、基础设施建设内容，宜居示范镇层面强调战略、目标与项目库建设，示范村层面，强调战略、项目策划和村庄"四治四改七提升"的15个专项工作的选择。在具体工作中，针对乡村老龄化严重的特点，强调规划的战略和策划环节，抛砖引玉促进村民参与，来进一步确定各类市政、道路、绿化等实施与管理环节的具体方案。

3 重庆市规划研究中心许骏的《基于城乡统筹发展的重庆城郊农村土地利用政策及规划方法探索——以重庆九龙坡区农业公园为例》针对案例所处主城区边缘的特点，面临多元利益主体矛盾突出、农村社会个体诉求多元协调难度大、缺乏空间利用和生态保护的统筹机制、社会资本难以进入农村市场带来土地价值难以发挥等问题。在此基础上提出价值观与方法论的转变。一是土地利用与空间规划指引上，强调控制性与协调性并行：强化基于生态安全、土地合理利用为原则的空间管制的控制性，强化全方位开放规划过程的协调性。二是多途径创新用地及相关政策，兼顾政策性和实施性：统筹好"区、镇、村"三级平台建设，推动体制机制创新；加快土地确权颁证，挖掘存量用地潜力，深化农村集体产权制度改革，强化物质空间规划向公共政策研究转型。

4 华中科技大学建筑与城市规划学院时二鹏的《2004—2014年武汉小城镇发展效率评价与时空演化特征》以武汉市中心城区外小城镇为对象，研究将数据包络分析（DEA）用于小城镇全要素发展效率测度，并综合运用地统计分析和趋势面分析，探究小城镇发展效率的时空分布与演变特征。初步判断武汉市小城镇发展效率保持中等水平，呈圈层断崖式递减和指状向外扩散特征，各市辖区间差异明显，集聚态势减弱，集聚格局变化与人口规模密切相关，与产业结构相关性不明显；规模小，产业特的一般镇更易于实现效率，"复合单元"刺激集聚态势减弱并趋于网络化均衡等结论。通过精准认知评判小城镇在大中城市发展中的地位和作用，进一步制定相关政策科学引导小城镇健康发展，为研究大、中城市周边城镇体系结构、规模、产业、职能提供新视角和思路。

5 苏州大学金螳螂建筑学院雷诚的《绩效与能动：苏州大都市外围地区空间演化研究》以苏州大都市外围地区为对象分析空间绩效与主体能动机制。通过遥感数据，可以观察苏州城市形态由单核蔓延发展，土地快速扩张的特点。通过建立多系统多层级的量化评价体系，判断苏州大都市外围地区的空间绩效受多重因素影响，与社会经济和交通关系紧密，而各分区则形成三大梯队，表现出空间演进路径的差异性、主体利益化的驱动导向性与规划管控约束力的弱化性特点。在行政区划调整和规划控制作用之下，苏州外围五区的空间演进呈现类型化特征：工业园区是"区"主导新城型、高新区代表的"区镇"拼合扩张型、吴中区代表的"镇村"混合并进型。大都市外围空间演进机理是两种路径相互作用的结果，整体上，区级主体能动性逐步增加，强势政府特点明显。

6 陕西省城乡规划设计研究院宋玢的《西北地区"镇级市"就地城镇化路径探索》研究聚焦"镇级市"基层行政管理体制改革。小城镇是解决大城市人口过度集中和农村地区老龄化空心化的城乡二元问题的关键，"镇级市"是改革创新的重点。相比东部地区以解除管理束缚为目的，西北地区的"镇级市"发展是着眼于扩权发展。建构适于西北地区"镇级市"就地城镇化路径，要重视差异，因地制宜，围绕人的核心，以生态宜居、产业升级、服务三农、自主治理为目标，形成一种离土不离乡的发展模式，县域范围内实现向小城镇的集聚和自下而上的自发行为。以富平县庄里镇小城市改革试点作为案例，探索以城乡空间治理为就地城镇化的载体，以产业转型与协作为就地城镇化的动力，以公共设施服务完善为就地城镇化的基础，以社会管理创新为就地城镇化保障，构建从空间、产业、社会、管理多维度就地城镇化的路径。

7 上海同济城市规划设计研究院陈浩的《上海新市镇总规编制规范中的城乡统筹创新》结合上海市新市镇总体规划编制技术要求和成果规范研究工作，系统介绍了作为基层行政管理单元的镇总体规划编制创新要点。以城乡统筹发展为目标，纵向上是整个规划体系的承上启下关键层次，横向上是两规融合、多规合一的基本平台。用地分类、数据底板上，深入落实两规合一、一张蓝图的总体要求，并对管控和引导的用地给予分类标识；规划目标上，强化四类综合发展指标，落实新一轮总规要求；空间布局上，强化镇级部门在公共服务、公共设施、公共空间、历史文化等发展短板问题的应对；城乡单元图则方面，强化对接近期计划，衔接控详规划，衔接增减挂钩等公共政策，提高服务效能。

[分析与点评]

1 中国城市规划学会耿宏兵副秘书长认为,城乡统筹各个阶段面临问题不一样,不仅仅是土地空间问题,也有制度、利益和社会变革问题。镇是城乡连接点,且差异巨大,各地经验不能照搬。周秦的三类空间划分变革体现了城市规划向公共政策的转变,江苏特别是苏南地区有一定特殊性,乡镇企业发达,与城市乡村交错布局,非常复杂,如何分类管理对全国有很大借鉴意义。刘春涛的乡村宜居问题值得研究,但村和镇不同,镇作为城市的雏形,可借用城市规划的思路和方法,乡村除了空间问题,更是人的问题,要推进农村的自治机制。许骏的农业公园涉及到多元产权和利益分配,区里设农村土地交易所,镇里负责集体土地资产经营,村里搞土地股份合作,并通过第三方社会组织引入,都是很好的机制探索。时二鹏关于武汉中心城周边镇的研究,要甄别其特点和规律是否在其他城市周边存在和适用。雷诚关于苏州郊区的研究可以发现国内城市扩张很快,香港开发量和开发强度很大但实际用地仅占市域22%,而苏州已经达到29%。要研究镇的绩效变化过程和规划的关系。宋玢提出的"镇级市"的目标离土不离乡,要注意离乡不离乡取决于当地提供的就业岗位的质量。陈浩所研究的新市镇规划为上海减量化目标、精细化管理提供了详细技术方法。

2 山西省住房和城乡建设厅郭廷儒副厅长提出,周秦的三类空间划分,以县为单元进行县域城乡总体规划编制,比较超前。刘春涛的镇村规划强调实施角度,关注实际问题的解决很好。陕西乡村的突出问题和东北比较接近,老龄化很严重,50岁以下人口基本外出,农村问题从政府角度要多引导,完善一些基础设施。许骏的规划中提到的产权问题是农村发展的大问题,土地是农民就业和生活的最重要问题,这涉及到我们国家的土地制度问题,需要探索创新,更好地推进农村发展建设。时二鹏通过量化研究,提供一个路径,给予规划管理和决策的定量精准分析很有必要。雷诚对发展模式的测评,为大都市地区区域的发展能够提供很好的参考。宋玢提出的"镇级市"问题,核心给予镇的发展一定权限,而且全国的镇的人口规模差异很大,情况不同。陈浩介绍的上海新市镇背景在于上海的机构合并基础,为其他城市的体制整合提供了一个很好的借鉴。

3 同济大学建筑与城市规划学院赵民教授认为,周秦的三类空间梳理很清楚,不同的空间管理方式都有道理,也都有局限性。三生空间可以转化,要和四区划定结合创新。县域空间很大,总体规划是战略性表达还是空间管制型表达也是不同的工作方向。刘春涛提出的实施性规划其实是行动规划,侧重操作的控制机制和行动机制。美丽乡村建设就是基于行动导向的。乡村规划要考虑人的需求,共同形成决策。许骏的案例很特殊,是城市边缘区对于空间发展权的争夺,是总体控制和地方发展的矛盾,体现了农业社会转向城市社会的矛盾,不是一般的城乡关系,解决方案肯定是利益的协调和制度的创新。时二鹏提出的小城镇效率问题,既要考虑城镇职能和经济效益的投入产出,也要考虑社会效益是否公平,能否提供更多的公共服务、社会流动机会和健康成长空间。效率评价要兼顾总体效率和边际效率。雷诚提出的绩效和总体能动模式关联性比较,要注意检验各个要素之间的相关性,不同的绩效不能相互替代,不建议叠加,进行矩阵评价之后,才能看到完整的结论。宋玢提出"镇级市"促进城市化是对的,但镇从学术上讲本质也是城市,应该加强建制镇建设,推进就地城镇化。陈浩的新市镇规划编制提出的用地分类要注意和全国用地分类标准的衔接,文化红线概念应对抽象的文化概念需要进一步明确。低效用地的减量化要建立平视的规划视角。

4 同济大学建筑与城市规划学院朱介鸣教授认为,周秦的三类空间和四区划定的提法是自上而下政府视角,逻辑完整清晰,但实际操作时生态和农业并不容易区分,四区管理也未必明确,需要不断给政府和学校反馈修正。刘春涛提出的宜居乡村和美丽乡村一脉相承,政府、规划师、农民的三个角色各有诉求,政府有意愿但追求政绩,要接地气,规划师要有为农民服务的意识,农民是服务对象,比较自我。(谁)要建立集体意识。规划的关键是如何统筹三者角色。许骏的农业公园是集中反映了城乡统筹中的城乡利益冲突,可以聚焦土地的冲突,集体土地和国家土地所有权也不一样,展开研究更具有逻辑性。时二鹏和雷诚所做的定量研究很有价值,建议完善:一是关于经济投入产出研究,要注意滞后性特征,二是效益和空间之间,即国道对效率贡献度高的因果分析,要补充与其他政策间的相关性研究。宋玢的"镇级市"概念最初来自浙江,通过中心镇带动区域发展,行政级别意味着资源和税收,西北区域可能有一定差距。就地城市化取决于岗位工资吸引力,问题还是在相应的大城市的效率,和政府配套设施没有关系。陈浩的上海新市镇城乡规划技术性很强,需要从研究角度再思考其中问题,如增减挂钩政策如何实现。可对比重庆的地票政策比较研究。

5 上海同济城市规划设计研究院裴新生所长认为,周秦提到的总体规划的全域空间管理不论什么分区分类方法,关键是要把有价值的东西保留下来,在多规合一过程中有一点坚持,规划思维也从板块向网络转变。刘春涛、许骏提出的乡村空心化问题的解决,一是需要土地产权的政策创新,二是需要自下而上的村民协商与自治机制创新。时二鹏、雷诚的定量研究对于城镇体系、大都市区城市群的研究价值很高,同意赵教授关于生态价值和社会公平维度的建议,这是一个复杂的定量研究课题。陈浩介绍的上海新市镇规划对产业用地的增减做了精细化定量统筹。上海的零增长不代表不增长,中心城区,重点新城区都要高效增长。减量化减在城乡结合部、农村用地,低效村庄空间。要形成差异化指引,更好地引导整个区域赋予这个镇的职能和职责。

6 中国城市规划设计研究院上海分院郑德高院长总结道,论坛内容涵盖了现在城乡规划的各个层面,非常丰富,而专家从管理、实践和学术角度也提出了多个角度的思考。以习总书记的要求来看,美丽乡村要有作为有所不为,要与大都市功能衔接,要着力打造和谐社会,要上升到治国理念新高度,规划要以人民满意不满意为最终目标。

"三类空间"划分的前世今生

——基于近20年的江苏县级城市总体规划的实践与思考

周 秦
江苏省城市规划设计研究院

　　最新的《城市总体规划编制审批办法》（征求意见稿）（以下简称"《办法》"）提出"规划区层次区分生态空间、农业空间和城镇空间"，而根据《江苏省2030年城市总体规划修编要点》（以下简称"《要点》"）"县级市和县城的规划区宜尽可能覆盖县（市）的行政区域"的提法，即要求将县级城市的市域空间划分为生态空间、农业空间和城镇空间三类空间。《新时期城市总体规划编制要点和要求》（暂行）（以下简称"《要求》"）也提出"在市域层次的规划中，合理确定生态、农业、城镇三类空间比例和格局"。"三类空间"的提法体现了城市总体规划市域空间划分模式的演变和发展，是对于有效保障各类功能空间，进一步提升城乡发展品质的有益探索。

1 前世：总规市域空间划分的历史演变

1.1 城乡规划法出台前：自行探索的空间划分方式

　　由于没有明确的规范要求，这一阶段江苏省县级城市总体规划的实践中，对于市域空间的划分尚处于自行探索阶段，形成两种主要的操作模式：按建设管制要求划分和按土地用途划分。

　　按建设管制要求划分模式主要按照区域空间在资源保护、生态保育、安全保障和开发建设等方面的重要程度进行划分，侧重于控制引导，划分为三类区域：第一类为需要保护控制，不宜并禁止进行开发建设的区域；第二类为需要对其有所控制和限制，或进行预留，或对其功能类别进行合理引导的区域；第三类为适合优先建设发展的区域。

　　按土地用途划分模式主要按照各块用地的功能类别进行分区，侧重于实际的功能，分为城乡建设空间、生态敏感空间和农业空间（及其他用地）。

1.2 城乡规划法出台后：相对成熟的空间划分方式

　　这一阶段开始形成一套较为固定的划分方式，除按照《中华人民共和国城乡规划法》和《要点》的要求，在市域空间划分禁建区、限建区、适建区外，还借鉴《城市规划编制办法》"中心城区规划划定禁建区、限建区、适建区和已建区"的要求，在市域空间增加划定已建区，形成包括禁建区、限建区、适建区和已建区四类分区的"四区划定"，主要以资源保护、生态保育、安全保障及隔离防护等几大方面为原则导向进行评判划分（图1）。

2 今生：总规市域空间划分的最新探索

　　按照"将市域空间划分为生态、农业、城镇三类空间"的最新要求，在宜兴市城市总体规划的编制中对相关思路、原则和方法进行了初步的实践和探索。

2.1 基本思路

　　按照主要功能分解和相关规划落实两大导向双向推进。

　　（1）功能分解：按照各类要素的主要功能划分三类空间（图2）。

　　生态空间：包括实现生态保育、维护生态安全、促进环境保护和构建生态格局四类功能，将具有这四类功能的要素划入生态空间。

　　农业空间：以发展农业生产为主、保障农民增产增收、实现多元化经营的空间，具体包括农业生产、农业辅助、农田水利这三类功能，将具有这三类功能的要素划入农业空间。

　　城镇空间：以城镇开发建设为主。

　　（2）规划落实：落实生态、农业等相关规划的要求。落实生态红线区域保护规划、土地利用总体规划、林业发展规划、水环境治理规划和防洪规划等相关规划的要求，为规划的落地实施提供空间保障。

2.2 基本原则

　　（1）生态导向优先：优先保障具有重要生态保育和环境保护功能的要素，将其划入生态空间。

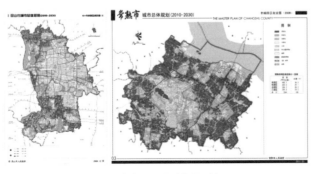

图1　市域"四区划定"图示例

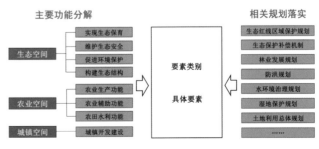

图2　三类空间划分基本思路

（2）更高级别优先：当不同等级、不同部门的规划在具体要素的空间落实上发生冲突时，优先保障更高级别规划的落实。

（3）地域特色强化：在要素选择和功能引导方面，突出城市的重要功能、特殊区域地位和重要性以及发展特色。

（4）保障刚性底线：通过对各类要素、各地块具体功能类别进行仔细甄别和明确落实，确保三类空间划分的规范、合理，保障刚性底线。

2.3 操作流程

（1）划定初步成果：将三类功能主要涉及的要素落实到具体空间，划定初步成果。

（2）冲突要素协调：对现状与规划、不同规划、既有规划与最新导向要求在用地类别上存在冲突的要素，应根据前述基本原则进行统筹协调。

（3）特色空间细化：根据当地特色，对三类空间进一步细化分区。

3 问题与思考

3.1 演变历程：一个螺旋式上升的过程

从江苏的实践来看，其在自行探索阶段形成的两种市域空间划分模式都在后期得到了演变和发展。

《城乡规划法》提出的划定"禁止、限制和适宜建设的地域范围"和相对成熟的"四区划定"模式（以下简称"分区模式"）可以看作是按建设管制要求划分模式的演变和发展；而《办法》和《要求》提出的"区分生态、农业、城镇空间"（以下简称"分类模式"）则可以看作是按土地用途划分模式的演变和发展。如图3所示。

3.2 操作难点：旧问题 VS 新问题

"分区"模式在实施8年之后即将被"分类"模式所取代，主要是因为"分区"模式在具体操作实施中存在诸多问题：如概念标准不统一，特别是对"限建"的理解偏差较大；划定方法缺乏明确合理的技术标准，许多要素在归类分区时存在分歧和差异；多种管制要素混杂在一起，在空间上未进一步细分，具体管控操作有难度；分属环保、水利、林业和国土等不同部门事权范围的要素混杂在一起，难以有效操作实施。见表1所示。

表1 四区划定中的主要分歧要素和分歧分区

主要分歧要素	分歧分区
基本农田	禁建区
	限建区
地质灾害易发区 （地质灾害影响区）	禁建区
	限建区
不同等级河道	禁建区
	限建区
风景旅游度假地区域 （风景名胜区以外）	限建区
	适建区
城镇远景发展备用地	限建区
	适建区

（表右侧标注：禁/限建区、限/适建区）

"分类"模式的提出可以说是针对"分区"模式存在的问题，在事权管理、实施性方面的改进和完善。但"分类"模式从初步的实践来看，也出现了一些新问题。

（1）具体分类问题：原"分区"模式按照各类要素的管控重要性进行分区，而非具体的功能类别，因此许多要素虽然功能类别不同，但根据其同等的管控重要性可以统一划入禁建区或限建区；而在"分类"模式中，需要对各地块的具体功能类别进行仔细甄别和明确落实，因而暴露出许多新问题，如土地利用总体规划中基本农田"上山下湖"的问题就很明显地显现出来。

（2）多规协调问题："分类"模式使得不同部门规划之间的矛盾也愈发显现出来，有限的用地资源要满足不同部门的指标要求，因此同一地块在不同规划中分属不同的用地类别、不同用地类别之间存在矛盾和重叠的现象频频出现；同时多规协调在城市总体规划编制中的重要意义也愈发显现。

（3）要素缺漏问题：生态、农业、城镇三类空间的分类方式，导致部分管控要素，如设施廊道、历史资源等难以合理归类，因而无法得到有效的管控保障。

3.3 意图导向：重管控 VS 重引导

"分区"模式相对而言更加重视管控，根据各类要素的不同重要程度进行分区和管控，在规划区层面进行划分也便于规划部门便捷管理、发放一书两证等。

"分类"模式重管控也重引导，重保护也重发展。具体而言，生态空间以保护管控为主，农业空间保护管控和引导发展并重，城镇空间以引导发展为主。

同时，"分类"模式相对而言更加客观，各地块的功能属性、用地类别相对明确客观；而"分区"模式在对各类要素的重要程度进行判定时具有较强的主观导向性。

3.4 未来展望：管控引导并重，功能等级并行，规范可行并举

在"分类"模式管控引导并重的基础上，在三类空间内部进一步对各项具体要素进行明确，并按照不同重要程度和不同事权部门明确细化具体的管控和引导措施，以便于实际操作和实施。

同时明确统一相关技术流程规范，并加强可行性研究。对多规协调、不同部门间协调的协商机制、对其他部门规划调整建议的合理性、可行性及补偿对策、补偿机制等进行考虑和研究，增强规划的可行性，最终确定合理、可行、操作性强、可有效实施的三类空间划分方案。

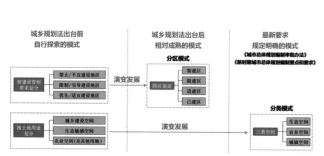

图3 市域空间划分模式演变历程

基于实施导向的县域宜居乡村规划探索

刘春涛
沈阳市规划设计研究院

1　背景解读

当前，就在全国城镇化跨越 50% 门槛的这前后十年，农村发展引起国家和地方的更多重视，各地开展社会主义新农村、美丽乡村规划建设，均有不同侧重，并涌现一批典范。

在国务院办公厅出台《关于改善农村人居环境的指导意见》后不久，辽宁自上而下推动乡村环境改善，打造一批宜居示范村庄。沈阳市辽中县进行落实，组织编制宜居乡村建设总体规划，并在规划指导下进一步开展宜居示范镇规划、宜居示范村规划，有效指导一批投资建设。

然而，"宜居"本无法用一个标准卡齐（图 1），"宜居规划"也不在现有的"规划体系"中（图 2），究竟怎么算是宜居，宜居规划该怎样做才能满足多元主体的需要，这样一个规划仅仅满足几个环境整治建设工程就完事了吗？带着这些问题，我们深入开展了一个新的体系的规划实践，也得到一些没有预想到的收获。

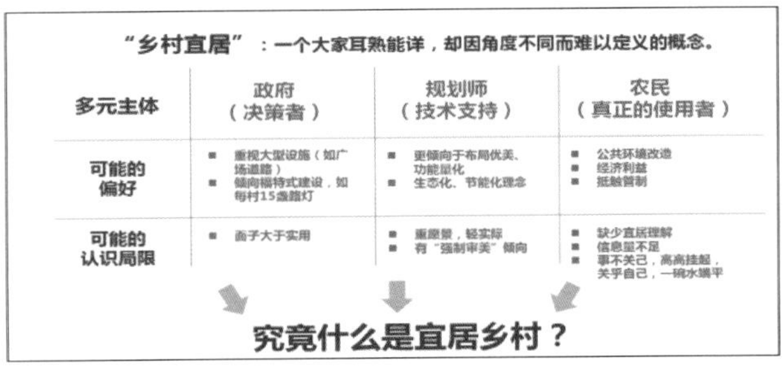

图 1　乡村宜居，并非容易界定

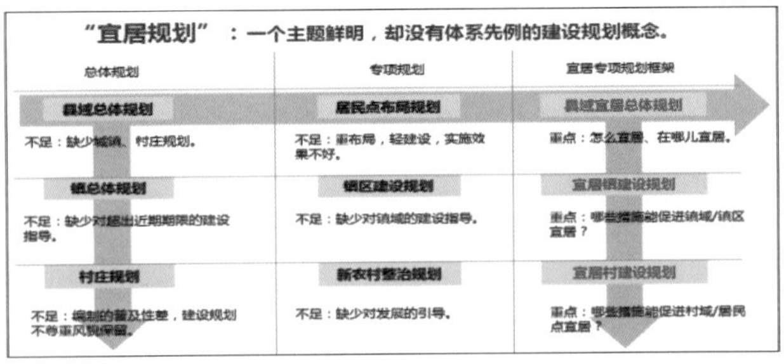

图 2　乡村宜居，亦为"无根"的规划

2　规划框架

辽中县位于沈阳市域西南一隅，总面积 1 646.69 平方公里，辖 2 个街道，18 个乡镇，总人口 53.3 万人，城镇化率约 55%。

辽中县的"宜居"建设，划分了三个层次，如图 3 所示。

图 3　辽中县县域宜居规划开展的三个层次

具体来说：

一是县域层面的宜居建设总体规划。重点确定全县乡村宜居建设重点、时序、标准和基础设施建设内容，目的在于能够指导下位规划、优化现行规划的中期规划，并明确县域层面基础设施的施工计划。思路为（图 4）：

（1）摸底：摸有关与乡村发展的底。乡村规模、就业、综合发展水平的定量分析、经济和人口发展的内部差异等。

（2）对标：对国内外先进乡村曾走过的路，看看辽中处于什么阶段，便于理解这个阶段下一步怎么算是宜居。

（3）判断：明确本阶段的宜居规划诉求、规划原则。

（4）基建：安排落实总体规划的基础设施计划，计算投资量、划定完成时间（图 5）。

图 4　宜居建设总体规划之摸底、对标与判断

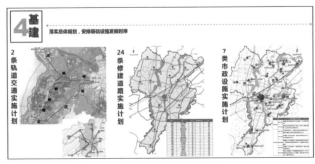

图 5　宜居建设总体规划之基建

图6 宜居建设总体规划之定标（镇）

（5）定标：定镇的标，在上述基础设施建设的前提下，乡镇怎么算宜居？最后制定了达到"五个一"是基本标准，即风景美、街区美、功能美、生态美、生活美。"五个一"中，完成17个分指标就算及格，各乡镇发展水平不同，可以进一步完成另外8个建议的分指标，也可以有自选动作（图6）。

（6）定标：定村的标。村的标准是底线标准，总结为"四治四改七提升"。

（7）定序：按辽宁省规定，宜居乡村省、市、县资金配比为3:3:4，因此县域层面建设资金是面临压力的。采取不均衡发展的策略，规定部分村庄先达到"宜居"标准。

（8）指引：这部分是对具体建设内容、建设主体的要求。

二是镇宜居规划。宜居镇规划不必挑战镇总体规划的权威性，毕竟后者是法定规划，所以没有必要过分对总体规划的规模或用地调整；但需要总结镇长远发展战略方向与下当建设的关系。当然，在规划过程中也遇到有的镇没有总体规划，那就得先编制总体规划纲要，才能继续宜居规划。这里以茨榆坨镇（辽中县最大的一个镇，也是宜居规划示范镇）为例，一般情况下，规划主要内容有1+5+n，其中1是战略愿景，5是五美达标，n是发展项目建设。具体来说：

（1）战略：根据当前发展情况和总体规划，对未来发展作出的预判。茨榆坨镇是一个商业业态较好的镇，即便仅仅是环境整治，也不能与产业发展割裂来分析，产业的发展直接影响宜居建设项目。

（2）达标：达到"五美"要求，归纳为茨榆坨的"四大类""十一项"建设项目。

（3）建设：从乡镇发展需求入手，对自选动作项目近期建设进行落实。这后面是一个项目库。

三是村宜居规划。村子采用的是1+x+15，1是战略愿景，x是村庄策划，15是十五类宜居项目实施。这里的案例是偏堡子村，茨榆坨镇里的一个汉代遗址资源、少量工业发展的一个村。规划分三个层次：

（1）战略：通过现状分析，拟定村子的发展战略，四条路径：生态立村，文化铭村，产业富村，环境兴村。

（2）策划：村子发展自上而下，这是东北的一个现象——东北很少有像南方村子的能人经济存在。于是在发展战略的指引下，特别策划适于偏堡子村发展的项目，其中一些将结合宜居建设、近期建设，其他的则供村民参考。

（3）建设：这个和乡镇建设类似，最后是项目库。

3 总结和分享

首先，通过县域宜居建设总体规划、乡镇宜居建设总体规划、村宜居总体规划，建立一种实施导向下的乡村建设规划总框架。这个框架从一开始就是实施为导向的，最终建成什么样，怎样运转是关键问题。

其次，对于"宜居"，不同发展层面的人们的认识不同。吃不上饭的人，认为吃饱就宜居。衣食无忧的人，认为出行方便、生活有情调才是宜居。所以，不同发展阶段的乡镇，需要有"必选动作""可选动作"，这个标准不是统一，也不应该统一。

第三，一个建设规划，我们从战略与策划开始研究，而不是就修那条路而研究怎么修，这为建设的时序性提供了逻辑。但实践中，我们发现不仅如此，还激发了村民的参与性。规划公示的时候，村民非常理解修这条路不修那条路的原因，而那些策划过、没建过的项目，村民会很有热情地进行讨论。

第四，分享一些有意思的心得。①果树是可以作宅前树的。这个举措大大提高了村里绿化的自发维护，解决了宅前树的监管问题。②8米路灯的确是比6米路灯好，因为有的村子里的孩子很喜欢玩弹弓，但是在沈阳的另外一个县法库县，6米路灯就会更具经济性。③定点分散供水大大减少了村子维护供水设施的花费，比自来水更受村民欢迎，这与规划师们之前的想法背道而驰。④北方的室内卫生厕所始终无法普及，原因是冻土层太深，三格式厕所算是相对比较适用的厕所，但更加实用的是一体式三个厕所，目前已经有相关企业着手做了。

基于城乡统筹发展的重庆城郊农村土地利用政策及规划方法探索

——以重庆九龙坡区真武宫农业公园为例

许　骏
重庆市规划研究中心

1　重庆九龙坡区真武宫农业公园概况

规划区地处重庆市九龙坡区西部的西彭镇，紧邻内环高速，区位优势显著。规划范围涉及7个村社，面积约918公顷，地形总体平缓，有基本农田约500公顷，高压线走廊23条。规划区常住人口约5 900人，外出务工人口较少，多从事乡村旅游相关产业（图1）。

图1　真武宫农业公园区位图

2　发展面临的主要问题

2.1　多元利益主体矛盾突出

对农民而言，其财产权、土地收益权，以及土地开发利用中的养老、就业、医疗保障及住房保障等权益还有待完善；对涉农企业而言，其与农户沟通不畅，虽有一定建设需求，但普遍存在用地难、融资难、投资保障难等问题；对政府而言，财力、物力有限，更希望通过自下而上市场推动城乡互利共赢。

2.2　农村社会特点，协调难度大

村民利益诉求日益多元，多关注个人利益，较少关注公共利益；村民遵守法律，履行契约的意识淡薄；多年来形成了以行政村为基础的农村自我管理、自我服务的习俗。

2.3　空间利用与保护亟待统筹

规划区北侧毗邻大溪河，地处重庆市重要的生态保护区。南侧位于城市发展备选区，其基础设施、道路交通系统等与城市建设统筹考虑；区内约有基本农田500公顷，需严格保护。当前企业及农房的建设行为呈无序发展态势，一定程度上破坏了环境，亟待相应的规划进行空间统筹（图2）。

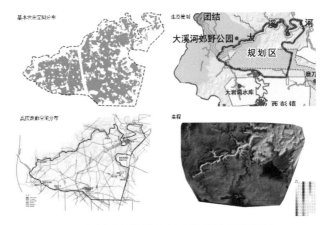

图2　真武宫农业公园自然生态条件及空间管控要素图

2.4　土地价值难以发挥，土地利用急需规范

在现有政策框架下，规划区用地以农村集体建设用地为主，存在产权归属不清晰、权能不完整等问题，难以与国有用地一样"同等入市、同权同价"，使土地自身的融资、担保、抵押等功能难以发挥，优质社会资本进入农村市场面临诸多困境，现有企业的发展面临巨大压力。现状农村集体建设用地相关政策和制度滞后于建设实践。

3　土地利用与空间规划指引——控制性与协商性并行

长久以来，中国的城市规划在内容上注重物质空间的安排与布局，在规划方法上往往采用自上而下的精英式规划，这样的方式适应了上一个阶段拓张式快速发展的需求。在新的发展时期，城乡规划正在全面转型。从物质空间规划转向公共政策的研究，从而提高规划的可实施性；从"自上而下"的安排转向"自上而下"与"自下而上"的有机结合，在适度刚性控制的基础上，通过充分协商的方式，平衡多元利益主体的需求。真武宫村农业公园规划充分兼顾城乡规划的"控制性"与"协商性"，"政策性"与"实施性"，以期在新形势下，从规划内容、规划方法以及政策实践上探讨近郊城乡统筹发展的路径。

3.1　控制性：基于生态安全、土地合理利用为原则的空间管制

梳理基地的现状发展基础和限制条件，划定南北两大区域（图3），北侧重塑生态田园社区体系，南侧兼顾城镇发展远景要求，统筹考虑基础设施的基础上进行适度的旅游开发，并在此基础上细分五个功能区（图4）；注重村域道路系统与城市道路系统之间的衔接，增强农业公园可达性，并在各功能区之间规划多层次的游憩路线；基地内集中居民点的电、燃气、给水和污水等公用设施与西彭镇一体化规划，鼓励采用自建沼气池等污水处理装置。

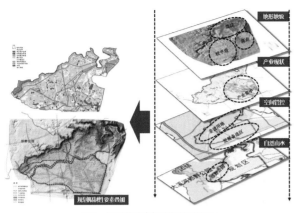

图3 识别基地空间控制性要素图

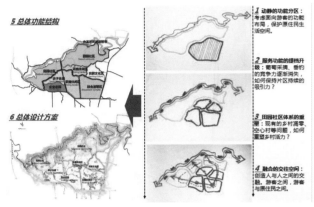

图4 总体功能结构图

3.2 协商性：全方位开放的规划过程

规划采取问卷调查、走访、实地与村民、企业和村集体召开讨论会等形式，全方位开放了解各利益主体诉求，在规划方案形成的各个节点，组织开展座谈会征求多元利益主体的意见，搭建多元利益协调和诉求表达的平台，体现公众参与、公众决策的理念。

4 政策性与实施性兼顾——多途径创新用地及相关政策

4.1 统筹好"区、镇、村"三级平台建设，加快推动体制机制创新

目前，重庆市已成立有市级农村土地交易所，通过与市、区相关部门数次交流协调，结合真武宫农业公园建设实际，建议成立"三级平台"（图5）。

（1）区级：搭建区级农业发展担保融资平台，促进各类金融机构开展为农业和农村经济发展的金融服务；同时，成立九龙坡区农村综合产权流转交易中心，开展本区范围内农村产权流转交易信息发布、组织交易、交易（合同）鉴证、协助办理产权变更及抵押登记、采集抵押登记信息、招商引资等综合服务。

（2）镇级：以镇为单位组建集体土地资产经营公司，作为土地整理开发的实施主体，统一负责辖区内的整体运营、

图5 "区、镇、村"三级平台建设

土地整理、基础设施建设、土地流转经营、品牌推广、风貌管控和农村新型社区建设。

（3）村级：充分发挥"乡贤自治"优势，成立公司化新型集体经济组织，将其作为各村土地确权和流转经营主体，负责集体土地流转政策宣传、信息收集和核实、受理申请、项目核查及集体资产经营管理，使其真正成为土地流转中农民利益表达的"代言人"。

4.2 结合区域实际，多途径创新用地及相关政策

（1）加快土地确权颁证。通过开展摸底调查，对区内家庭承包农户基本信息、承包关系中承包地块、面积、空间位置、四至边界与登记簿及经营权证书记载信息进行调查核实。

（2）挖潜存量用地潜力，推进相关政策实施。对北侧生态田园社区，鼓励村民通过入股、联营、代建和租赁等多种方式发展乡村民宿、农业观光体验；对南侧旅游开发区，积极通过村庄整治、拆院并院等方式，推动零散的零散集体建设用地适度集中，同时加快推进集体建设用地抵押、融资、贷款等相关政策。

5 结语

作为统筹城乡改革实践区，重庆近年来进行了很多积极的探索。城郊农村因特殊的区位、直接受城市影响的特征，城与乡之间的联系也较其他地域更为显著。因此，城郊农村的规划建设应立在主城发展的宏观背景下，妥善处理城市发展与农村耕地与生态环境保护之间的关系，尊重农民意愿和文化传统，提升土地价值，吸引社会资本进入。通过控制与协商相结合的规划方法研究空间管控与多元利益主体诉求的平衡，从政策和机制上探讨城乡规划的可实施性，最终实现破除城乡二元壁垒，城乡要素之间的有效流动，提高农村的生活品质，改善农民生活。

2004—2014年武汉市小城镇发展效率测度及其时空分异

时二鹏　耿虹
华中科技大学建筑与城市规划学院

新常态下新型城镇化进程中的核心问题是发展效率问题，小城镇是中国特色的自下而上城镇化道路的重要载体，其发展效率直接影响我国城镇化的健康发展与转型升级。发展效率的测度对精准认知其发展质量与水平，制定科学的城镇体系，实现各类小城镇投入资源合理分配使用，达到最优配置，最终为促成大中城市健康城镇化提供全新视角与思路。武汉市小城镇失能、质量下降与贡献率低等问题更加突出，研究为破解大中城市城镇化难题提供全新视角。

1　研究方法与数据来源

1.1　研究方法

运用数据包络分析（DEA）测算小城镇相对效率；运用趋势面分析揭示发展效率空间分布特征和未来趋势；用地统计分析中全局 Moran's I 指数和局部 LISA 指数分别分析效率的空间关联和集聚程度。

1.2　研究区域概况

以武汉远城区六个市辖区（黄陂、新洲、东西湖、蔡甸、汉南和江夏）内的 58 个小城镇（街道）为研究对象。综合选取 2004 年、2009 年、2014 年相关数据。综合考虑行政区划变更情况进行街道合并与拆分，进行空间落位，使行政区划底图统一。

1.3　指标选择与数据来源

根据系统性、代表性和数据可获取性原则，从投入、产出两个层面构建发展效率评价体系（表 1）。相关数据均直接或间接来自 2004 年、2009 年和 2014 年《武汉市统计年鉴》、各区统计年鉴、以及《武汉市新型城镇化暨全域城乡统筹规划（2014—2020 年）》，含部分调研数据。

表 1　小城镇发展效率投入—产出指标

指标属性	指标变量	指标名称	单位	评价目的
投入	X_1	镇区建成区面积	公顷	土地资源要素
	X_2	镇区常住人口	人	人力资源要素
	X_3	城镇固定资产投资额	亿元	资本资源要素
产出	Y_1	地区生产总值	亿元	经济产出规模
	Y_2	城镇地方财政预算内收入	万元	财政产出规模
	Y_3	人均公园绿地面积	平方米/人	生态产出水平
	Y_4	第二、三产值比重	—	产业产出结构

2　测度结果与空间分布共性特征

2.1　"圈层断崖式递减＋指状向外扩散"双重空间分布模式

第一圈层 2014 年综合效率均值为 0.867；二、三、四圈层分别为 0.798、0.792 和 0.793。一、二圈层间差距显著（差值 0.069），其他圈层间差距不明显。以主城区为中心，2004 年、2009 年和 2014 年小城镇发展效率在东北、北、西和西南方向形成四条指状扩散廊道，基本沿干线公路延伸扩散（图1）。区域性干线公路对小城镇效率具有积极作用。

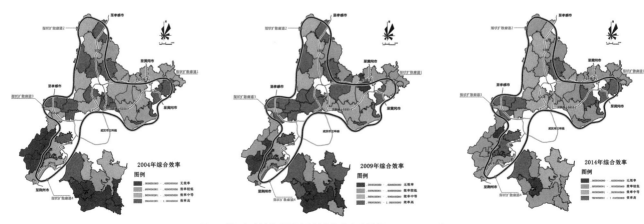

图1　武汉市小城镇发展综合效率指状向外扩散（2004—2014 年）

2.2 小城镇发展效率保持中等水平，并低于城市值

十年间发展综合效率、纯技术效率和规模效率均在 $0.8 \leqslant TEcrs < 1$ 之间，属中等水平。与武汉市 2010 年城市综合效率（0.930）、纯技术效率（0.937）和规模效率（0.993）相比均偏低。原因在于武汉市长期对主城区倾斜性投资，投入过多导致呈规模收益递减。

2.3 "西、北偏高；东、南略低"的区域空间差异

2014 年西、北部各区小城镇发展效率均值偏高：东西湖区为 0.971，新洲区 0.847，黄陂区 0.827；东、南部略低：蔡甸区 0.764，江夏区 0.736，汉南区 0.729。与各区经济发展水平（GDP）正相关，与规划政策关联大。

2.4 较高的空间自相关下，"集群式"发展特征显著

十年间发展效率一直存在较高空间自相关，2004 年、2009 年和 2014 年 Moran's I 值分别为 0.231 984、0.106 39 和 0.052 593，效率相近的小城镇在地理空间上倾向集聚式抱团发展，"集群式"协作化发展特征显著，与武汉市城镇化地域空间变化规律相关。

3 演变特征与趋势预判

3.1 与人口规模密切相关，产业特的小镇更易于实现效率有效

效率演变与其人口规模基本保持一致，即规模越大对应发展效率越高（图2），基本符合"城市规模效率梯度"现象，说明规模集聚的效应是积极的。另外，产业特的小镇更易于实现效率有效（$TEcrs=1$）。小城镇发展并非一定追求规模大、

经济强，其关键在于寻求规模、产业与效率的平衡点，使投入资源能够最优化分配利用，投入—产出比实现帕累托最优配置。

3.2 "先升后降"并趋于回升，边缘区蔓延下圈层间差距缩小

2004—2009 年综合效率均值由 0.803 上升至 0.830，后下降到 0.811。十年间均呈中部高、四周低、北部高于南部特征。但中部效率值降低，边缘区增高，南北差距明显缩小，向边缘区蔓延态势明显（图3）。

3.3 "复合单元"刺激集聚态势减弱并趋于网络化均衡

综合效率全局 Moran's I 值不断减小，从 2004 年的 0.231 984 降为 2014 年的 0.052 593，集聚态势减弱，离散程度增强。镇村整体解构促使各种生态、生产、文化"复合单元"形成，逐步打破扁平化圈层结构，建立网络化体系。

4 结论与展望

首次将数据包络分析（DEA）合理应用到小城镇全要素发展效率测度中，解决了长期存在的小城镇综合发展效果与资源利用程度以定性评价为主的难题。实现对武汉市小城镇发展的质量、水平与特征的精准认知，支撑地区城镇化发展的政策制定。发展效率时空分异的特征和趋势为当下研究武汉市以及大中城市周边城镇体系结构、规模、产业和职能等提供新的视角和思路。深入分析发展效率的影响因素及程度，剖析时空分化的机制，并从效率优化视角提出规划应对将是下一步研究的重点和方向。

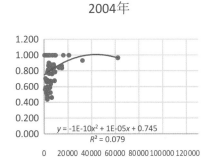

2004年

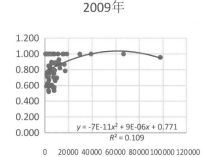

2009年

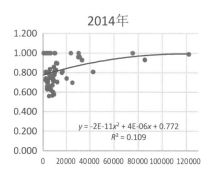

2014年

图2 武汉市小城镇发展综合效率与人口规模拟合（2004—2014年）

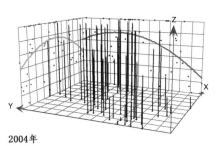

2004年

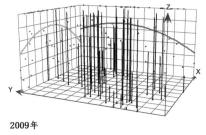

2009年

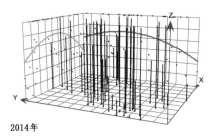

2014年

图3 武汉市小城镇综合效率趋势分析（2004—2014年）

绩效与能动

——苏州大都市外围地区空间演化研究

雷　诚

苏州大学金螳螂建筑学院

随着中国进入城市化加速发展时期，城市化地域不断拓展，大都市区逐渐成为我国城镇化发展的主要空间载体，引起学术界的广泛关注。有别于国外大都市郊区化过程，我国大都市区化更接近"城市和区域一体化"，并表现出强烈的主体能动作用特点。其中，"大都市外围地区"是都市区化初期发展所必须跨越的一个空间范围。大城市外围属于大都市腹地扩展地区，该地区受到中心城和外围次中心共同作用，城市和乡村（镇）的发展呈现为相互交错状态。研究通过解析大都市外围地区空间演进，合理分析空间绩效及能动作用过程，能提高空间治理水平，有效提升城乡发展品质。

1　大都市外围地区空间演化特征

本文结合苏州大都市区发展，以行政区划为边界，采取多种空间计量方法，具体分析苏州市古城外围五区（工业园区、高新区、相城区、吴中区和吴江区）的发展（图1）。

从苏南模式、新苏南模式和后苏南模式三个时期，结合苏州大都市区空间演进的五个阶段，即古城更新改造阶段（1949—1985年）、"古城新区"西向发展阶段（1986—1994年）、"一体两翼"轴向发展阶段（1995—2005年）、"三心五楔"内涵提升阶段（2006—2011年）和"多区组团"均衡发展阶段（2012年至今），分析其空间演化的结构特征、形态特征、规模特征以及方向特征。

在空间演化结构方面，苏州大都市区经历了从简单到复杂，从散点分布到片状发展到组团发展不断完善的过程，城市空间结构趋于完善、合理；在空间演化形态方面，先后经历单核指状蔓延形态、东西轴向延伸形态、风车组团拓展形态和十字轴形发展形态（图1）。

在空间演化方向方面，呈现演化方向阶段差异明显，城市重心不断迁移；空间演化"四面开花"，用地分布呈十字轴形；各方向空间演化规模与演化速度特征明显这三个特征（图2）。

2　大都市外围地区空间绩效评价

基于多系统复合、全过程设计、可持续发展的基本准则，以客观、准确反映"大都市外围地区空间绩效"为目标，形成基于"目标—系统—因素"的三级层次框架，构建"社会经济、空间形态、土地利用、交通组织和生态环境"5个系统层，11个因素层和27个指标层的空间绩效评价体系框架（图3）。利用层次分析法构建"目标层（O）—系统层（A）—因素层（B）—指标层（C）"四级层次模型，结合专家打分确定指标权重，

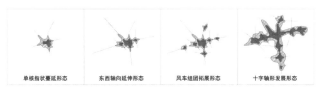

图1　苏州城市空间演化形态示意图

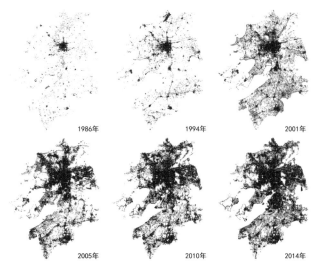

图2　1986-2014年苏州大都市外围地区用地演化图

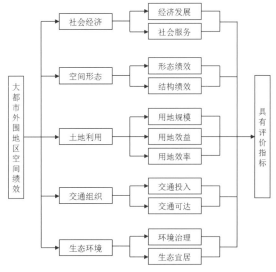

图3　评价体系层次框架图

选择以2001年、2005年、2010年、2014年为时间节点展开研究（图4）。

通过静态横向比较和动态纵向比较，对外围五区进行空间绩效评价，发现大都市外围地区若干特点：①主体利益化驱动导向性：外围各区由于优势相近，受区、镇、村多级主体利益驱动性明显，资源利用效率不均；②空间演进路径的

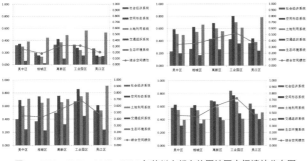

图4 2001、2005、2010、2014年苏州大都市外围地区空间绩效分布图

图5 2001-2014年苏州大都市外围地区空间绩效演化图

图6 2001-2014年苏州大都市外围地区空间绩效分布图

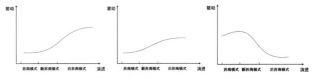

图7 苏州空间演进中区、镇、村三级主体能动趋势

乡村锐减。吴江区由于各乡镇经济实力雄厚，资源禀赋良好，而区政府开发资金有限，区域自然基底复杂，空间约束能力有限，导致空间形态破碎，异质空间众多，城乡矛盾尖锐，亟需改善城乡社会环境。

通过梳理主体能动特征和差异，比较发现三种类型的主体能动作用差异明显（图7）。总体上，区镇两级主体占主导作用，村一级作用逐渐弱化，其主体作用强度变化表现出不同的类型特征：工业园区从"区强镇弱"到"区镇共进"，实现以"区为主导"的新城开发模式；高新区从"区弱镇强"到"区强镇弱"，进而实现"区镇共进"拼合转型的发展路径；吴江区从"区弱镇强"到"区强镇特"，形成以"镇村共进"为主的混合发展路径。

4　大都市外围地区空间治理途径

（1）整合空间绩效需求，建立统一空间发展框架

关注"公平"，从"效率增长"转向"共盈增长"，从增量增长向存量增长转型；转变发展模式，从"产业主导"转向"产城融合"；完善政策制度建设，形成"宏观—微观"制度保障体系。

（2）提升城乡规划地位，完善规划法制体系建构

多部门统筹协调，建立统一"法制空间平台"；构建多元主体共同参与的规划决策机制；建立多维度动态监测机制。

（3）协调多元主体利益，构建利益共享最优机制

需要整合区域资源配置，深化分区协作发展；整合多元主体发展需求，构建"区、镇、村"多级主体利益共同体，促进网络化利益共享。

（4）优化系统薄弱指标，统筹系统要素均衡发展

以提升空间拓展综合效益为目标，重点优化薄弱指标，具体包括：优化产业结构，加快经济转型升级；划定增长边界，加强土地集约利用；重视社会服务，提升公共管理水平；优化交通网络，提高公交出行分担率；保护生态环境，提升城市生活品质。

差异性；在多主体作用下，呈现出差异化的空间绩效和演进路径；③规划管控约束力弱化性：建设用地已使用严重超出总规期限末控制要求，分区规划超范围编制、违规情况较多。见图5、图6所示。

3　大都市外围地区空间能动类型

从行政区划调整和城市规划控制视角，回溯了苏州市区空间演进的图景。改革开放后苏州市区先后经历了四次大范围的行政区划调整和多次城市总体规划编制，"大苏州"城市空间格局逐渐形成。

通过大都市外围地区分区空间演进图景分析，发现外围五区在行政区划调整和规划控制作用之下，其空间演进中呈现不同的能动类型。根据区、镇、村三级主体主导主体作用和能动力量、方式等的差异，归纳为三种能动作用类型：①"区"主导的新城型——工业园区；②"区镇"拼合扩张型——高新区和相城区；③"镇村"混合并进型——吴中区和吴江区。

从高新区、工业园区和吴江区三个典型空间演进类型分析中，笔者发现三种类型的主体均包括"区、镇、村"三级，且多采取区划调整、规划控制、上收管理权等方式强化城镇格局，但由于行动动因和力度存在差异，产生不同空间结果。工业园区由于启动资金充沛，规划建设超前，管理经验先进，城区与周边乡镇逐步由独立走向融合，形成较为理想的新城模式。高新区由于启动资金不足，区划调整频繁、规划管控受限等原因，导致城镇格局板块交错，用地争夺激烈，传统

西北地区"镇级市"就地城镇化路径探索

——以富平县庄里小城市综合改革试点为例

宋 玢　冯 淼　贾宗锜
陕西省城乡规划设计研究院

中国小城镇面广量大，作为城市与乡村两种空间形态的连接纽带，是新型城镇化的重要空间载体。然而，在"乡财县管"的管理体制下，小城镇普遍缺乏财政和社会自治管理能力。因此，国家提出"镇级市"的政策，以"简政"和"放权"推进小城镇建立基层自主社会治理体系，承担减轻大中城市的承载压力、接收农村剩余劳动力等职能。对于西北地区人口严重流出省份而言，"镇级市"政策将有效推进产业升级、公共服务设施完善和社会治理创新，引导外迁劳动力回流，推进健康城镇化的进程，成为解决"三个1亿人"问题的重要切入点。

1 "镇级市"之基本认知

1.1 "镇级市"的发展历程

纵观历史，清末时期的《江苏暂行市乡制》为县辖市行政管理的起源。陕甘宁边区时期，政府颁布《修正陕甘宁边区乡（市）政府组织暂行条例》规定为"县级市、区级市、乡级市"行政管理体制。建国以后，《中华人民共和国宪法》中建制镇成为最基层单位，2009年，温州市将"镇级市"概念引入大众视野，全国从"镇"到"市"的改革实践开始全面展开。

1.2 "镇级市"与就地城镇化

小城镇在推进健康城镇化进程中具有独特优势：一方面农业转移人口进入大城市参与较低端的劳动分工，收入水准较低，小城镇相对于城市的安居"门槛"要低很多；另一方面，大多农民有"在外挣钱，回乡安家"的情结，小城镇具有地缘和血缘相近的优势。因此，"镇级市"政策将推进小城镇发挥"城市尾、乡村头"的作用，有效缓解大城市拥挤、农村空心化的城乡二元化问题。

2 西北地区"镇级市"之特殊性

西北地区的"镇级市"具有一定的差异性和特殊性：培育发展阶段滞后，城镇规模较小；经济依赖国有工矿企业，民营经济不活跃；人口规模缓慢增长，城镇化发展快但质量低；历史文化资源深厚，城镇环境塑造不足。相对于东部地区的发展阶段是解除制度束缚需求，西北地区更多的是以"扩权"促进城镇产业和人口的吸引能力，以期带动县域经济发展。如图1所示。

图1 东、西部镇级市的差异性分析图

3 西北地区"镇级市"就地城镇化发展路径探索

对于西北地区"镇级市"而言，传统粗放型工业发展难以长期持续，应重视差异、因地制宜、挖掘资源，以基层制度改革为机遇，向"生态宜居、产业升级、服务三农、自主治理"的发展方向转变。

立足于西北地区的特殊性，以目标为导向，探索以城乡空间管控为就地城镇化的载体，以产业转型和协作为就地城镇化的动力，以公共服务设施完善为就地城镇化的基础，以社会管理创新为就地城镇化的保障，建构空间、产业、社会和管理多维度的就地城镇化路径，以期新时期的小城镇发挥"大作用"（图2）。

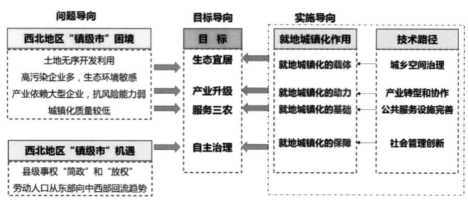

图2 西北地区"镇级市"就地城镇化路径图

4 案例研究：富平县庄里小城市改革试点实践

庄里镇位于关中平原和陕北黄土高原过渡地带，镇区人口为4.7万人，GDP约75亿元，占富平县GDP一半以上，是陕西省首批四个镇级小城市综合改革试验区之一。

4.1 路径一：以城乡空间管控为就地城镇化的载体

（1）控制空间发展底线。建立"三规合一"空间管控体系，划定生态控制线，明确城市开发边界，建立镇"刚性"和"弹性"并重的空间管制模式，发挥以镇为单元在城乡空间统筹、耕地保护和优化开发等资源要素的协调作用。

（2）优化城镇生态空间。将绿色空间划分为建成区绿色空间和边缘区绿色空间。建成区绿色空间依托景观带、公园、广场，提供市民休闲游憩空间。边缘区绿色空间，在农业生产上赋予郊野观光和生态保护等职能，优化城乡区域"生产、生活、生态"的空间品质。

4.2 路径二：以产业转型和协作为就地城镇化的动力

（1）产业区域协同。建构"对接西安、错位富平、融入铜川"的产业协作策略，一是承接西安市产业转移，强化区域旅游、文化交流等方面协作。二是寻求与富平县制造业、陶瓷建材业等产业细分类型上的错位发展。三是与铜川市建立产业分工协作，形成产业集群化发展。

（2）产业转型提升。优势产业延伸产业链、开发新型产品等方式向高端化、精细化发展，引入战略性新兴产业，积极发展小微企业和创新型企业。并以农业资源联动农产品加工业、乡村旅游业形成三次产业共同发展。

4.3 路径三：以公共服务设施配置为就地城镇化的基础

（1）全域公共服务设施配置。以生活服务圈理论为指导，建立"日常生活圈：城区（庄里镇区）—基础生活圈：中心社区（梅家坪镇区、齐村镇区）—初期生活圈：社区（中心村）"三级公共服务配置体系。

（2）镇区公共服务设施配置。从农业转移人口市民化、消费型社会需求和提升公共服务辐射能力入手，结合庄里镇的发展定位和农村老龄化的现实诉求，完善教育、文体、医疗和福利设施的布局。

4.4 路径四：以社会管理创新为就地城镇化的保障

（1）户籍制度改革。保障进城务工的农民享受城镇居民应有的就业、医疗和教育等公共服务，对连续居住一年以上外来人口就可落户。

（2）赋予社会管理权限。赋予经济管理、财政税收、社会事务管理等权限，建立自主社会管理体系；给予税收返还、土地收益、启动资金、土地指标和项目倾斜等政策支持。

（3）"小政府，大社会"的管理。以"大部制"管理，合并职能重复或关联性强的部门，设立"四办五局一中心"的行政管理机构。

上海新市镇总规编制规范中的城乡统筹创新

陈 浩
上海同济城市规划设计研究院

镇总规在全市城乡统筹中处于落实市委市政府相关政策的关键环节。市规土局在前期"两规合一"工作基础上，明确要求区、镇层面两规，实现规划内容融合、成果形式合一、法定程序完善和实施管控有力，并于 2016 年 2 月印发《上海市新市镇总体规划暨土地利用总体规划（含近期重点公共基础设施专项规划）编制技术要求和成果规范（试行）》（以下简称"规范"）。

研究重点剖析该规范中的五大城乡统筹，包括用地分类统筹、数据底板统筹、规划目标统筹、空间布局统筹和城乡单元图则统筹。

1 用地分类统筹

在充分协调地籍处、编审中心等机构的基础上，统筹现有两规用地分类，建设用地以城乡规划用地分类为主，农用地以土地规划用地分类为主，形成统一的"两规合一"的用地分类，使之既与现行的控规用地分类相衔接，同时也与国家城市用地分类和土地分类相对接，便于规划编制、审批、管理中相互对照和转译。

2 数据底板统筹

城规和土规长期存在工作底板不统一的情况。规范要求镇总规加强现状调研，结合地形图和影像图，在土地利用现状底板基础上，摸清土地实际使用情况，形成统一的土地使用现状图。实际操作中一般需分类对用地利用状况进行梳理，包括入库建设用地实际未建设，或者非建设用地已建设，又或者建设用地所建建筑类型不相符合。如图 1 所示。

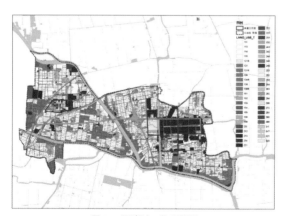

图 1 "两规合一"现状图

3 规划目标统筹

在区县总体规划明确的发展定位基础上，分解、统筹相应镇总规指标。综合发展指标表从人口规模、土地利用、公共保障、产业发展这四个方面提出发展指标的管控要求。土地使用结构调整表统筹两规土地控制引导目标，纵向上细化用地指标，协调各类用地比例；横向上指标涵盖了现状、近期、远期三个时点，统筹近远期发展。

4 空间布局统筹

新市镇总规编制规范相比现行编制惯例，重点加强的城乡空间统筹方面内容，包括郊野地区的减量、农村宅基地归并和新增建设用地增量之间的增减挂钩，统筹耕地占用与土地复垦，强化全域生态与文化空间保护等方面。

耕地和基本农田保护方面，根据上位规划要求，在落地基本农田图斑、落实耕地保护任务的基础上，重点统筹建设用地新增、河道疏浚等对于耕地的占用与减量化用地复垦的关系（图 2）。

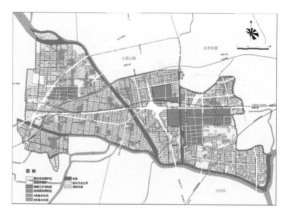

图 2 基本农田和建设用地管制图

生态保护方面，根据上位规划划定生态红线，明确一级二级保护区的范围，针对各级保护区中不同类型的生态保护区域，深化落实保护区内部的具体管控要求，包括建设用地比例、现状建设用地减量化规模以及减量化区域的用途引导（图 3）。

城市开发边界方面，根据新市镇发展要求，通过空间布局方案的研究，以及内外建设用地增减挂钩的平衡，以引导城镇集中建设为原则，实现开发边界的精确落地，并明确城市开发边界内外建设用地规模。对建设用地区域区分已建区、允许建设区和有条件建设区，取代原来集建区和类集建区的

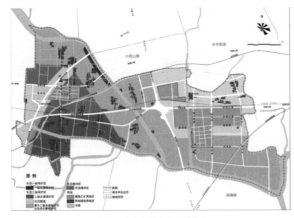

图3 生态保护红线规划图

图4 管制分区图

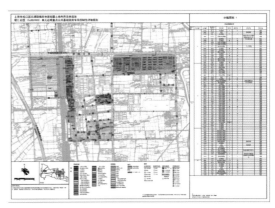

图5 文化保护红线规划图

管理方式（图4）。

文化保护红线方面，包括三种类型，分别是文保单位和历史风貌区、自然文化风貌区以及文化设施集聚区。本次规范中新增的自然文化风貌区主要针对各镇中具有自然或人文特色的景观区域，可划入文化保护红线，明确保护要求和规划引导方向（图5）。

5 城乡单元图则统筹

城镇及郊野部分单元图则采用类似图则体例进行统筹。其中，近期图则侧重保障公益性设施实施以及落实郊野地区减量化，远期图则侧重规划战略性和管控弹性的体现。

近期图则方面，规范要求对于近期实施的公益性设施需要深化到专项规划图则深度，明确各项控制指标，直接指导项目建设。涉及调整原控规的情况，应对该街坊内的其他地块也进行相应表达，并对有调整的地块用红线划示出来（图6）。

郊野单元近期图则方面重点明确建设用地减量化的图斑（一般主要是宅基地和198工业用地地块），以及减量化后该用地的功能用途，一般主要复垦作为耕地或农林复合用地，以平衡新增建设用地占用耕地（图7）。

远期图则方面，规范除了要求公益性设施图斑化落地以外，其他用地统一以街坊为单位进行"粗线条"战略性、弹性化的功能引导和图例表达，即同一街坊内的多种非公益用地仅以占其主导比例的功能引导区形式进行表达。功能引导区主要包括居住生活组团、商业办公组团、工业仓储组团、产业研发组团、旅游休闲组团、保护（留）村庄组团、基本农田保护区和农林复合区。

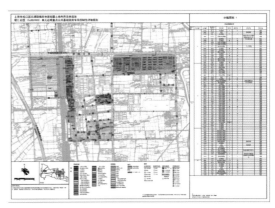

图6 城镇单元近期图则

图7 郊野单元近期图则

6 总结

上海新市镇总规编制规范在城乡统筹方面，以"两规合一"为引领，统一两规用地分类和工作底板，同时兼顾生态、历史文化保护等内容，统筹城乡发展目标，并通过划定基本农田、生态保护红线、城市开发边界和文化保护红线进行空间落位。最终通过统筹城乡图则，对接管控并统一口径，近期图则侧重保障公益性设施实施以及落实郊野地区减量化，远期图则侧重规划战略性和管控弹性的体现。

基于流域一体化发展视角下的辽河干流城镇带总体规划

焉宇成　宫远山　王　阳
沈阳市规划设计研究院

1　项目背景

辽河，是中国七大河流之一，辽宁省的母亲河。辽河文明历史悠久、辽河文化源远流长，辽河已经由"生活、生产功能主导"转变为"生态功能主导"。

1996年，辽河曾被列入全国"三河三湖"重点治理对象，至2014年辽河治理取得显著成效，率先摘掉了"重污染帽子"。为了进一步优化辽河流域生态环境，沈阳市启动了辽河干流城镇带发展规划。

沈阳，素有辽河明珠之美誉。境内辽河干流长307公里，面积3 850平方公里，是流域中河流最长、河道最宽、面积最广的区段。但沿线地区生态环境复杂脆弱，城乡建设水平较低，严重制约流域发展。

沈阳辽河干流城镇带是构建沈阳生态安全格局的核心，是连通沈阳远郊"一区一市两县"城乡发展的纽带，是实现新型城镇化发展的重要区域。

2　规划构思

（1）确定以生态文明建设为核心的城镇带发展目标，努力在"优化生态环境"和"促进城乡发展"之间寻找战略结合点，提出"生态优先、文化引领、绿色发展、设施统筹"总体框架，逐步实现新型城镇化先行示范区的总体目标（图1）。

（2）提出"四态合一、梯次推进"的流域型城镇化发展思路，即环境生态、历史文态、功能业态、空间形态有序和协同推进。针对辽河流域"生态环境主导"的特殊性，首先明确生态要素控制优先，其次是历史文化和功能业态的相辅相成，最后是城镇空间与其他要素的协调发展。

（3）人居空间以"精明收缩"为规划理念，针对人口流出严重、土地利用粗放，确定"城乡建设用地总量收缩、镇村居民点数量收缩、人均城乡建设用地收缩"的总体原则。

3　规划内容

3.1　建立全流域保护格局

划定生态保护红线，以辽河为骨架，构建"廊道＋斑块＋节点＋基底"全流域保护格局。结合流域生态保护格局控制和城乡建设发展需求，划定生态控制区、生态协调区和城乡建设区，实施分类控制引导（图2）。

3.2　优化城镇空间组织模式

形成"大集中、小分散、差别化"的城镇布局，依托沈阳中心城区的轴向拉动作用，形成四级城镇体系。强化滨水性策略，积极引导滨水城镇"向河"发展（图3）。

3.3　制定城镇分类指引措施

优化提升，以县城作为统筹城乡发展的重点单元。培育提速，小城镇作为统筹城乡发展的战略节点。择优转型，居民点作为统筹城乡发展的基本面（图4）。

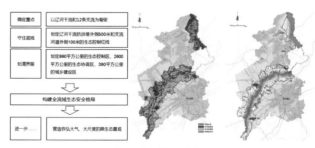

图2　生态保护红线划定

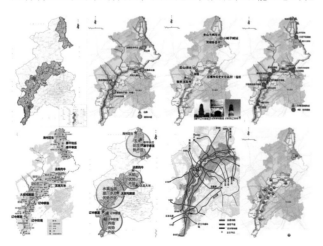

图1　辽河城镇带规划图底分析

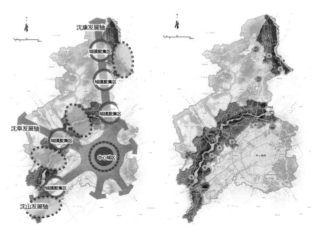

图3　空间结构图　　　　图4　分类指引图

3.4 建立循环产业发展格局

发展绿色农业，严控工业污染，构建流域生态产业体系。秉承"产城融合"发展思路，即工业及服务业向城镇集聚，农业及特色旅游业向乡村集聚。重点推进"农旅一体化"，形成"三产为主，一二产为辅"的产业结构。

3.5 构建城乡一体化的支撑体系

以人的城镇化为核心，完善城乡公服设施均等化配建体系，明确各项公服设施建设要求。分级配置行政管理、医疗、文化、教育和社会福利等公益性公共服务设施。

以高效、便捷为目标，构建以高快速路为骨干，以国省干线为主体，以县乡公路为脉络的城乡交通体系；以及公交快线为主导、站场分级设置的客运体系。以节能减排为目的，建立全流域生态型污染防治和市政供给标准及体系。逐一设定各项基础设施建设要求。

4 规划思辨

4.1 探索流域型城镇化研究方法和发展模式

辽河地区人口外流和用地粗放，根据辽河"生态功能主导"特征，明确"精明收缩"规划原则，构建以生态建设带动城镇建设、流域与城镇协同发展的新型城镇化发展模式。提出"四态合一、梯次推进"的规划方法，将流域发展问题分解为环境生态、历史文态、功能业态 和空间形态四个方面有序指导流域发展。

4.2 践行"多规合一"规划思路和技术手段

规划统筹市（区县）土地利用总体规划、城市总体规划、经济社会发展规划及生态环境保护规划等规划，充分展开部门协调与合作。开展"一张图"建设工作，形成多规合一的"一张图"空间规划管理信息系统（图5）。

4.3 构建全流域保护的"生态管控"新格局

规划实现了辽河地区"河流保护"向"流域保护"的重大转变。综合运用GIS和遥感技术，从图像景观、植被绿度、地表能量及生态指数等方面探索流域生态轨迹与土地转换态势。划定辽河干流生态控制红线，构建全流域生态安全格局；明确各区保护措施和建设要求，切实集约使用土地和减少生

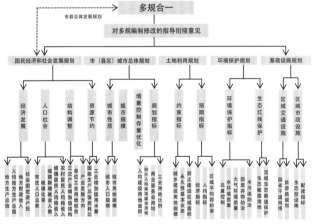

图5 辽河城镇带"多规合一"接口设计图

态环境负担（图6）。

4.4 实行"乡村主导"的流域统筹新发展

规划针对辽河流域沈阳段"城镇弱，镇村广"的特点，转变城市主导的规划思路，重点关注小城镇和村庄居民点的优化布局。规划以村庄为基本评价单元对可利用资源、交通可达性、人口承载力及耕地质量等要素进行评价分析，明确乡村建设和特色产业发展方向。关注村庄特色、人居环境，留住乡愁，制定宜居乡村建设标准和技术导则（图7）。

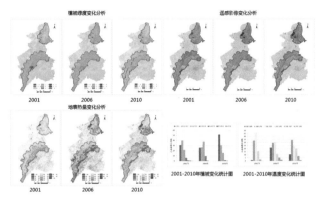

图6 辽河城镇带生态管控分析

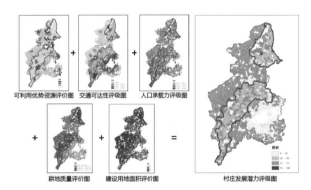

图7 辽河流域范围内乡村条件分析

5 实施效果

5.1 规划策略有效引导，相关规划依规推进

规划提出的空间发展战略和城镇化策略，成为新时期统筹辽河流域发展，推进新型城镇化的有力抓手。市（县区）林业、环保、旅游和交通等相关部门依规划编制完成建设计划和专项规划。

5.2 城乡建设全面启动，生态建设成效显著

围绕城镇带建设的"314"工程沈阳段全面启动，陆续指导编制完成沿线示范镇村建设规划百余项。

5.3 基础设施全面提升，交通网络快速通达

城镇基础设施全面提升，新建污水处理设施基本覆盖沿线重点城镇，城乡垃圾处理设施覆盖率80%以上。增强辽河交通可达性，实现中心城区60分钟到达、外围新城30分钟到达的交通网络。

5.4 沿线旅游快速发展，美丽乡愁初放光彩

规划推进辽河旅游快速增长，目前沿线相继完成稻田画、薰衣草庄园、湿地公园及民族村等农旅项目。

引导型、开放式、地域性的特色小镇创建规划实践

——沈阳市特色小镇总体发展规划研究思考

李晓宇　高鹤鹏　盛晓雪　曲明姝
沈阳市规划设计研究院

1　规划背景

随着中国新型城镇化建设不断深化，浙江、贵州等地涌现出一批"特色鲜明、产业突出、机制创新"的特色小镇，产生了巨大的经济和社会效益，受到中央和各地政府的高度重视。特色小镇正成为我国城乡建设的新里程，产业转型升级的新路径，城镇空间体系的新极点。

2　规划特色

2.1　开创性

本规划是全国首个以市域为空间对象的特色小镇规划，地域广阔、内容庞杂、系统综合、主体多元，采用"申报创建制＋评选打分制"相结合方式，推动以数据驱动的系统分析和科学规划。

2.2　时代性

在东北二次振兴和"新常态"背景下进行的新型城镇化实践，代表东北地区小城镇在人口精明收缩、传统动能衰退条件下的发展新路径，是在城镇化重要转折点上精准的"规划供给"。

2.3　针对性

与沈阳市特色小镇培育和实施建设紧密结合，明晰特色小镇发展具备的地域特征和严峻挑战，因势利导、因地制宜，制定适合沈阳的"聚类分层"的特色小镇培育模式，具备很强的行动性和执行力。

本次规划研究着重回答了沈阳特色小镇建设"为什么、是什么、在哪里、干什么和怎么干"的问题。

3　主要内容

3.1　内容一：案例研读

从国际视野来看，特色小镇渊源深厚，具备资源稀缺性、空间互补性、产业精专性，铸就了小镇有别于大城市的独特优势和吸引力，一定程度上成为大都市圈的反磁力中心。这些特色小镇继承"城邦制"的文化传统与制度，逐渐形成专业化的产业集聚氛围，重视与大城市的协同合作＋创造低碳舒适的环境品质，是隐形冠军企业的沃土。

从全国格局来看，不同地域特色小镇建设是与各地区经济发展水平和资源禀赋高度适应的，特色小镇已经成为推进供给侧结构性改革的重要平台，是中国城镇建设的新里程，

产业转型升级新路径，城镇空间体系新极点。

3.2　内容二：基础研究

沈阳市乡镇的人口与经济突出特征体现为规模小、水平低、老龄化和收缩态，需要为特色小镇发展提供新的动力；自然与资源突出特征体现为东山西水、南原北丘、资源丰富，为特色小镇发展提供了良好的自然条件；历史与文化突出特征体现为交错地带、汇流区域、关东风情，奠定了特色小镇发展的文化底蕴；交通与物流突出特征体现为区域枢纽、圈层放射、多式联运，为特色小镇发展提供了基础支撑；产业与布局突出特征体现为板块集结、轴带延展、多元扩散，为特色产业营造打下良好基础；政策与保障突出特征体现为统筹整合、突出转型、因地制宜，为特色小镇发展提供机制创新平台。

3.3　内容三：发展规划

针对沈阳市特色小镇发展面临"静稳、同质、缺位、低颜、分散"五大问题，有针对性地提出"有范、有别、有补、有脉、求合"五项策略；并通过系统梳理沈阳市的禀赋条件与产业基础，明确沈阳特色小镇建设的五种类型：现代农业型、休闲旅游型、地域文化型、产业创新型和历史经典型。

3.4　内容四：分析评价

以三部委通知文件为基础，制定沈阳市特色小镇五个维度53项三级指标评价体系，采用德尔菲法基本原理，综合"专家打分和系数赋值"进行二次评价。综合各区县上报建议、城镇等级与特色知名度等定性因素，对特色小镇培育对象进行初选，确定沈阳市18个特色小镇培育对象、5个示范对象，集中在辽蒲流域走廊、东南部山区和沈康发展轴沿线，与人口及资源要素空间分布高度耦合。

3.5　内容五：实施方案

从"发展基础、主导产业、空间载体、参照案例、建设引导、典型小镇"六个要点对五类特色小镇制定规划导则。从培育流程、管理模式、建设标准、组织框架四方面明确沈阳特色小镇的创建导则。以两大导则为指引，明确特色小镇建设项目库。

4　项目思考

4.1　数据驱动，从定性分析到定量决策

通过整合数十项基础信息，综合采用数据挖掘、数据统计和数据可视化方法，为乡镇单元的特色产业及空间发展方向提供了科学依据。大数据分析源于"乡镇"，又回归"乡

镇"，为"引领示范一批、创建认定一批、培育预备一批"培育优选提供了扎实的科学依据。

4.2 沈阳模式，从宏观要求到地方实践

避免"照搬照抄、一拥而上"，借鉴大都市圈"核心 – 轴带 – 网络化"的发展规律，系统调查沈阳特色小镇发展的动力机制与空间偏好，建构特色小镇"五种类型、三位一体"的沈阳模式。"五种类型"即特色小镇培育的五个方向：现代农业、休闲旅游、地域文化、产业创新、历史经典。"三位一体"即沈阳特色小镇培育的三个梯度，针对环城近郊，确定为网络式结构互补型发展；针对近海西郊，确定为轴带式结构延伸型发展；针对远城北郊，确定为珠链式结构核心型发展。

4.3 构建平台，从政府主导到开放参与

通过访谈、问卷、乡野调查及网络统计等方式，积极征求 30 余个乡镇发展意愿，有效汲取数十个开发单位和专家学者的建议，整合诉求、形成合力，初步建构了特色小镇良好的营商环境。

4.4 主动转型，从静稳状态到特色小镇

以"特色小镇 + 模式"触媒激活沈阳小城镇内生动力不足的循环状态，催化传统统农业、制造业、手工业和传统服务业转型升级，进而深入推动城镇转型和社会转型。

4.5 集成创新，从空间管控到发展指引

本规划是针对乡镇单元多规划合一、转型发展的顶层设计，高度融合了"产、城、人、文、制"发展要素，综合运用了统计学、地理学、产业分析和层次分析等理论方法，实现管控约束向谋划发展迈进，从单一目标到多元目标过渡，从系统规划到行动规划转化。

上海城市功能疏解初步研究

王梦珂
上海复旦规划建筑设计研究院

1　背景

作为全国的经济中心城市和全球经济发展关键节点，上海吸引着国内及国际上各种资源要素快速集聚，城市功能不断完善。同时，城市面临的人口、资源等各方面的压力也越来越大。随着人口、用地、环境和安全四条底线约束趋紧，上海亟需通过梳理城市功能体系、及时疏解影响城市发展提升的功能来寻找新的发展空间。

纵观上海城市发展历程和历版总体规划内容，上海一直都非常重视中心城的功能疏解，大上海都市计划、建国初期五十年代的规划设想、86年版城市总体规划、99版城市总体规划等都强调通过建设"卫星城""新城""新市镇"疏解中心城功能。然而，实践效果并不理想，郊区人口虽有明显增加，但就业岗位和服务资源仍不断向中心城集聚，城乡差距越来越大，道路交通拥堵也更加严重。因此，在全面建设全球城市的背景下，重新梳理上海城市功能体系、加快探索功能疏解路径的意义重大。

2　上海城市功能体系的重构

根据相关理论及上海城市发展特征，把上海城市功能分为"核心功能""非核心功能"和"基础服务功能"三种类型（图1）。

2.1　上海城市核心功能

根据上海市的发展特征和发展目标，把支撑上海建设全球城市、决定上海建设"经济中心、金融中心、贸易中心、航运中心、科创中心和国际文化大都市"的主导功能称为上海的城市"核心功能"。主要包括：贸易、金融、航运、文化创意、科技创新和高端制造。

2.2　上海城市非核心功能

指城市功能中基本部分中的除去城市核心功能的部分，以及城市功能非基本部分中服务于本市基本部分生产需要的功能。主要是对上海建设全球城市发展目标不起决定性作用的功能，即除了六大核心功能以外的城市经济功能，包括：农林牧渔功能，一般制造功能，交通运输、仓储功能，一般性批发和零售功能，部分技术服务功能等。

2.3　上海城市基础服务功能

指城市地理学中城市功能的非基本部分中"为了满足本市居民生活所派生出来的需要"的功能，包括服务常住人口的居住、文化、教育、卫生医疗及商业等功能。

3　上海城市功能空间布局

基于上海市二经普企业点位数据，对上海城市功能中的核心功能和非核心功能进行细类划分，研究各类功能在不同环线的空间布局特征。

3.1　上海城市核心功能布局

（1）核心功能大多集聚在内环内区域，占比48.4%；

（2）核心功能规模和集聚度由内向外呈逐步衰减趋势，高端制造和部分科创研究功能除外；

（3）贸易功能有突出表现，金融、文化创意、科技创新等功能有待加强。

如图2～图4所示。

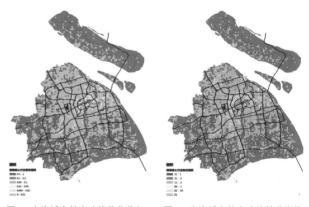

图2　上海城市核心功能营业收入指数分布　　图3　上海城市核心功能就业岗位指数分布

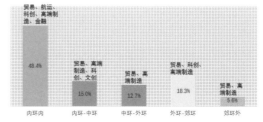

图4　上海城市核心功能营业收入在不同环网的比重分布

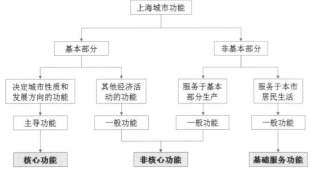

图1　上海城市功能关系图

3.2 上海城市非核心功能布局

（1）非核心功能大多集聚在内环内区域，占比32.9%，多为与生活及核心功能紧密联系的商务服务业、零售业等；

（2）外环外区域非核心功能比重和为44%，多为一般性制造业；

（3）"中环—外环"之间仍然存在一些高能耗的一般性制造业。

如图5~图7所示。

图5 上海城市非核心功能营业收入　　图6 上海城市非核心功能就业岗位
　　　指数分布　　　　　　　　　　　　　　　　　指数分布

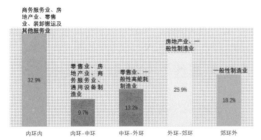

图7 上海城市非核心功能营业收入在不同环网的比重分布

4 功能疏解的领域与路径探索

4.1 对上海城市功能疏解的认识

（1）功能疏解的本质是"产业功能的优化与升级"，不能集中在"疏解"二字；在研究功能疏解的同时，也要注重核心功能的强化与集聚。

（2）疏解包含"淘汰""搬迁转移""协同发展"等多重概念。对于上海市产业负面清单中禁止发展的功能是需要淘汰的；对于不适合在主城区发展的功能，需要转移到外围地区；对于不适合在上海市域发展的功能，周边城市又需要这类功能，是要与周边城市协同发展的。

（3）并非所有非核心功能都要疏解，部分支撑核心功能发展的非核心功能也需要加强，如咨询、广告、中介等专业服务业。

（4）并非所有核心功能都要强化，部分核心功能的非核心环节在未来是需要疏解或弱化的，如航运功能中的物流运输部分。

（5）功能的疏解一般不涉及基础服务功能，但如果其服务范围远远超出上海市域，则需考虑限制增长或疏解，如部分以外地居民为主要服务对象的医院。

4.2 上海城市功能疏解的重点领域

（1）产业链角度。产业升级滞后的高耗能高污染高耗水的一般性制造业是需要疏解的。主要是指《上海产业结构调整负面清单2016》中涉及的电力、化工、钢铁、建材、机械和纺织等15个行业。

（2）价值链角度。核心功能里的非核心环节（对城市发展目标不起主导或决定性作用、可与核心功能分离的功能环节）需要疏解。如贸易功能中的区域性批发市场，航运功能中的航空运输、港口物流运输等环节，金融功能中的后台服务环节。

（3）空间布局角度。目前在主城区布局，根据发展规律，可从主城区退出的功能。包括分布在主城区的部分一般性制造业功能、部分专业技术服务功能、部分科技创新功能和部分总部经济功能。

（4）服务范围角度。服务范围远远超出上海市域的，服务对象多是上海以外地区的人口的部分公共服务功能。如主要服务于外地患者的医院。

4.3 不同类型功能的疏解路径探索

（1）高耗能高污染高耗水的一般性制造业疏解。以淘汰的方式疏解三高型制造业，禁止其继续生产。可在长三角城市群的其他区域、长三角城市群以外地区甚至一带一路沿线地区寻找发展机遇。

（2）核心功能中的非核心环节疏解。促使区域性批发市场进行行业业态升级、经营方式转型或搬迁转移。对于港口物流运输功能不再增加投入，远期逐步将相关功能转移到宁波、舟山等地。对于金融后台服务，可推动上海陆家嘴金融贸易区、徐汇滨江金融集聚区等区域的金融前台、后台功能分离，选定特定区域形成专业化金融后台产业集聚区。

（3）空间布局上可从主城区退出的功能疏解。

部分一般性制造业功能：主城区内尚存的化工、钢铁与船舶制造、机械与零部件制造和装备制造等功能需要疏解，采取搬迁转移、转型升级、产能升级等疏解途径；部分专业技术与科技创新服务功能：测绘服务、技术检测、环境监测及科技研发等功能需要疏解，可在郊区选择具有相关产业基础的地区承接主城区转移出来的功能；部分总部经济功能：促进主城区生产性企业总部的生产功能和金融总部的后台服务功能向青浦、松江、金山等地的总部经济园区转移。

（4）服务范围远超出上海市域的公共服务功能疏解。引导部分医院向郊区有序搬迁；鼓励部分医院采取"增量疏解"的方式，在郊区新城中心建立分院，促使外地病人向郊区医院转移。

"成片连线"

——特色镇村群规划建设的成都实践

陈建滨　张　毅
成都市规划设计研究院

1　成都乡村规划的历程回顾

　　成都的城乡统筹探索开始于 2003 年，主要包括三个阶段：第一阶段是从 2003 年到 2007 年的起步阶段，该阶段成都推动"三个集中"等城乡统筹工作，开始探索将农村纳入规划体系的全域规划，开始从"城市规划"到"城乡规划"转变的探索；第二阶段从 2008 年到 2011 年的试点阶段，成都市提出"发展性""相融性""多样性"和"共享性"的乡村发展"四性原则"，并通过"一规定三导则"指导乡村规划建设，开展城乡统筹规划实践试点，初步形成了较为完善的城乡统筹体系；第三阶段是 2011 年到 2016 年的推广阶段，成都市提出"产村相融"理念，划分产村单元，强调"四态合一"，发掘新村发展内生动力，从根本上解决乡村空心化问题，并通过"小组微生"的形态模式在全域推广，如图 1 所示。

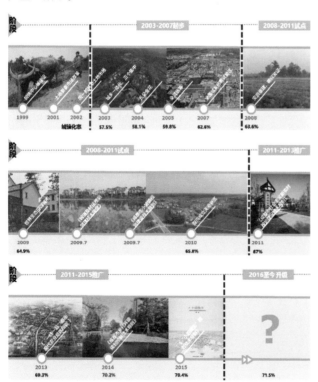

图1　成都乡村规划历程以及城镇化率

2　"成片连线"的规划内涵

　　1）"成片连线"的含义

　　"成片连线"是指以主要交通路径、大型基础设施全域农业产业布局和上级政策部署为依托，串联沿线重要资源，充分带动周边辐射区域联动发展，以点串线、以线带面、连片策动镇村的协同发展思路，从而实现新农村资源整合与共享。

　　2）"成片连线"的规划思路

　　"成片连线"通盘考虑地域相邻、资源禀赋相近、人缘相亲等因素，打破行政区划的边界，将多个镇、村定位为一个示范线或片区，实行片区多镇村整体规划，统筹功能和产业定位，统筹资源开发利用，统筹基础设施配套，统筹公共服务完善，统筹土地资源，通过成片连线推进、区域共建共享的方式，达到资源要素优化配置、集约利用的目的。

　　3）"成片连线"的规划目标

　　"成片连线"着力解决农村空心化、镇村特色同质化以及资源粗放利用和流动等现实问题，通过目标导向和问题导向的结合，探索新型城镇化的长效机制和镇村发展的造血功能，实现资源的有效调配和共享；通过因地制宜地提出区域品牌发展的特色路径，最终形成多个产业支撑有力、功能均衡互补、发展协同错位、风貌特征明显的特色镇村集群。

3　"成片连线"的成都实践出发点

　　1）成都镇村发展建设的阶段选择

　　成都经过十余年的镇村工作探索，在规划理念和建设工作中已积累一定经验，市域镇村"成片连线"规划工作是成都城乡统筹工作进入深化阶段后，对于镇村规划发展的深度思考与理论总结，从"点状突破"到"连点串线"，再到"连线成片"形成系统性的工作架构，使成都镇村规划建设进入新的阶段。

　　2）成都镇村发展困境的突破之道

　　当前，成都乡村规划建设由于缺乏大区域的产业统筹，造成产业斑块与建设斑块犬牙交错，难以形成规模和集聚效应；由于缺乏对乡村各类资源的深度挖掘、统筹和整合，造成乡村资源未得到有效利用；由于规划、建设缺乏全局性、系统性的考虑，造成乡村资源与建设活动结合度不足，难以与相邻地区协调。"成片连线"通过统筹协调、多元整合，是成都突破乡村发展困境的绝佳之道。

　　3）成都镇村转型升级的大势所趋

　　在新型城镇化背景下，成都以统筹城乡综合配套改革试验区的有力条件，通过多年全面、系统、深入的改革实践，在构建城乡经济社会发展一体化新格局、推动发展方式根本转变上取得了重要进展，城镇化已向镇村腹地纵深推进。"成片连线"积极落实了十八大提出"创新、协调、绿色、开放、共享"五大发展理念，成为现阶段成都镇村转型升级的必然选择。

4 "成片连线"的规划策略

4.1 "成片连线"的品牌塑造

通过梳理成都市域层面生态、历史、旅游和产业等资源，依托主要串联道路，将资源禀赋较好的区域划定为成片连线示范区域，初步勾勒出"山水乡旅""历史文化""天府农耕""灾后重建"和"创意农居"五类十三条成片连线主题精品示范带，推动镇村示范项目实施，快速形成品牌效应（图2）。

4.2 "成片连线"的系统规划

1）育生态

依据相关法律法规、城市总体规划和生态守护专项规划确定的"两山两环、两网六片"生态格局以及现状生态条件，落实成片连线区域内的生态保护层级与各生态保护层级的管控要求，严格控制和保护市域总体生态格局，控制重要生态区域的开发建设量，通过去建设化还原生态空间，提升片区生态环境品质。

2）通道路

在成片连线区域内形成不少于一条且串联区域的主要通道，实现片与片、线与线之间的连接以及和市域主要道路的衔接，同时依托现状道路及资源，形成网状道路，串联产业、生态、文化等各类资源，形成特色明晰、类型多样的旅游环线与绿道系统，并结合道路两侧生态资源和产业资源，进行乡土化设计。

3）活产业

结合生产资源条件和农业规划布局，培育特色产业，避免同质化竞争。各示范带依托现状产业基础及自然条件，形成1-2类主导特色产业。根据已经确定的主导产业和自然条件，将业缘相近且有条件成片的规模化产业划定为一个发展片区，引导相似产业集聚，明确其发展规模和主要产品，形成产业发展片区—产业基地—产业项目相结合的产业体系。

4）兴旅游

通过对旅游资源富集程度进行分析，识别出6片旅游资源集中区，在成片连线区域内划定旅游集中发展片区。在相应的旅游集中发展区对特色旅游设施进行规划引导，各集中发展区提倡多样化和差异化发展。

5）筑文态

根据成都历史资源分类情况，对成都地区的四大文明、12类文化做富集度研究，将其投影到成都市域（除主要建成区）的空间范围，得到其在空间上的分布特征。将文化资源点较为集中、保护级别较高的区域划定为文化资源集中区，在成片连线区域内划定文化集中展示区，制定相应的文化保

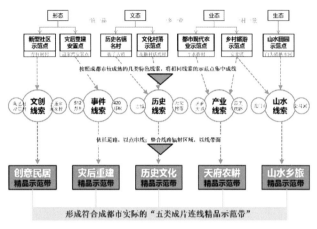

图2 "成片连线"的品牌塑造

护和展示措施。

6）塑风貌

成都乡村田园建筑类型由于地域文化特征差异划分为传统川西、近代川西、现代川西（又分为新川西和乡土川西两类）四类风格。结合风貌特征分区，对成片连线区域进行主导建筑风貌引导，形成区域的差异化风貌特征。

4.3 "成片连线"的机制创新

（1）协作机制：构建成片连线区域"平行政府间＋地方政府多部门"的分级协调机制，统筹协调区域内的资源利用、协同共享等工作。

（2）审查机制：由"成片连线"区域联合组织编制各条线的实施规划，由市级领导小组负责审查。

（3）参与机制：鼓励多方资金投入成片连线发展的乡村实施建设，提倡公共参与，满足公众对规划的多元化诉求。

（4）政策试点：对农业经营方式转变、创新农业经营体制机制以及土地流转机制进行政策试点探索。

5 结语

成都市"成片连线"规划工作的实践标志着成都镇村规划发展进入新时期，是城乡统筹工作进入深化转型阶段后进一步对镇村群规划建设的思考的结果。通过"成片连线"促进区域协同与创新共享，是成都落实国家新型城镇化要求的特色路径，也是成都镇村发展进入转型升级阶段的必然选择，具有推广和借鉴意义。

城市非建设用地控制性详细规划编制方法研究

——以杭州市余杭区瓶窑组团百丈单元为例

高慧智　石　华　邵　波
浙江省城乡规划设计研究院

1　研究背景与意义

1.1　研究背景

1）后经济危机时代的发展动力转型——创新驱动引领的新经济、新动能作用凸显

随着经济发展新常态的到来，中国的发展动力正面临全面转型。低成本、低技术含量的产业发展模式难以为继，创新驱动已经被摆在国家发展全局的核心位置。以信息技术为基础、以科创和文创产业为主导的"新经济"正在成为中国沿海大都市发展的新动力（赵佩佩，买静等，2016）。

2）后大都市时代的要素布局模式重构——区域网络化态势明显，城市集中建设区之外的区域显现新活力

"绿水青山，就是金山银山"，有风景的地方就有新经济，新的创新要素的空间偏好使得城市的空间价值分布格局发生了重构，打破了传统"中心—边缘"的认知框架，城市集中建设区之外的生态环境优越的空间显现出新的活力（高慧智，石华等，2016）。

3）现行的规划体系缺乏对新趋势的认知和应对

现行的城市规划、空间管制观念仍是传统的"城市中心主义"思维，因循着一种从中心区到边缘区空间价值递减的思维（张京祥，2016），对于可能出现的弹性、绿色、据点式的创新空间模式缺少认知和应对。目前的规划编制和管制体系导致城市非建设用地管理中出现了两个被动倾向：一是对城市非建设用地"一刀切"式的管理，否定了城市非建设用地中正当的、合理的发展需求；另一种情况是对于城市非建设用地内的随意建设和侵蚀视而不见（朱查松，张京祥，2008）。

1.2　研究意义

1）面向先发地区的实际需要

面对全新的社会经济背景和空间重构趋势，本研究旨在打破"城市中心主义"的传统观念，以城市非建设用地为研究对象，通过将其纳入法定规划体系，探索有效、务实的城市非建设用地管控技术框架，从而面向先发地区的实际需要，改变当前先发地区规划管理的被动地位。

2）完善城乡规划技术框架

城市非建设用地规划与建设用地规划是一枚硬币的两面，两者是互补统一的系统（程瑶，赵民，2011）。但是，审视当前城乡规划体系，以建设用地管控为主的控制性详细规划对城市非建设用地的管控内容几乎是空白的。因此，当前适时进行非城市建设用地控制性详细规划的编制技术方法

探索，是对当前城乡规划技术框架的一次有力补充，对于落实城乡统筹理念，满足规划管理全覆盖要求有积极意义。

2　城市非建设用地控制性详细规划编制技术框架

2.1　划定红线，严格落实生态优先

实践证明，无视城市非建设用地内部巨大的构成差异，一味对其实施刚性保护是造成部分城市非建设用地规划无效的原因所在（罗震东，张京祥，2007）。因此，城市非建设用地保护理念必须由难以实施的、纯粹生态保护变为保护为主、发展为辅，以发展促保护。这就给城市非建设用地研究提出了新的问题：如何科学、合理地划分城市非建设用地中的生态基质用地、可发展用地等管制分区，并制定相应的、明确的准入标准。

2.2　框定规模，强化开发强度控制

城市非建设用地控制性详细规划必须以不影响城市非建设用地的生态效能为前提，对城市非建设用地中的开发量进行控制。

2.3　分片管控，创新弹性控制方法

不同于城市建设用地相对集中的空间利用，城市非建设用地的建设开发项目选址往往更加随机。面对多样的、据点式的建设开发模式，城市非建设用地控制性详细规划需要在确保生态底线刚性管控的前提下，探索更加弹性的建设用地控制方法。

3　杭州市余杭区瓶窑组团百丈单元的控规编制方法创新探索

3.1　杭州市余杭区瓶窑组团百丈单元概况

杭州市余杭区瓶窑组团百丈单元覆盖百丈镇域，面积60.21平方公里。2015年末，全镇常住人口10 888万人。百丈镇位于杭州市西北部，距杭州市中心55公里，毗邻杭州最重要的科创平台——未来科技城，235国道和杭长高速穿镇而过，规划杭州—安吉城铁在镇区设站，区位条件优越，区域交通便捷（图1）。百丈镇自然资源丰富，大尺度的"低丘缓坡、山谷茶园"构成地区最主要的景观特色，2015年，百丈镇被列入杭州市首批特色小镇。

现行杭州市城市总体规划中，百丈镇域范围内绝大部分用地为城市非建设用地，严格限制开发建设活动。但是，自

图1　百丈单元区位图

百丈镇已批未建用地

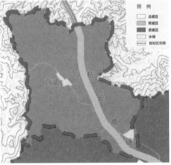

杭州市城市总体规划空间管制图

图2　百丈单元开发建设活动突破规划管制

下而上的开发诉求强烈，大量旅游度假、文化创意等空间在此选址布局，现行总规对此缺少有效的控制和引导（图2）。

3.2　杭州市余杭区瓶窑组团百丈单元控制性详细规划编制情况

1）功能定位与空间布局

2017年，《杭州市余杭区瓶窑组团百丈单元控制性详细规划》编制完成。规划确定"以'好竹意小镇'为主题，突出生态保育主体功能，融合旅游度假、健康养生、文化创意和体验农业等业态功能的风情小镇"的功能定位；谋划"一心一轴四区"的空间结构。"一心"指依托现状镇建成区，形成镇域综合服务中心；"一轴"指依235国道构建镇域综合发展轴；"四区"指结合镇域资源条件，形成雄关古道旅游区、竹韵民宿体验区、九东仙境养生区和好竹意小镇特色创新区四个发展片区（图3）。

图3　百丈单元控规空间结构图

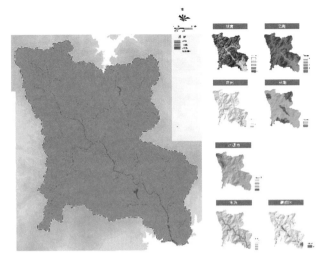

图4　百丈单元控规空间管制图

2）划定红线，严格落实生态优先

规划根据相关法律法规对相应空间要素的管控要求，结合土地生态敏感性评价，确定单元空间管制分区（图4）。规划按照分级管控总体思路，将单元分为禁建区、限建区、适建区，并制定了相应的项目准入要求。

其中，禁建区仅允许以下四类设施进入：①具有系统性影响的道路交通和市政公用设施；②农业生产及农村生活、服务设施；③风景区、公园配套的风景游赏设施；军事、安全等特殊用途设施。限建区仅允许以下七类设施进入：①风景名胜区、湿地公园、森林公园及郊野公园等的旅游配套接待、服务设施；②具有系统性影响的道路交通和市政公用设施项目；③农业生产及农村生活、服务设施；④生态型休闲度假设施；⑤公益性服务设施，包括博物馆、展示陈列馆及其他非经营性公共配套设施等；⑥其他符合所在区域的风景名胜区规划、遗产保护规划、郊野公园规划、控制性详细规划、乡规划和村庄规划等相关规划，且与生态保护不相抵触，资源消耗低，环境影响小的建设项目；⑦军事、安全等特殊用途设施。

3）框定规模，强化开发强度控制

规划对单元建设施行开发总量上限控制，开发总量通过生态足迹法评价确定。

4）分片管控，创新弹性控制方法

规划采用"单元—功能区"两个层次的控制体系，以适应规划管理的需要。单元层次重点明确功能定位、用地布局、空间管制、道路交通规划、公共设施和市政基础设施规划、功能区划分及主导功能确定等内容。功能片层次重点控制开发规模，明确管制边界及项目准入，提出用地开发控制指标，保障公共配套，协调落实"六线"。

规划以"一心一轴四区"的镇域空间结构为指导，结合地形地貌、行政边界、水系道路边界将镇域划分为6个功能区，功能区是规划进行空间管控的基本空间单元。规划通过功能区规划指引图进行开发建设管控。

基于健康城市建设的城市规划工作反思

谢永红
广东省城乡规划设计研究院

1 基于健康城市建设的研究背景

现代城市规划起源于公共卫生改革的推动，英国1875年制定的《公共卫生法》就是标志。各时期规划研究与实践的几大经典模式，包括田园城市、卫星城、新城、新城市主义和精明增长等，都以促进健康为基本目标，并指导了近几十年的全球城市更新和城镇化运动。但是，经典理论指导的蓝图或许已经实现，城市健康的愿景却没有得到解决。城市病出现并逐步严重。近年来，中央高度重视全民健身和健康城市工作，健康城市建设成为新时期各部门的工作重点。回看健康城市在中国20多年的发展，由于中国传统的条块分割管理体制，规划建设部门对健康城市的参与和关注不够。因此，在中国大力推动全民健身和健康城市建设的工作背景下，有必要对当前城市规划设计工作存在的问题进行反思，对城市规划设计改革提出优化提升的方向性思考。

2 健康城市的跨学科研究趋势

城市规划与公共健康学科的交叉研究带来健康城市规划的发展。健康城市的研究发展与城市规划建设实践紧密结合，相互促进，先后经历了五个发展阶段，从20世纪90年代至今属于第五阶段。这个阶段健康城市的研究和实践发展快速，健康城市的关注点拓展到公平问题，并强调跨学科研究和跨部门合作的重要性。

因此，当前国际上许多顶尖的研究机构都在开展健康城市的跨学科研究，包括哈佛大学、牛津大学、加州大学等。美国越来越多的高校也开设了健康与建筑环境课程，以及提供城市规划与公共健康的联合学位。健康城市的跨学科研究涉及多个方面。研究领域主要涉及空间要素的健康效应、健康城市指标、健康影响评估等多个方面。

城市规划学科的科学性和权威性一直备受争议，而健康城市与城市规划的跨学科研究正好提供了一个提升规划科学性和权威性的契机。例如，在国际学术影响因子高达8以上的《柳叶刀》（*The Lancet*）这份期刊最近也开始关注健康城市建设。2016年9月，《柳叶刀》（*The Lancet*）推出"城市设计、交通和人口健康"专题系列文章，探讨城市规划与设计对于居民健康福祉的影响，重点聚焦于城市规划设计如何通过影响人们交通出行模式进而影响人类健康。对健康城市的跨学科研究已经成为传统学科研究的创新点。

3 国外健康城市的实践经验借鉴

随着人们越来越注重生活品质，对体育休闲的需求日益攀升，促进居民健身运动成为欧洲国家乃至全世界迫切关注的公共卫生问题，也成为国外健康城市实践的突破口之一。欧洲地区第四期"健康城市项目"的建设行动主要聚焦于体育活动和构建有活力地生活方式。根据"健康城市网络"第四期的行动总结，2008年世界卫生组织对"健康城市"建设提出了更高的要求，认为健康的城市也应该是一个活力的城市，并提出一个指导城市建设活力城市的规划指引，旨在将体育活动融入到整个城市的规划建设中去。关注促进居民健身运动成为健康城市规划建设的新重点。国外城市主要从战略、设计、实操三个层面开展促进居民健身运动的健康城市实践工作。

战略层面，国外重视通过编制长期、统筹的发展规划，将健康运动理念融入城市规划建设中。相关媒体评出悉尼是全世界5座最健康城市第一。悉尼编制了《2030战略规划》，规划提出的十大目标中有三个关注健康和居民运动。

设计层面，国外通过编制设计指引，将促进居民健身运动落实到健康城市建设每个细节。美国国家休闲和公园协会提出了通过公园、休闲活动保育，提升广大社区和人民健康水平的理念，该协会对公园建设进行了分类指引。纽约市也编制了《促进锻炼和健康的城市活力空间设计导则》，对设施布局、街道空间、社区连通性等具体要素提出了优化的设计策略（表1）。

表1 美国国家休闲和公园协会对公园建设提出的分类指引

公园类型	选址要求	功能和设施
迷你 Mini 也称口袋公园	服务半径小于400米，面积230～4000平方米	有限和分散的需求，布置简单游乐设施、座椅、庭院
邻里 Neighborhood	服务半径400～800米，面积2～4公顷	公园体系的基本单元，作为邻里的焦点和中心，满足主动和被动使用需求，配置体育场地
学校 School	与学校联合设置	满足不同邻里和社区的需求。
社区 Community	服务半径800～5000米，面积12-20公顷	满足社区需求，通常服务多个邻里，保护独特的景观地段，满足主动和被动使用需求
城区大型 Large Urban	选址由地段品质决定，面积20公顷以上	满足社区以上级别的休闲需求，通常还包含博物馆、动物园、植物园、市民中心等功能
综合体育 Sports Complex	服务社区以上层级，在不同社区间采取战略优化方法布局，10公顷以上	包含田径场等大型场馆，设施使用率高，需要按日程预约使用
保育地区 Conservation Areas	选址和大小由所保护的资源确定	自然保护，公众教育和自然优先的休闲
特定地区 Special Areas	为某些特定的活动所设置（如滑板、宠物等）	/
绿道 Greenways	各种公园之间的线性联系	通常包含溪流和绿道服务设施
健身径 trails	满足各类线性体育休闲活动需求	分为自然路面，硬路面单一功能，硬路面多功能等不同种类

实际操作层面，国外通过在社区开展促进居民健身运动的各类行动落实规划内容。如，悉尼通过在社区开展"建设骑行和步行为主的城市交通绿色网络""充满活力的地方区域规划"等行动，推动《2030 战略规划》目标的实现。美国规划协会也早在 2002 年就在多个洲和社区开展健康社区设计活动，目前还在大力推广该活动。

4 对中国城市规划工作的反思

以同济大学王兰教授为代表，学者们试图总结健康导向下中国城市规划设计应该如何应对的路径和思路。在前人研究的基础上，基于健康城市与全民健身理念，对中国当前规划设计工作浅谈几点反思：

反思一：战略层面，各城市总体规划中"健康"理念缺失。回看近几年广东省经审批通过的城市总体规划的定位和目标（表 2），均没有提到"健康"理念。美国曾对 900 多位城市规划师进行相关调查，只有 20% 的人将健康内容纳入城市的详细规划。在健康和可持续发展方面，许多发达国家也走了不少弯路。在未来 15 年奔向健康中国的过程中，如何能在规划方面"弯道超车"，需要我们反思！

图 1　广州公共自行车无人问津（左）与市场共享单车供不应求（右）对比

图 2　政府投资的社区公关成为老人儿童的休闲场所（左）与深圳沙井体育公园实现社区与街道的共建共赢（右）对比

享的群众参与和支持，而由政府自上而下、层层下任务的工作模式，能达到什么效果，需要我们反思！

表 2　近几年广东省经审批通过的城市总体规划的定位和目标

审批通过的城市总体规划	定位	目标
《广州市城市总体规划（2011—2020 年）》	广东省省会、国家历史文化名城，我国重要的中心城市、国际商贸中心和综合交通枢纽	把广州市建设成为经济繁荣、和谐宜居、生态良好、富有活力、特色鲜明的现代化城市
《珠海市城市总体规划（2001—2020 年）（2015 年修订）》	我国经济特区，珠江口西岸核心城市和滨海风景旅游城市	把珠海市建设成为经济繁荣、社会和谐、生态良好、特色鲜明的现代化城市
《佛山市城市总体规划（2011—2020 年）》	全国重要的制造业基地，国家历史文化名城，珠三角地区西翼经贸中心和综合交通枢纽	把佛山市建设成为经济繁荣、和谐宜居、生态良好、富有活力、特色鲜明的现代化城市
《清远市城市总体规划（2011—2020 年）》		实现"跨越发展、空间优化、城乡和谐、生态文明"的总体目标

反思二：城市设计层面，仍侧重于优化城市形态和公共空间建设。当前国家提出以"城市双修""城市设计"等为主的新规划改革工作内容，但最新制定的《城市设计管理办法》中也没有明确提出"健康"理念。规划设计该如何以民生为本、以全民健身为导向进行优化，需要我们反思！

反思三：实际行动层面，自上而下的规划建设短期效果强，但缺乏共建共享的群众支持还显得不足。近几年，由政府自上而下推动的公共自行车投放等项目效果都不理想，反观摩拜、小鸣等"共享单车"则供不应求（图 1）；深圳沙井体育公园也通过社区与街道的共建实现共赢（图 2）。未来是共享经济和新媒体作用的时代，缺乏众创众规、共建共

农村公共服务空间供给模式改进策略探讨

陆　学　范丽君　罗倩倩
深圳市城市规划设计研究院有限公司
谢新鹏
河南省城乡规划设计研究总院有限公司

本文主要从实用的角度，重点探讨中心村模式在推进农村公共服务均等化方面的局限性，并提出改进策略。文章认为，供需脱节是中心村供给模式存在的核心问题，未来应从农村视角出发，审视村庄的实际需求，推动农村公共服务空间供给模式创新，差异化分类配置农村公共服务设施。

1　典型模式：中心村模式

1.1　中心村模式愿景

农村地区公共服务供给的空间模式是规划界探索促进城乡基本公共服务均等化的重要方向。中心村一直被视为农村公共服务供给的有效载体，"中心城区—重点镇——般镇—中心村—基层村"五级体系已经成为城乡空间结构规划的典型范式。在规划蓝图中，中心村被赋予为本村及周边村民提供教育、医疗、文化等基本公共服务的重要使命。

中心村模式：以中心村为主要载体，为农村地区提供相对优质的教育、医疗等公共服务（图1）。

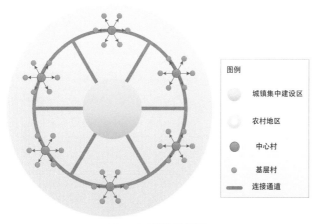

图例

○　城镇集中建设区
○　农村地区
●　中心村
•　基层村
—　连接通道

图1　中心村模式示意图

1.2　主要成就和不足

主要成就：中心村建设迅猛推进，广大农村地区对卫生室、幼儿园、小学及广场等公共服务设施具备了较好的空间可达性。中心村模式初步实现了农村地区基本公共服务的数量供给。

明显不足：相对于基层村而言，中心村相对更多的投入并未能让更多的农村居民享受到更优质的公共服务，公共服务设施普遍存在服务品质不高、有效服务不足等问题。中心村模式未能实现基本公共服务的质量供给。例如，乡村调研中发现，水泥地面的广场"无人问津"，亮丽的新村没有人气，

图2　中心村模式的主要成就和不足

公共厕所无法使用，村干部反应小学生源紧张，村民反映卫生室医生没有执照，诸如此类，不胜枚举（图2）。

1.3　形成原因分析

为什么中心村相对更多的投入未能让更多的农村居民享受到更优质的公共服务？

1）主观成因

首先，公共服务需求类别与规划供给类别存在错配。农村人的生活方式有别于城市，城市有15分钟生活圈，但农村没有，农村生活圈就是自然村，农民日常生活很少踏出村门。但上学、就医、娱乐和赶集四类主要活动通常会出村，也就是说，除上述四类活动以外，文化、体育、养老等其他日常活动，农民是不愿意出村的。然而，目前公共服务规划供给在中心村层面是面面俱到，这种供需类别错配容易导致无效供给，造成资源浪费。

其次，公共服务需求层次与规划供给标准存在错配。上学、就医、娱乐和赶集四类主要活动短期内难以在中心村聚集。随着农民生活日渐宽裕，"农村人"和"城市人"在教育、医疗等公共服务需求层次和质量要求方面并没有显著的等级差异。例如，在教育、医疗方面，在可选择的情况下，小孩上学、老人就医能去县城就不去乡镇，能去乡镇就不去中心村。然而，中心村设施配置是按"等级"思维，规划根据人口规模，把设施配置标准定位在"村级社区"层面，而不是从"需求"思维进行配置的，这种供需层次错配必然使得村级教育、医疗等设施的有效使用率很难提高。

2）客观成因

中心村人口规模和消费体量难以支撑高品质公共服务设施的持续高效运营。教育、医疗等公共服务的高品质供给，单纯依靠政府投入是不可持续的。换言之，简单地提升中心村教育、医疗等公共服务配置标准，无法从根本上破解当前困境。

因此，以中心村为主要载体的农村公共服务空间供给模式，亟需反思和创新。见图3所示。

图3 中心村模式公共服务供给问题成因

2 转型方向：三大趋势

2.1 城市视角向农村视角转型

现实误区：观察农村惯用城市视角，看待农民常戴城市眼镜，规划农村惯用城市思维。

转型要求：规划调研应深入农户，与村民充分沟通，而非简单填写城市思维主导下拟定的村庄调研表；必要时，规划师应驻守村庄，体验村民对公共服务的真实诉求；公共服务设施布局和配置标准，应符合农村地域特征，与村民需求相匹配。

2.2 全面供给向优先供给转型

现实误区：中心村公共服务供给往往较为齐全，科教文卫力求全面。

转型要求：留守农村的老人、小孩人口结构特征，决定了教育、医疗是现阶段"农村人"最迫切的需求；一次性建设和持续性运营的有限投入，决定了有效供给应重点关注教育、医疗等优先领域。

2.3 数量供给向质量供给转型

突出问题：中心村普遍存在"有设施、无服务"的奇怪现象，一种是公共服务设施建成后未能正常运营，一种是公共服务设施建成后很少有人使用。

转型要求：设施数量并不等同于有效的公共服务供给，设施配置应与村民需求层次相匹配，突出供给质量（图4）。

图4 农村公共服务设施供给转型方向

3 改进策略：分区分类差异化供给

3.1 分区推进中心村供给模式

对农村人口密集、农村经济发达的东部沿海地区，可适当推进中心村模式，重点提高公共服务配置标准。

对农产品主产区域或经济欠发达地区，推动农村公共服务空间供给模式由以中心村为主要载体向以小城镇为主要载体转变，将以往投入中心村的资源集中投入到镇区，使镇区

教育、医疗服务水平达到或超过县城平均水平。

3.2 农村公共服务设施分类供给

根据村民是否出村享受公共服务，按照设施服务范围，将农村公共服务设施分为内向型设施和外向型设施两大类（表1）。

（1）内向型设施服务范围是村庄内部，基本规划单元是自然村，设施配置应落实到自然村，配置规模和建设标准不是简单依据等级标准落实，而应综合考虑自然村人口规模、用地条件和需求特征。

（2）外向型设施服务范围是村庄内部及周边村庄，基本规划单元是中心村，设施配置应针对村民出村的上学、就医、娱乐和赶集等活动，根据当地村民相关活动在空间聚集的历史特征、现实诉求、交通可达性等多重因素，综合确定相应活动的最优集中供给位置，而不是简单地全部集中在中心村。例如，乡村调研中发现，有的自然村人口规模小、建设空间有限，但交通条件相对便利，历史上已经有一座小学，周边村庄小孩上学就在该自然村，上学活动已然呈现出空间聚集特征，但是该村并不是中心村所在地。

表1 村庄公共服务设施归类

设施归类	设施类别	服务范围	设施举例
内向型	行政办公设施	本村	村委会（居委会）
	文化体育设施	本村	健身广场、图书室、文化体育中心
	社会福利设施	本村	幸福院（敬老院）
外向型	教育科技设施	本村及周边村庄	小学、幼儿园、农技站
	医疗卫生设施	本村及周边村庄	卫生站、防疫检疫站
	商业设施	本村及周边村庄	农村百货超市、电子商务服务站

3.3 农村公共服务设施供需均衡

注重农村公共服务需求类别与规划供给类别的匹配。中心村设施按"两种类别、两种标准"实行差异化规划供给，外向型设施按照中心村辐射范围和潜在需求规模确定规划供给规模和建设标准，内向型设施按照中心村驻地村庄人口规模进行配置。基层村设施配置以内向型为主，推进标准化配置，配建项目以村民实际需求为导向。

注重农村公共服务需求层次与规划供给层次的匹配。外向型设施应坚持"量小质优"的原则，确保有效供给与有效需求实现动态均衡。内向型设施坚持"村民意愿、市场主导"的原则，标准引导，留有弹性，按需配置，不作刚性要求。

花都"斗南"的抉择：向左走？向右走？

路 倩 陈 商
昆明市规划设计研究院

1 斗南区位

斗南位于昆明市呈贡区，北邻昆明主城区，南邻呈贡新区，西邻滇池，距昆明主城区12公里，属于昆明主城与呈贡新区发展的衔接地带，一定程度上是主城发展的功能补充区，也是昆明"北优南延"发展轴上的一个活力点（图1）。

斗南周边道路交通便利，现状周边有环湖东路、彩云路等高等级公路以及轨道1、2号线穿过，在未来五年内斗南外围的地铁4号线将建成通车。

图1 斗南区位分析图

2 斗南现状情况

1）人口情况

斗南现状居住人口约30 000人，以从事花卉交易的外来人口为主。其中，本地人口约7 200人，占总人口的24%。外来人口约22 800人，占总人口的76%。村民以中青年为主，劳动力优势明显。

2）就业情况

斗南村全村土地已被收储，村民无地可种，村民虽有农业身份，但以外出打工及个体户经营为主。

3）人均收入

斗南村村民的人均收入相对较高，在呈贡区乃至云南都处于平均水平之上，收入来源主要靠房屋出租。在后期的拆迁或改造中，拆迁补偿将是影响斗南社会稳定的重要因素。

4）建筑情况

斗南村现状建筑层数以四层为主，建筑密度大，建筑总量约50万平方米，在后期的拆迁改造中，拆迁难度大，补偿费用较高。

5）村庄风貌

斗南社区缺乏公共活动空间，整体环境不佳，建筑质量

图2 斗南村庄风貌图

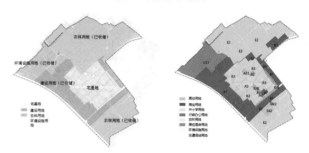

图3 斗南村庄用地现状图

偏低，建筑密度大，部分建筑间距不能满足消防需求，斗南社区治安管理压力大，社会治安环境不稳定。如图2所示。

6）用地情况

斗南现状大部分用地为宅基地，作为本村村民及外来人员的居住场所。社区内部功能相对齐全，但设施落后，宅基地周边有大量农林用地，已被收储，不再作为耕地（图3）。

7）产业状况

（1）产业比重。目前云南省花卉交易量约占全国50%的比重，冬季约占全国80%，而斗南是其中的主导力量，占据重要地位。但是，现状斗南本地并不出产鲜花，大部分鲜花从昆明周边地区运入，斗南更多的是承担交易平台的角色。这种现象对斗南的产业发展存在极大的制约。

（2）斗南产业链。现状斗南花卉产业处在以花卉交易为主的单一化初级阶段，没有形成完整的产业链，各产业之间出现断层。考虑到产业的长远发展，斗南花卉交易未来要向产业化、多元化发展，才能更进一步的向世界迈进，成为云南乃至中国对外花卉交易的名片（图4）。

（3）产业抉择。斗南目前面临的最大发展问题是"向左"：村庄拆迁，亦步亦趋发展；"向右"：保留改造，产业转型升级。

8）现状情况总结

现状斗南村存在较多问题，对于斗南的整村形象有较大影响，经过总结，可以看出：①公共服务设施配套不足；②道路通达性不足；③停车场地不足；④绿化设施不足；⑤市政基础设施不完善；⑥消防安全与应急避难场所缺失；⑦特

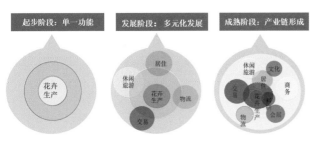

图 4 花卉产业发展阶段示意图

色不明显；⑧产业没有形成完整的产业链。以上问题将是未来拆迁或改造的基本支撑点。

3 开发方式的确定及产业转型升级

1）开发方式的确定

综合考虑现状问题、拆迁成本、社会稳定及产业发展等综合因素，最终确定斗南为保留改造。

（1）保留改造的思路：①按照规范要求结合斗南实际情况拆除临危建筑和老旧建筑在合适区域增补公服设施；②结合斗南实际情况对道路进行梳理，对切实影响主要道路通行能力的建筑予以拆除；③利用局部拆除的空间适当增加停车位解决停车场地不足的问题；④结合实际在合适区域适当增补绿化设施；⑤对市政管线进行改造，完善市政配套设施；⑥疏通消防通道，以消防栓为主要消防方式，合理配置消防栓，配置应急避难场所；⑦依托花卉产业和临滇池的景观优势打造斗南村入口形象、对局部地区适度调整增加活力、主要街道进行立面改造。

（2）改造方案：方案通过对上述改造思路予以落实，使斗南村的改造实现对现状最大保留的基础上优化完善各项功能布局，实现整体品质的提升。

（3）沿街立面的改造：在保留斗南特色的基础上，对主要沿街立面进行立面改造，对基础设施进行优化梳理，以实现最小投入、最小影响、最快方式，达到最优效果的目的。

如图5—图8所示。

2）斗南产业转型升级

从荷兰库肯霍夫郁金香公园以及荷兰阿斯米尔的发展来看，以鲜花为产业核心，形成种植、展示、旅游及交易等一、二、三产融合发展的产业链，形成品牌效应，打造国际名片已成为鲜花产业发展的思路。同时，优化鲜花拍卖交易的发展链

图 5 斗南村现状模型模拟图

图 6 斗南村改造平面图

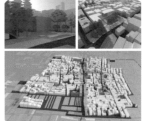

图 7 斗南村改造模型示意图

图 8 斗南村立面改造示意

条，对花卉质量进行控制，对新品种培育给于补助，加大新品种的培育力度，同时注重相关附加产业的研究，形成一定的科技产业链，也是斗南花卉交易市场的出路。

3）产业布局

结合斗南村村庄改造和产业转型升级思路，斗南产业布局将形成8大功能区：村庄保留区、花卉资材展销区、生态种植区、斗南湿地区、综合服务区、城市功能区、商业商务区和水质处理区。斗南最终将形成圈层式的功能布局形态，部分功能将与主城区和呈贡新区形成功能融合（图9）。

图 9 斗南产业布局示意图

通过以上的更新改造以及产业布局，最终斗南将形成以花卉产业为特色，串联多个生态节点及滇池大生态景观的城市发展片区（图10），并将成为周边区域产城融合及特色小镇发展的典范。

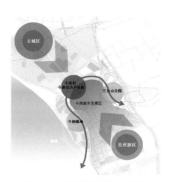

图 10 斗南发展结构示意图

导控与拼贴

——基于公共休憩空间建构的珠三角传统产业镇转型提质路径探索

李建学
广东省城乡规划设计研究院

珠三角传统产业镇的城镇更新、产业升级与城镇空间品质提升并不同步，本质是以经济最大化为价值导向的粗放式发展路径无法协同空间的经济属性和品质属性。本文重点探索如何在产业镇升级更新过程中，以公共休憩空间为载体，提升城镇空间品质的路径。

1 空间特征：产业主导，功能碎片化

"村村点火，家家冒烟"的传统发展模式导致产业用地无序蔓延，现状建设用地占镇域面积比重甚至超过50%。用地功能以产业为主，服务及休憩等功能严重不足。用地布局形成"村＋厂＋城"交融的"马赛克"特征，城镇环境品质与经济规模倒挂（表1）。

表1　珠三角部分产业镇用地数据统计

产业镇	建设用地比重	产业功能占建设用地比重	人均公共服务设施（m²/人）		人均公园绿地（m²/人）	
			现状	国家标准	现状	国家标准
厚街镇	43.35%	37.88%	3.83	5	7.1	8
小榄镇	68.11%	29.7%	4.5	5	2.3	8
古镇镇	55.8%	40.59%	4.08	5	2.5	8
大沥镇	68.8%	33.2%	6.8	5	1.92	8

（资料来源：各镇总体规划）

2 现实困境：产业升级与城镇更新不等于城镇品质提升

产业镇的更新及提质主要表现在物质环境的重构及产业链条的延伸。目前产业镇升级聚焦于产业附加值提升及土地价值变现，主要原因如下：

2.1 宏观层面：缺乏整体预控，生态基底受破坏

工业化初期，产业镇缺乏对生态空间整体预控，工业厂房沿河涌等生态廊道布局，未建设用地以基本农田及山体居多，绿化景观界面及通风廊道被产业用地侵占严重。

2.2 微观层面：无法协同空间的品质属性和经济属性

空间的品质属性特征表现在其公共性、功能多元化、使用的普惠性，而空间的经济属性表现在其私密性或半私密性，功能单一性、使用的有偿性。城镇转型及更新过程出现的空

间品质下降，主要由于权属分散，难以启动成片改造；个体为更新主体，以利益最大化为依归；政府主导城镇更新，公共性难以兼顾。公共设施及公共空间成为纯支出型配套项目，开发建设容易被延误。见图1所示。

3 实践探索：建构公共休憩空间推动产业镇转型提质

部分产业镇通过建构公共休憩空间，组织服务设施、产业平台等多元化功能，同步实现产业升级、城镇公共服务优化及空间品质的提升。

3.1 企业主导：整合公共休憩空间资源建设产业平台——以佛山石湾镇为例

佛山市禅城区石湾镇有"南国陶都"美誉，陶瓷生产始于唐，鼎盛于明清。石湾镇中部石湾公园周边原有两大荒废国营陶瓷厂，公园环境差，游客甚少。1506创意园进驻石湾，把工厂改为创意及商务平台，主要措施如下：

1）置换功能，满足多元化需求

整治公园环境，把创意园区与公园融为一体，形成"公园休憩空间＋创意服务空间＋文化历史展示空间"等功能的城市组团。提供陶瓷产业转型需要的设计、研发、展贸等服务，也为居民提供休憩及文化体验的空间。见图2、图3所示。

图2　改造前工厂与公园的关系　图3　改造后公园周边功能及业态布局

2）织补交通，提升公共性及可达性

加强园区内部的道路与城市干道衔接，增加园区出入口，区分车行道及步行道，保障步行可达主要功能区。

3.2 政府主导：围绕公园完善城市公共服务功能——以中山古镇镇为例

古镇镇位于中山市西北部，是全国灯饰专业镇，市场份额占全国的70%。现状建设用地占镇域面积的55.58%，传统产业区主要沿国道及河涌水系布局，包围居民区。

1）宏观层面：划定生态控制线及公园控制线，预控生态本底

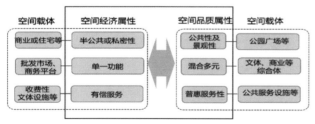

图1　空间的经济属性及品质属性的差异

临近河流水道的大面积生态农地、苗圃用地纳入生态控制线管理。结合河流涌等环境要素，划定全镇三大生态湿地公园，提供大面积的公共休憩空间，提高人均公园绿地面积至 10 平方米（图 4）。

2）微观层面：拼贴镇级公园，植入新功能

公园周边原是村居、农地及工厂、行政服务中心，把中部农地规划为公园，围绕公园植入文体、教育、游憩和商务等功能，以步行设施联系公园与周边设施，强化片区作为中心区的服务能力（图 5）。

图 4 公园周边规划　　　　图 5 公园周边现状

4　规划应对：公共休憩空间的整体导控与地块拼贴

4.1　宏观层面：整体导控，预控生态基底及预留弹性功能空间

（1）底线导控：划定生态控制线、城镇蓝线、预留城镇生态品质空间、城镇景观界面及通风廊道，设定生态框架。

（2）品质导控：确定公共休憩空间的种类，如湿地公园、城市公园、森林公园等，提升城镇的生态性及公共性。

（3）弹性预留：对尚未开发的可建设片区，可根据产业升级及城市功能完善的需求，围绕休憩空间进行开发。

如图 6 所示。

图 6 整体导控开发示意

4.2　微观层面：拼贴公共休憩空间，重塑周边地块功能

主要的规划路径包括：

（1）空间拼贴：补充传统产业镇最为缺乏的公共休憩空间，提升景观品质及公共性。

（2）功能重构：植入公共服务功能、休憩功能、生产性服务功能。

（3）网络织补：加强休憩空间与周边地块的交通联系，包括机动车道及人行天桥、慢行道等非机动交通体系。

（4）业态提升：配置新的产业平台，延长产业链条，推动产业升级。

（5）活动链接：加强公共休憩空间与周边地块的活动空间衔接，通过广场、栈道、观景台和运动设施等，把公共性活动外溢至周边地块，提升休憩空间的趣味性。

4.3　空间功能组合模式

（1）公共休憩空间 + 综合服务区：公共休憩空间 + 公共服务设施 + 商业服务业设施 + 居住社区 +X（图 7）。

（2）公共休憩空间 + 产业平台：公共休憩空间 + 产业平台 + 居住社区 +X（图 8）。〔注：X 为其他类型功能〕

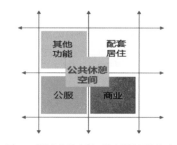

图 7 "公共休憩空间 + 综合服务区"组合

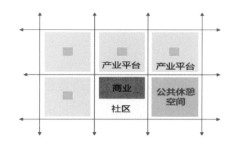

图 8 "公共休憩空间 + 产业平台"组合

4.4　探索休憩空间运营新机制

（1）制定生态基底发展指引：明确生态基底内部可以发展及兼容的功能。

（2）创新公共休憩空间的管理机制：通过托管、租用等方式，鼓励社会资本达致"不求所有，但为共享"的目标，实现公共休憩空间的效用最大化。

（3）重置公共休憩空间周边土地的发展权：包括政府整合休憩空间周边用地；提供优惠政策，鼓励社会资本对邻近土地进行有条件开发。

5　结论

一方面，转型提质意味改变以往一味追求空间经济属性的做法，而以提升空间的品质属性为依归。以公共休憩空间联动周边地块建设，完善城镇服务功能，提高城镇生态环境质量和公共性是实现空间品质提升的有效路径。另一方面，应探索公共休憩空间运作机制，鼓励社会力量参与公共休憩空间及其周边用地的整体开发运营。

遵循城市发展规律提升城乡发展品质

——以云南省昭通市为例

郭凯峰
昭通市规划局 / 云南省设计院集团

1 遵循城市发展规律探索提升城乡发展品质的必然性

遵循城市发展规律就是在尊重历史、自然、文脉和民众的前提下，系统回顾、总结、提炼和顺应独具一格的城市可持续发展机制，在城市演进的全周期历史维度下审视当前阶段、谋划未来发展。我们清醒地认识到，在"两个一百年"和习近平总书记视察云南期间对云南提出的"三个定位"发展进程中，在面临多元化的自然特征、区位特点、风貌特色、文化特质及潜力特性等发展条件下，如何因地制宜地遵循云南城市发展规律，顺应时代潮流积极稳妥巩固和提升城乡人居环境和可持续发展能力，已成为当前亟需思考和解决的历史新命题。

2 云南省提升城乡发展品质面临的主要问题

2.1 根源性问题，即城乡规划自身的问题

对于规划技术，应该内外结合，避免本土化流失、特色化丢失。云南省部分地方缺乏系统性的培育本土规划技术力量，长此以往对于本地规划实施过程中的修改与优化环节丧失技术发言权和主动权。城乡规划新技术的优劣取决于城市汲取和运用的顺畅能力，科学、理性、务实的规划技术不应丢失对云南本土特色的响应。

对于规划政策，应该有序演进，避免野蛮化革新、病毒式创新。由于有限理性的存在，特别是一些地方的工业园区、城市新区和农村规划建设，一旦爆发一些比较突出的冒进现象，特别容易诱发在规划时序、管理进度和操作难度的紊乱，极大增加对政策的响应难度和实施荷载。对于南橘北枳、移花接木，不管不顾城乡发展的多元化实际，为了创新而创新实为壮观有余、实用不足，对城乡健康发展有百害而无一利。

对于规划管理，应该尊重民智，避免被动式接受、填鸭式承受。当前社会公众参与城乡规划管理决策的路径和条件依然较为模糊。从长期来看，城乡规划管理应避免自娱自乐式的体内循环，有必要在规划管理和决策的环节中更加透明阳光，更加重视基层实际、重视专家建议和重视民众期待。

2.2 面源性问题，即城乡发展品质的问题

从城市来看，主要问题是各种城市病和城市安全问题多，城市往往存在生态环境差、基础设施不配套、居住工作"钟摆式运动"及城市内涝等城市病。存在大城市首位度独大、城市周边公共配套及服务却跟不上的"虚胖"问题，重速度、轻质量，重建设、轻治理，重发展、轻保护。城市土地、水和其他资源利用效率低、浪费严重等，相当数量的城市空气污染、交通拥堵、出行难和停车难等问题突出，且呈蔓延加剧趋势。

从农村来看，主要表现在整体环境脏、村庄建设乱、基础设施差。当前农村建设缺少规划或者是不按照规划实施，规划建设管理失控，违规建筑沿路蔓延，"火柴盒""兵营式"农房随处可见，多占地、多盖房，铺张浪费，攀比成风，新房闲置的情况时有发生。有些农村的规划和建设脱离实际，失去了乡村特点，失去了乡村特色，甚至变成了准城市，导致农村的风土人情、田园风貌荡然无存。有些农村建设搞流水线生产，建成的新村整齐划一，农民在享受现代生活便利的同时也感慨田园生活离自己越来越远，"城非城，村非村"。

3 云南省昭通市的实践探索

3.1 构建规划智库，筑牢规律理念转化平台

规划智库是以服务城乡规划领域重大决策为宗旨，以规划技术研发为手段、以政策研究咨询为主攻方向、以专家学者和科研单位为整合要素的集群式、创新式科研智库平台。昭通市以"政府组织、专家领衔、部门合作、公众参与、科学决策"为基本脉络，通过研究成立"城乡规划委员会"、"城乡规划专家委员会"和"城乡规划公众委员会"等实体平台，运用"多规合一"技术方法切实整合相关部门政策资源、市内外专家智力资源参与法定序列城乡规划编制和重大建设审查、论证和咨询等工作。为全面拓展社会各界参与城乡规划，保障社会公众的城乡规划知情权、参与权和监督权奠定了坚实基础。

3.2 精耕违建整治，全面提升城乡人居环境

为了更加科学、规范和有序开展违法建筑治理工作，昭通市召开了县（区）住建局长工作会，邀请省级专家赴昭通全面系统讲解工作要点和工作难点。同时聘请技术服务单位赴各县（区）开展技术培训，实行驻地服务和对接指导。昭通市安排各县（区）通过违法违规建筑调研、认定、登统计，并拍摄照片说明违法违规建筑名称（门牌）、建设时间、违建业主、建筑类型及违法原因等，绘制了违法建筑分布图、编制了《违法违规建筑治理档案》（图1），以图表档案形式制定年度治理目标任务量，为下步全面激活城市存量建设用地的后续高效利用奠定了基础（图2）。

图1　昭通市细致严谨开展违法建筑治理普查

图3　昭通市稳妥有序推进城市修补生态修复工作

图2　昭通市精心精准开展违法建筑治理

3.3　推进城市双修，完善永续发展精准响应

陈政高部长在考察三亚城市规划建设时，首次提出"城市修补、生态修复"概念，并选择在三亚进行实践试点。昭通市开展大量的学习和前期研究等基础工作，正在制定市级城市双修专项规划及管理文件等，以问题为导向并结合昭通实际，选取最为突出和民生关注度最高的问题，拟定昭通市生态修复城市修补"五大体系十项工程"。"五大体系"为生态修复、交通优化、风貌传承、设施配套和城市功能体系；"十项工程"为滨水及沿路绿道、景观生态修复、停车场(库)、城区路网优化、历史文化保护与传承、城市风貌提升、公共服务设施配套、公园绿地品质提升、拓展城市公共空间和抗震防震安全工程。以此合理安排工作重点，切实达到城市双修试点工作的可操作性，确保开展好生态修复、城市修补工作(图3)。

3.4　研判策划特质，助推特色小镇规划建设

为全面启动和科学推进昭通市特色小镇规划建设管理工作，昭通市将重点依托交通区位条件和经济发展水平相对较好、有特色资源禀赋和潜力的小镇进行重点培育和打造。遴选原则为小镇的特色定位具有相对唯一性、产业定位具有链条可塑性、资源禀赋具有优质稀缺性及发展潜力具有预见活力性等，通过县区初步推荐、市级统筹指导，同时邀请知名专家对小镇申报材料进行研判、策划、提炼，形成一批有条件申报的特色小镇及项目库。见图4所示。

图4　市规委办召开特色小镇申报工作协调推进会

适时将启动"昭通市特色小城镇培育建设体系规划"，指导特色小镇加大投入，完善配套设施建设，重点抓好集镇道路、供电、供水和通信等基础设施与城镇的全面对接，畅通城乡人流、物流、信息流。立足小镇本土优势，大力发展特色小镇产业经济，培育特色品牌产业并构筑全产业链条，引导吸纳农村人口向特色小镇集中，以产业和人口的聚集推动小镇发展，培育壮大特色小镇示范引领价值。如图5所示。

图5　昭通市彝良县小草坝天麻特色小镇

英国美丽乡村规划建设的政策演变及启示

陈　轶　南京工业大学建筑学院
戴林琳　北京大学城市与环境学院

1　引言

英国美丽乡村规划建设历史久远，政策法规先行，为了保护乡村的自然美景，增进公众对这些地区特殊品质的理解和增加公众享受的机会，英国划定了一系列指定区域如国家公园及卓越美景区等，明了了行动主体及权责，有效地遏制了乡村的持续衰落，为城市居民享受美丽的乡村风光提供了有力保障。

2　英国乡村发展的政策演变

2.1　生产主义阶段（20世纪40年代—20世纪70年代）——以农业生产为核心，保证粮食供应安全

20世纪40年代，英国政府为应对战后带来的农业危机，明确了以农业生产为核心，保证粮食供应安全的一系列政策，通过颁布农业法（1947年）以及进行农业补贴增加农产品产量，该政策在初期有效地促进了英国农业的发展。1960年初，伴随着农产品过剩及农业补贴的缩减，导致乡村人口大量外流，从而带来乡村衰落。伴随着英国城镇化进程，出现"逆城市化"现象，越来越多的城市人口对"田园城市"的向往，乡村环境整治列入政府议程，相继出台了河流环境保护法（1948年）、国家公园与乡村可达性法案（1949年），用以增加公众进入乡村的可达性。

2.2　分化重组阶段（20世纪70年代—21世纪初）——乡村旅游和休闲产业的迅速发展，由"生产"向"消费"转变

20世纪70年代，英国加入欧洲农业联盟，欧盟六国的"共同农业政策"（CAP）促使英国乡村产业结构调整，出现"兼职农场"；农业不再是英国农民的主要收入来源，伴随着乡村旅游和休闲产业的迅速发展，完成由"生产"向"消费"转变，出现了大量的城市到乡村购房者、乡村旅游者及城乡通勤人口。该时期主要政策包括欧洲农业联盟"共同农业政策"GAP（1973年），农业法案修编（1986年），耕地与乡村发展法（1988年）等。为了保护和提升自然风景和乡村舒适度，促进公众对乡村地区的喜爱，乡村环境质量成为策略核心，乡村目标由"保护农业经济和耕地"向"平衡乡村地区的自然环境质量与乡村社区的生活质量"转变；成立"国家公园管理委员会""公园规划办公室"（1995年），确定环境敏感地区，鼓励环境友好性生产。如图1所示。

图1　欧洲农业联盟"共同农业政策"CAP的发展脉络

2.3　新发展阶段（21世纪以来）——乡村地区由消费性价值提升为可持续价值

2000年以来，城乡边界模糊，乡村地区由消费性价值提升为可持续价值；乡村发展要素开始呈现区域化分布特征，"空间规划"变革促使乡村规划目标实现多功能主义，与此相关的政策包括欧盟《共同农业政策》（2003年）、《规划与强制性收购法》（2004年）、我们乡村的未来：公平的乡村英格兰（DETR，MAFF，2000年）、乡村发展同样关乎未来（英国乡村联盟，2009.9）、乡村的挑战：成为21世纪可持续发展的乡村社区（英国乡村联盟，2010.8）等。

3　英国美丽乡村发展的特定空间类型

3.1　国家公园（National Parks）

国家公园由乡村委员会负责，基于1949年《国家公园与乡村可达性法案》，该法是国家公园景观保护的最高法案。国家公园的法定目的是保护和增强自然美景、野生动植物及文化遗产，为公众了解和享受高品质的自然景观提供机会。英国共有15个国家公园（表1）位于英格兰、威尔士和苏格兰，湖区是英国面积最大的国家公园，作为乡村地区的一种类型，其环境保护的意义更为显著。

表1　英国15片国家公园名称

序号	名称	序号	名称
1	Dartmoor 达特姆尔高原	9	The South Downs 南部丘陵
2	Exmoor 埃克斯穆尔	10	The Broads 布罗茨
3	Lake District 湖区	11	Brecon Beacons 布雷肯
4	New Forest 新森林地带	12	Pembrokeshire Coast 彭布鲁克郡海
5	Northumberland 诺森伯兰郡	13	Snowdonia 斯诺多尼亚
6	North York Moors 约克郡的荒原	14	Cairngorms 凯恩戈姆斯
7	Peak District 峰区	15	Loch Lomond and the Trossachs 罗蒙湖和特罗萨克斯
8	The Yorkshire Dales 约克郡谷地		

3.2　绿带（Green Belts）

英国绿带最重要的属性是开放性，通过发展规划确定，用以检查城市蔓延、保护乡村环境、阻止近邻城镇融合、

保护历史城镇和协助城市更新。1947 年，《城乡规划法》的颁布为绿带的实施奠定了法律基础。1955 年，房屋和地方政府部（MHLG）规定应当编制绿带规划。1988 年至今，英国政府颁布绿带规划政策指引（PPG2）。如图2、图3所示。

图2 英国 14 个绿带空间分布图

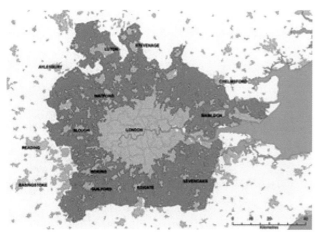

图3 英国伦敦地区绿带空间分布图

3.3 卓越自然美景区（AONBs）

霍布斯委员会认为除了国家公园，还应有一类地区具有高品质的景观、科学兴趣及娱乐价值应当重点保护，该类地区称之为卓越自然美景区（AONBs），总共有 52 片区域，共计 26 000 平方公里，涵盖布鲁克兰及威尔士中央的大部分地区、海岸线沿岸地区、科茨沃尔德、大多数低地及英国切尔吞山和波明沼泽（Cherry，1975）。其中，有 39 片位于英格兰和威尔士，共计 20 000 平方公里，相当于英格兰国土面积的 15% 以及威尔士国土面积的 4%，有 8 片位于北爱尔兰，总计 3 400 平方公里，通常，卓越自然美景区的面积比国家公园小。见表 2 所示。

表 2 英国国家公园、卓越自然美景区、国家风景名胜区

地名称	数量	面积（km²）	占总用地的百分比(%)
英格兰			
国家公园	10	12126	9
卓越自然美景区（AONBs）	33	18741	15
北爱尔兰			
卓越自然美景区（AONBs）	8	3414	25
苏格兰			
国家公园	2	5680	7
国家风景名胜区	40	10018	13
威尔士			
国家公园	3	4129	20
卓越自然美景区（AONBs）	5	727	4

备注：怀伊谷（The Wye Valley）跨越英格兰和威尔士，本表未统计。

4 英国美丽乡村规划建设对中国的启示

第一，将乡村发展置于更大的经济、社会、生态环境背景中，凸显乡村在未来可持续发展进程中的重要地位和作用；第二，建立起"国家—区域（次区域）—地方"的三级综合规划框架，将乡村地区的规划纳入其中，在更大尺度和平等条件下进行统筹协调；第三，提高地方的规划可参与度和可实施性，促进广大乡村地区自我动力挖掘和多样化发展，引导乡村社区的发展提升。

善用资本，回归生活

——论乡建思路的转变

陈　悦
上海同济城市规划设计研究院

1　疯狂的民宿热潮

近年来，朋友圈里有一个词非常得火爆，那就是"民宿"。一些漂亮的、文艺的、设计感十足的房子出现在乡间，尤其是在有杰出自然环境或深厚历史底蕴的村落。以闻名遐迩的大理双廊（图1）为例，试想一下，当你可以坐在房里，捧一杯热茶，静静地欣赏苍山洱海这绝美风景时，是何等的惬意。

一时间，海景房受到了热捧，洱海边的民宿如雨后春笋般遍地开花，速度可谓惊人。终于有一天，恶果酿成了，由于过度开发，洱海水质遭到污染（图2），尽管污染原因多种多样，但民宿绝对也难辞其咎。据统计，2016年污染负荷排放总量比2004年增加了50%以上，其中，餐饮客栈带来的污染是增长最快的。

一面是美好到梦幻的景致，一面是让人痛心疾首的污染，对比如此强烈，让人难以接受，不禁想问，到底是怎么了？

图1　大理双廊海景民宿

图2　洱海水质污染

2　民宿的资本属性

拨开华丽的外表，我们发现藏在这些漂亮民宿后面的实际却是"资本"。民宿的拥有者，无论是个人还是企业，绝大部分来自外地，是来赚取剩余价值的。或许有人会说这是情怀使然，但我深表怀疑。为何？请看这一街之隔的村庄（图3）。没有好的环境，没有好的设施，这些习惯了城市生活的大老板们怎么可能在此扎根？

因此，民宿只是一个用资本虚构出来的桃花源（图4），它与它所处的周围环境是隔绝的，无论空间、人群、还是情感，是罩有一层玻璃的。

既然是资本，就具有资本的两面性。这么简单的道理，作为村庄的管理者不会不知，那为何又对资本听之任之呢？顺着管理者的逻辑来看似乎也有其道理：村庄当务之急是要发展，农业价格提高不了，工业限制条件多，只能把希望寄托在旅游上。资本可以在短期内充当触媒，带动地方经济，因此，哪怕牺牲一部分环境和社会效益，也要尽量挽留资本，为的是追求"整体效益"的最大化（图5）。但这个"整体效益"是打引号的，实际是让环境和社会为经济效益来买单。

图3　双廊村庄景象

图4　民宿的本质

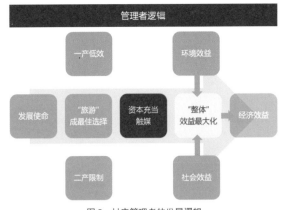

图5　村庄管理者的发展逻辑

图6　法国小城甘冈

3　两大认识误区

看似是一种必然选择,这里面却存在两个认识上的误区。

(1)误区一:村庄要自我寻求发展之道。

实际上,无论是学界还是政界,对这个问题早就讨论多年,并且已经形成了基本共识。学界认为:中国改革开放三十年的红利来自于工农业的"剪刀差"。城市反哺农村,不是道义层面上的施舍,而是经济层面上的回馈,甚至是政治稳定的手段。而国家政策层面,2004年以来,连续十三年的中央一号文件有关"三农";2006年起完全取消了农业税;近十年来,中央财政对"三农"的支持力度呈递增趋势。因此,从这个意义上讲,村庄没有必要背上太重的经济发展包袱。

(2)误区二:经济是村庄发展的前提,只有把经济搞好了,其他方面才有出路。

果真如此吗?我来介绍一个国外的案例。2015年,我去到法国布列塔尼地区,期间来到了小城甘冈(图6)。甘冈市常住人口只有7 200人,充其量不过是中国的一个大型村庄或小型镇。然而,麻雀虽小五脏俱全,甘冈不仅环境十分优美、整洁,比大城市多了几分宁静;而且教堂、市政厅、学校、医院、公园、商店和餐厅等生活设施一应俱全;由于拥有火车站,使它与巴黎之间的通勤时间只有3小时,非常方便;除了农业生产外,苹果酒酿造、可丽饼制作等传统产业也发展地有声有色。最令人吃惊的是,只有7 200人的小镇还拥有自己的足球俱乐部,并修建了一座能够容纳18 000人的球场,每当球队主场比赛的时候,全城出动、万人空巷,他们都为自己的球队、为自己的家乡而自豪。

有着如此吸引力的城镇,人们自然就会选择,是选择巴黎的繁华、喧嚣,还是选择甘冈的平淡、宁静?我们在当地入住的民宿酒店老板娘,就选择了后者,并且是举家前来。对于她来说,虽然离开了巴黎,但生活品质并未下降,只是生活方式发生了转变,而甘冈的这种生活方式恰恰是她所向往的。

由此看来,地方的吸引力才是持续发展的动力,而吸引力的根本是生活。

4　转变理念——回归生活本义

因此,我们有必要转变发展的理念。不能死守经济这一条线索,而要围绕"生活"这个最本质的东西,以人为本,从生活的各个方面进行建设,统筹协调环境、经济、社会和文化四者的关系,形成整体的吸引力。在此基础上,吸引政策、人才、游客及资本等外部因素,从而最终实现地方可持续发展的良性循环。所以,资本应是为我所用的,而不是我为其服务。如图7所示。

图7　以提高"生活品质"为目标的发展理念

5　调整乡建策略

在这样的发展理念之下,我们再来重新思考乡建的策略。

一方面,对于农村极度薄弱的环节要尽快补短板:要提供良好的教育、医疗条件,而不是采取当前普遍使用的集中农村教育、医疗资源的做法,这种做法只会加速农村的消亡;要提供与城市无差别的市政基础设施,让人住得舒适、住得体面;要创造可以在农村生根的就业岗位,比如有机农业、农产品网络销售等,而不是为了发展旅游雇佣演员进行场景化表演。

另一方面,对于农村本身固有的特色非但不能削弱,反而是要进一步强化的:要保持宜人的生态环境,控制建设量,留足生态空间;要保护优秀的传统文化,中国传统文化的根基在农村,要在学习现代文明之余保留传统文化的精髓;要延续这种亲近自然的乡居模式,而不是一味求洋求大,脱离了土地,丢失了乡土气息;要提倡健康、温情的生活方式,让迷失于城市生活的人们在粗茶淡饭间重新发现生活的真谛。

农业成为都市景观

——杭州云谷小镇规划实践

张金波
上海同济城市规划设计研究院

19 世纪末英国社会活动家霍华德在他的著作《明日：一条通向真正改革的和平道路》中，认为应该建设一种兼有城市和乡村优点的理想城市，他称之为"田园城市"。长期以来，都市高度城市化而农业属于乡村。土地开发将农业排挤于城市外围，同时也切断了城市居民与土地、四时的联系。当今生态环境恶化、食品安全等诸多现实困境促使大众对和谐的田园式聚居环境的追慕，人们渴望接触自然，获取健康食品。本文以杭州云谷小镇规划为案例研究，以期在中国四千年农耕文明和当下生态文明建设的时代背景下，从农业生产、土地生态的角度积极思考、探索人地关系问题。为协调农耕与城市关系作一次有益的实践尝试。

1 项目概况

"七山一水二分田"的杭州具有丰厚的农耕文化底蕴，无形的岁时节日、农事活动与有形物质遗存一起构建了典型的东方田园城市景观。2016 年阿里巴巴云计算中心入驻杭州城西，随之占地 17 平方公里云计算小镇将在这里落地。云计算小镇作为引领信息产业发展方向的云计算核心功能集群，旨在打造成未来信息时代下代表休闲生活方式、体现先进生产力的示范地区。通过实地踏勘，项目现有 10% 水面，18% 林地，以及 71% 村庄和耕地（图 1）。如何整合场地内日渐被蚕食山、水、田、林、塘及村等要素，还原一个水网密布的江南田园水乡的风貌是解题关键。

图 1 场地现状要素图

2 规划理念与内容

规划将 17 平方公里的小镇理解成一个完整的生态体系，将农业作为景观基础设施整合于场地基底内，实现农业、城市、景观三者融合。如图 2、图 3 所示。

规划为同时满足小镇功能、建设指标和容量，以 800

图 2 总体规划平面图　　图 3 绿地系统规划图

图 4 总体规划用地图　　图 5 适于步行集群分布图

米为出行半径，将开发单元的基本标准规定为单个单元面积不超过 1.5 平方公里。保留场地原有 80% 的河道，总水体面积提高 15%。生态及农业用地占 45%，为小镇提供充足的生态基础设施空间。如图 4、图 5 所示。

景观基础设施是小镇居民获得持续自然服务的基本保障。以农业为主要要素，组织城市框架，综合场地雨洪、生物、乡土文化过程的景观基础设施，提供丰富多样的休闲游憩场所，创造多种体验空间。并作为未来开发建设和土地开发利用不可触犯的刚性限制。如图 6、图 7 所示。

2.1 雨洪管理：健康的水系统

尊重场地的自然过程，维护水乡风貌，通过对场地现状水系进行梳理和完善，并严格控制暴雨淹没范围，形成了净化和生物栖息的湿地、灌溉的水渠、生产的水塘和排涝的自然河道等多种形式、功能的水系统，建立场地雨洪安全格局。

2.2 生产：健康的都市农业

场地保留的约 6 平方公里农业谷，规划以一产为主的有机农业、三产为主的休闲农业和自然教育为主的展示体验农

图6　规划布局结构图

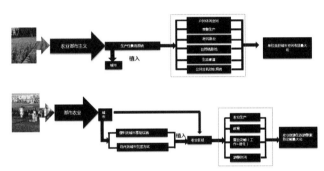

图7　都市与农业关系图

业。涵盖了农业生产、研发、科普教育、休闲观光、科普教育和生物多样性保护等多种功能。并划分为有机稻场、荷塘生产、温室研发、社区农园、农业艺术公园和丰产果林六个片区。"温室切花"作为研发基地，农业艺术公园以园区特色风貌展示和农业休闲游憩为目的，市民农园为市民农业体验和儿童自然教育提供平台。

生产方式通过"鱼稻共生"循环模式、"鱼菜共生"循环模式和"莲藕黑鱼"循环模式三种传统农业生态系统和农作方式，并进行优化。实现健康丰产的食物和生物多样性，传承农业乡土文化。

（1）"鱼稻共生"循环模式：将种植业与水产业有机结合起来的立体农业生产方式，实现在同一稻田内种稻、养鱼，稻田养鱼、鱼养稻的循环高效目标。

（2）"鱼菜共生"循环模式：生态种养模式进行种菜和养鱼，通过生态设计，形成"鱼肥水—菜净水—水养鱼"的循环系统，有效减少传统种植、养殖带来的化肥、农药污染。

（3）"莲藕黑鱼"循环模式：在藕田低洼地四周开挖沟渠进行藕田改造，供黑鱼和鲫鱼活动。黑鱼在整个养殖过程主要靠捕获投放的鲫鱼及鲫鱼所繁殖的小鲫鱼生长。黑鱼和鲫鱼的活动不仅可以增强莲藕底泥的透气性，促进莲藕生

长。而莲藕的一些烂根腐叶及昆虫也可为鱼提供饲料，促进鱼生长。

2.3　生物多样性：安全的生物栖息地和迁徙通道

将生态廊道的宽度分为两级进行控制，500米宽度以上的廊道作为大型鸟类的栖息地，是场地联系外部的生态廊道。150米以上的廊道作为小型动物及昆虫的迁徙廊道。隔离场地现状通道的噪音，为生物提供静怡的营巢地和觅食环境。积极改善原有单一的农田肌理，根据生物习性，规划不同类型的生境，保障生物多样性。

2.4　乡土游憩：连续、完善的游憩体验

综合场地田、林、山体和水系等景观要素，形成完善的景观生态基础设施，提供丰富多样的休闲游憩场所，并通过完善的慢行系统到达游憩目的。

3　结语

本文以杭州云谷小镇规划为案例研究，尝试一种基于景观生态视角下的小镇规划设计方法。规划通过以农业为主要要素的景观基础设施组织城市框架，将景观生态基础设施作为未来开发建设和土地开发利用不可触犯的刚性限制。并发挥其在雨洪管理、农业生产、生物多样性保护和乡土景观游憩等方面的效用。让土地成为人类生存艺术的载体，聚居回归自然。

创新
论坛 城市设计与文化传承

[主要观点]

1 华中科技大学建筑与城市规划学院邓巍的《区域视野下乡村聚落遗产集群保护模式探索》围绕乡村聚落的区域性，即作为个体的村落环境和因为商品交换、政权交替、领地争夺，起义战争而相互影响的整体聚落形态。长时段的自然环境形成演化基础，中时段的社会环境形成演化动力，而短时段的历史事件则是触发要素，相互配合形成乡村聚落的形成因果逻辑关系和关联性文化意义：一是对古村落人地关系的整体性表达，梳理有形的边界和整体的历史环境；二是社会环境的叙事性呈现，将分布于不同村落的零星的文化碎片集结为一种历史和精神的实体。保护遗产应该更加重视遗产在大范围内具有的"关系"的整体性价值。梳理空间、文化和特色系统，构建聚落集群体系既是对聚落历史信息的选择性建构，又是面向城乡发展的资源化整合。

2 上海同济城市规划设计研究院朱晓玲的《文化空间修补下的老城维护与更新——以湖口县老城改造概念规划为例》对比了湖口记忆中老城和由核心到边缘逐渐萧条的现实老城，提出了作为中国小城市更新问题的普遍性和挑战性，如何协调各方利益达成共识，如何找到合适的经济效益支撑，如何创造与当地环境融合的空间模式。规划提出整体保护、触媒式更新的总体思路，以点状文化空间的修复来实现保留空间格局、延续地方生活氛围、加强居民的对外活动交流的目标，激发和带动地区更新。文化空间修复要实现有效、有趣和有钱三重目标。保留老城形制，梳理文化脉络，挖掘空间特色，制定项目计划，实现宜景、宜居、宜业的目标。

3 陕西省城乡规划设计研究院王英帆的《传统营建智慧对提升中国当代城市品质的启示》围绕青木川镇古镇研究，归纳其营建特色为"五传"。传统，体现在选址建城格局天人合一；传世，体现在古建保护整体完好；传承，体现在陕甘川三省规模最大的辅仁中学绵延不断；传奇，体现在魏福堂一代枭雄流芳百世；传馨，体现在边缘地区多元文化融合。背山面水、负阴抱阳，依山就势、通风排水的营城格局、古街巷道与地方民居，营造了顺应自然的生态宜居环境。通过10年来对古镇空间演变研究，从灾后重建、历史保护、旅游发展规划一脉相承，建立了一套全方位的保护体系，对古镇风貌、旅游业态、城镇空间形成了有效控制，营造出具有文化特征的城市，体现了传统智慧对城市品质的价值所在。

4 上海同济城市规划设计研究院白雪莹的《基于数据分析的城市色彩规划研究——以上海市闸北区为例》反思近十年国内色彩规划问题，探索闸北区色彩规划的新思路，探索了一条相对精确的采样、分析方法，确立一种城市"基调色色谱"框架。一是聚焦，排除环境、文化和心理（调研问卷）因素，重点提炼建筑色彩，尤其是建筑主体基调色，通过评价高低品质进行孟塞尔体系的数据化。二是归纳，形成普通城市的普遍规律。对于闸北区而言，高品质色彩色相以黄、红黄为主，而蓝、紫、绿等应予以限制。对于不协调色的使用则应结合彩度和明度值的选取，形成高品质色彩的数据模型。三是根据优化后的色彩总谱，进行城市分区、建筑分类引导的规划应用。

5 西安建大城市规划设计研究院杨晓丹的演讲题目是《区域文化视野下的总体城市设计探索》围绕新常态背景下城市内涵提升和文化营造诉求，针对总体城市设计层面大规模、大尺度的特点，以西安总体城市设计为例，形成三点探索。一是研究视野，突破行政范围或传统山水地理空间划分，由西安市物质空间格局转向关中区域文化格局中定位西安的精神坐标。二是艺术构架，由分级要素组织转向跨级要素整合。在文化、空间、时间、体验四个维度下选取反映自然山水、都城脉络、现代特色、文化感知的核心要素库，构建"山—塬—田—城"的整体格局，构建跨尺度要素并置的城市风骨。三是分区导则，采用"一图一表"从全面设计引导转向重点要素承接，保留一般性"扁平"区域，厘清总体设计与分区设计的工作边界。

6 南京大学人文地理研究中心张翔的《基于人本主义的城市色彩规划设计——以基于色彩敏感性分析的洛阳城市色彩规划为例》围绕洛阳案例，借鉴生态敏感性和公共利益敏感性基础，提出色彩敏感性的空间概念和规划思路。色彩是展示文化、形态、风貌的重要窗口，色彩规划首先要深刻理解历史文化，做好与人工景观和自然景观的延续、尊重、融合和再生。从历史文化遗存、自然山水和人工景观3个方面14项指标进行色彩敏感性体系构建，形成城市重点和严格控制区域。城市色调方面以青灰为主、黄红为辅的淡灰色、低彩度、近似色系为一个总体基调，形成推荐总色谱和控制方案。具体实施上，特别强调色彩分区控制和重点片区进行城市设计改造。

7 上海大学美术学院刘勇的《从雕塑规划到公共艺术规划——转型视角下城市规划的跨界与协同》论述了中国城市进入空间品质提升阶段，艺术也逐步从专业领域走向公众领域，从密闭的专业展示空间走向开放的公共空间。公共艺术不仅是静态的，更是动态的，在城市公共空间的大规模开展，是城市行销手段、城市复兴方法、城市公众治理途径。借鉴国外公共艺术规划，在布局基础上，包含了政策、机构、运作机制和活动策划等内容，并形成了专业部门的引导和专项法定资金的保障。公共艺术规划有其必要性，需要形成相对现实的做法，以空间建设为主要任务，构建围绕公共艺术的政策与机制设计，形成程序合理、有序控制的公共艺术管理模式。

8 上海同济城市规划设计研究院马思思的演讲题目为《街道回归》，围绕街道和城市的关系展开，街道是城市记忆的窗口，传递城市的文化和温度，甚至街道名也是一种文化载体，具有难以复制的可识别性。通过成都、上海、苏州等地街道的比较，在成都"花重锦官城"计划中"最美大道"建设的基础上，提出"指纹识别性完整街道"设计理念，回归以人为本，关注街道人们对于公共交通、公共空间和共享生活的多重需求。一是优化交通断面，实现人和自行车各行其道，场所和谐。二是织补修缮、缝合更新街道空间，提出具体解决措施。三是针对城市道路空间设计规范和实施中的问题，综合协调规划、市政、园林、景观、交通等不同学科、不同部门，解决部门权责分离的问题，实现完整共享空间。

[分析与点评]

1 厦门市城市规划委员会马武定秘书长认为，邓巍的研究视角很好。一个地区、一个民族最根本是有相同的语言文字、风俗习惯和心理素质。乡村聚落并不是孤立的，个案看可能有特殊性，但挖掘下去就可以找到本质联系，而我们要保护的就是这些最根本的特征。朱晓玲提出的老城维护与更新中的文化修补理念就是要抓住空间文化特征性，建议还要考虑社会网络的修补，对认同感、归属感的修补，是人的社会性的体现。王英帆提出的传统营建智慧实际体现了一个以宜为本的理念，人最根本的是要宜居。规划要找到东方文化的气质，树立好文化自信。白雪莹提出的通过现代手段数据统计，以理性角度认识城市色彩，也还要考虑城市色彩和气候条件、建造技术、历史传统、文化底蕴的关系。杨晓丹提出的总体城市设计要素库，形成最基本的艺术架构，并落实到"一图一表"可操作，做了很有价值的探索。张翔提出的色彩规划要思考，一是什么是色彩敏感度，色彩是视觉感受到的还是主观艺术表达，是一种反映，还是一种选择，二是要考虑城市色彩规划是设计还是规范性的管理。刘勇提出的公共艺术问题其实也是城市设计内容，城市作为一个审美对象整体就是一个艺术性概念，人的活动本身就是行为艺术，使之与城市规划设计统合才能达到最高的艺术性。马思思的街道回归其实是公共空间的回归，人的空间的回归，回到街道该有的作为公共空间交互性和生活功能的定位。

2 成都市规划管理局总规处胡双梅处长认为，文化要素和城乡品质提升的关系日益密切。需要规划做更多、更理性的制度设计。白雪莹提出的色彩规划从编制角度运用了一些好的技术方法来提升规划，值得肯定。杨晓丹的总体城市设计还需要考虑与法定规划的关系，除了技术的比较量化、指标化的方式之外，在制度设计、机制设计上还需更深考虑。张翔提出的人文主义的城市色彩规划，色彩敏感性如何定义？人文主义内涵是什么？与色彩敏感性是什么关系？刘勇提出的雕塑规划到公共艺术规划如何与城市特色、城市文化和城市精神建立关联，以及和标识性建筑的关系。马思思提出的成都街区规划与我们成都开展的工作思路很契合，除了街道本身物理层面的改进和提升，街道自身内涵也需进一步挖掘。

3 同济大学建筑与城市规划学院张松教授认为，演讲内容应更加聚焦。邓巍提出很多新概念，对集群、区域、线性、流域、聚落遗产进行分析，要突出研究的重点实保护，关注保护上的突破和创新。朱晓玲提出的方案很理想，要进一步明确"修复"的定义，保存、修缮、复修和修复有所不同，建议跟踪具体实施。王英帆提出的营建智慧包含了规划设计、营造技术、建筑色彩等方面，建议分析规划中吸取了哪些，并如何实现有效的控制。白雪莹的城市色彩主要是针对建筑色彩，在建设设计中把控最多，其实还包括很多方面。杨晓丹提出的文化视野下的总体城市设计方法要总结出和十年前方法的不同之处，注意不能拿过去的文化理念来做现在的规划。张翔提出的城市色彩规划结构过于宏大，有数据分析但没有规划。刘勇提出的公共艺术设计专项资金投入问题其实已有推行，城市雕塑是一个敏感的元素，上海曾经调查，城市雕塑评价较好仅占到10%，从雕塑到城市空间品质还有很长的路要走。马思思提出的街道空间理想是美好的，但现实是旧城改造破坏，整治拆违封店的反差。建筑的私权很重要，而街道空间又是公共的，街道风貌保护不只是保留名人故居，还有通过公共干预管理的风貌保护。

4 上海同济城市规划设计研究院院长助理俞静肯定了邓巍提出的乡村聚落遗产保护模式跳出遗产物质空间本身的探索，既要挖掘遗产内涵，也要保护遗产形成的逻辑。朱晓玲的修复案例偏应用型，在社会、民众和资本（开发商）三元构成中，有问题的是修复更新模式，开发商的定义应当转变为具有专业能力和资本资源的技术力量。王英帆报告中对青木川镇10年规划的回顾值得一提，可以长距离地审视过去的选择，是一个有演变、可见到结果的案例。马思思提到成都的街道特别丰富，街道名称也各段不同，富有文化底蕴，反映出特别市民化的城市生活形态。杨晓丹提出的总体城市设计和白雪莹、张翔提出的城市色彩规划、刘勇提到的公共艺术规划，都体现了近年来城市设计关注的公共利益问题，包括共享空间、共有记忆和共同文化。街道的建筑是私人的，但街道的立面其实是公共的，受公共秩序和基本审美的约束。这些研究做了很多设计分析，往往是解释性、现象性的成果，要注意能不能转化为一个管理性成果，与具体设计连接起来。

5 故宫博物院王军教授认为，邓巍提出的线性文化遗产概念，最难是在宏大的历史背景之下，对于文化遗产信息的提炼，找到具有不可替代性的价值。朱晓玲提出的保护更新想法很好，更关键的是保护机制，如何避免由于土地招拍挂的要求带来的出让和开发模式。开发商的一次性建设一条街、一座城就难以形成一种城市空间自然生长的机制。王英帆关于青木川镇的空间案例很有价值，值得深入挖掘，传统营造智慧与天文气候、农业节气息息相关。白雪莹、张翔提出的色彩规划，要有传统文化的理解和感悟。北京城就是青砖黑瓦红墙金瓦一圈绿，蕴含着五行五色相生相克的逻辑。色彩具有非常强烈的哲学色彩、人文色彩。杨晓丹提出的西安总体城市设计，可以看到中国古代城市规划最大的特点就是和天地自然环境形成整体。城市、园林和建筑都是一个空间单元，体现了古人对宇宙的理解。刘勇提出公共艺术，对于中国而言，意义比雕塑更重要，雕刻一个太史公像风吹雨晒，还不如变成一首诗刻在那里。马思思的街道回归特别好，街道就是自行车和步行，中国需要进一步优化公交出行率。用小汽车解决交通问题就是毁灭城市。

6 上海同济城市规划设计研究院王新哲副院长总结道，城市设计是文化底蕴的表现。王军教授提供了一种理性的思考，用文化解释了诸多问题的本质联系。如色彩，不仅是明度、亮度、色相的问题，更重要的是历史、现象、自然规律之间的逻辑关系。整座城市是不是可以被设计？城市设计也需要发现一种规律，使之能够被运用到整个管理中。

区域视野下乡村聚落遗产保护模式探索

邓 巍 何 依
华中科技大学建筑与城市规划学院

1 乡村聚落的整体性与关联性

1.1 乡村聚落的整体逻辑

快速城乡建设环境下，看似零落的乡村聚落中一直存在着一种"整体"的逻辑：它们往往在血缘关系的作用下，以个体为单位组织一切生产和生活活动，形成独立的村落环境；又因地理因素限制和社会因素干预，以某种角色存在于区域结构之中，彼此关联形成一个文化意义上的整体，本文称之为

"乡村聚落的区域性"。在自然环境的有机演化中，又不可避免地受到政权交替、商品交换、领地争夺和起义战争等外部因素影响，从而使某一聚落可能是受到邻近聚落的启发，从中借鉴或模仿，由此产生"区域聚落形态"，表现为集聚在一定空间内的"组合群"。例如，山西北部的防御性村镇，大多数在明代的边防体系中形成一个整体；晋中地区的家族村落，大多在祁、太、平的商业合作中相互关联；山西西部碛口地区的古村落，大多在水陆运输的分工中互通有无。如图1所示。

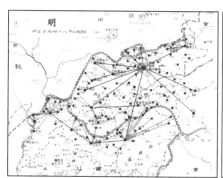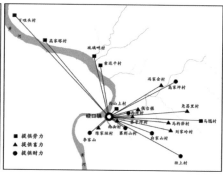

图1 山西不同地区乡村聚落的区域形态

1.2 乡村聚落的区域关联

在不同的外部环境中，村落在区域中可能存在不同的区域形态，但大致包含了三种形式的关联。地理空间关联表现为以某一特定自然要素为载体的集中分布。今天多用流域、盆地、平原等词汇来描述传统村落之间的空间关联，如沁河流域古村落、晋中盆地的古村落、太行山区古村镇等集称词组。文化要素关联表现为以某一特定文化脉络为纽带的关联。往往以某一特定的历史背景、历史线索来描述，如泽潞商道古村镇、太行关隘古村镇等。特色要素关联表现为某一典型空间特征在一定范围内的集聚，多用某一重复出现的空间形态、结构类型来描述，如防御型古村镇、商贸型古村镇等。乡村聚落最终呈现出的区域关联形态，与上述三种形式的关联程度相关。

2 乡村聚落关联的因果逻辑及文化意义

2.1 乡村聚落关联的因果逻辑

历史年鉴学派将影响历史发展的因素分为三个时段：长时段的自然环境、中时段的社会环境和短时段的历史事件。其中，自然环境包括山体、平原、河流等影响人类行动范围的因素，社会环境包括社会制度、社会意识、文化观念等影响人类行动方式的因素；历史事件包括一切偶然性的可能对

人类生产生活产生重大影响的事件。这三大因素如何对村落发展产生作用，历史地理学和人文地理学给出了一致的答案，即乡村聚落作为一种文化景观是过去许多历史因素作用下的产物，其中文化是动因，自然是载体，聚落则是呈现的结果。既反映了特定地域的自然风貌，又是对特定地域文化在特定政治、经济体系运作下的真实历史记录。

2.2 乡村聚落关联的文化意义

将传统村落与其关联的区域历史环境并置的意义在于，区域整体所表现的价值被重新认识。它们代表了地域性的聚落风貌和文化特征，承载了区域社会内"乡土中国"的集体记忆。这些附着于地理空间之上的人文痕迹，除了它们本身能够成为历史的见证外，更重要的是这些空间的碎片共同呈现了过去的故事场景，成为社会记忆的载体和物化形式。既是人地关系的整体性表达，又是社会环境的叙事性呈现，是"能够见证某种文明、某种有意义的发展或某种历史事件的乡村环境"。因此，2005年联合国教科文组织发布的遗产保护公约操作指南中，将同系遗产、线路遗产、古村镇等"非点状"整合式遗产纳入世界遗产的范畴，重视更大范围内具有价值的"关系"，强调联系有形元素的"关系"本身具有"卓越普世价值"，即一定区域内各要素彼此关联而产生的超过所有元素之和而表现出的"整体性"价值。

3 集群：乡村聚落遗产保护的区域性探索

乡村聚落作为一定历史阶段和特定地域的产物，随着社会发展和外部环境的变迁，那些曾经显而易见的关联特征逐渐模糊化；尤其在日新月异的乡村建设中，新的城乡体系以强凌弱将快速肢解这一文化现象，又进一步使其零散化。正因如此，乡村聚落的"个体保护"沦为常态，村落群体共同承载历史、文化、社会关系的整体文化价值常被忽视（冯骥才，2015），乡村聚落文化的完整性面临着前所未有的挑战。故以"乡村聚落的区域性"认识为基础，探索一种"集群式"保护方法。将乡村聚落在当下环境中的"重构"称为集群，干预为集、结构成群。集群不是简单的遗产堆砌，而是基于整体性和关联性的系统化集成；既是对聚落历史信息的选择性建构，又是面向城乡发展的资源化整合。通过建立集群，使空间彼此独立、遗存状况不同、空间景观各异的村落，重新集结为空间关系明确、文化脉络清晰、主题特色鲜明的整体。目的是将乡村聚落所承载的具有重要意义的历史信息能识和可读，是应对快速城乡建设下乡村聚落遗产空间零散化和文化模糊化问题的方法探索。见图2所示。

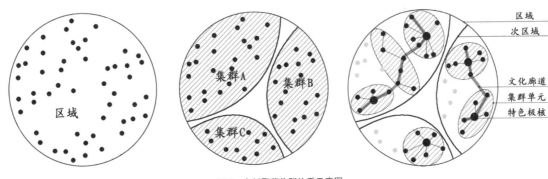

图2 乡村聚落集群体系示意图

3.1 关联性评估

空间关联度反映乡村聚落在地理空间中的集聚程度，其状态一定程度上反映聚落生长环境的同质性，以及聚落之间发生关联的可能性；文化关联度反映乡村聚落在发展脉络中的同一程度，其状态反映区域文化系统的呈现能力或某一文化现象的解释能力；特色相似度反映乡村聚落在文化景观上的一致程度。根据空间关联度、文化相关度和特色相似度三个主要变量，建立区域性乡村聚落关联性的三维评估框架，拟将三个维度的不同组合方式划分为八个区域。每个区域既代表了区域性乡村聚落不同的关联水平，又代表了其不同的关联状态，三个指标的度量和协调关系，决定了其整体性保护的方向和重点。

3.2 系统性集群

空间系统建构在自然地理之上，又约束在一定的行政区划中。将集群空间内的所有历史景观要素视为乡村演化过程中的"历史层积"，在城乡发展框架下，通过系统性整合，建立"管控性"实体单元。文化系统贯穿整个历史过程，又着眼于重大的历史节点。以文化路径为纽带，以区域历史在当下空间中可读为目的，整合文化斑块、节点和要素，构建"解释性"历史框架。特色系统反映区域的共性特征，又着重表达不同演化机制下的个性特征，是以特征空间为标示，整合各种个性空间场所，形成的"辨识性"景观序列。

3.3 整体性利用

乡村聚落的关联性形成于历史过程，历经数载演化，承载聚落关联性的区域环境已不存在，必须依赖新的载体才可能展示历史的关联。因此，整体利用的目的，是在当下空间中重构新的空间单元，为乡村聚落关联性的重构与展示提供可操作的基底。通过将历史的区域与当下空间载体、管控边界、交通系统和发展单元等要素进行叠加，形成新的空间载体，以群体的方式参与到旅游发展、美丽乡村建设、社会经济中。

4 结语

从区域的视角探索乡村聚落遗产集群保护，不仅仅是从文化整体性意义上的尝试，更是"提升城乡发展品质"的重要策略。通过有效的集聚，能够将零星的、片段的、微不足道的乡村遗产集结为一个整体，与美丽乡村建设相结合，与城乡发展目标相统一，以其固有的社会凝聚力和创造力，转变成为一种城乡演进的"文化驱动力"，促进乡村发展。

文化空间修复引导下的老城更新

朱晓玲　温晓诣　黄孝文
上海同济城市规划设计研究院

记忆里儿时的老城是一座充满着回忆、散发着洋槐花味的地方，城内有一条小河、河内轻舟唱晚、鱼儿水中游荡，走不完的街巷、数不清的房，路口小广场上传来儿童嬉闹和工厂机器声，孩子放学做完作业出门找前院里的伙伴玩耍，妈妈做好饭再叫孩子回家，夜幕降临、天空一轮弯月伴着荷塘蛙叫声、教堂钟声、江水拍岸声结束了一天的工作学习和生活。黑暗的夜晚寂静又充满了力量，静静地等待着黎明的到来……

随着时间的迁移，一批新城、产业园区的出现，城市建设投资重点转移，曾经作为城市发展起源的老城日渐衰落：城市内原有产业外迁，工厂内机器停止了运转，工人失业外出打工，一些人家锁上门，剩下老人日日在门口守望。年久失修的空房、逐渐陈旧的城市基础设施、尘土飞扬的商业门市，日渐拥挤的城市街道被小汽车挤满……曾经充满欢笑的老城在夕阳余晖中格外萧条。

一座江湖之口老城的"衰败"

长江中下游江湖交汇口也有一座快被人们遗忘的老城——湖口。千年前苏轼的一首《石钟山记》道出昔日石钟山胜景，可今天曾经胜景不再，这座拥有着千年文化的小城活力在慢慢丧失。石钟山风景区孤零零地守望着长江与鄱阳湖水，来往游客并不多，到老城居住的外来人口更少。见图1、图2所示。像湖口老城这类小城市数量众多，按照国家新的划分标准，中国现有1800多个城市属于小城市，小城市数量占中国县城以上规模城市总量比例超过了85%。因此这类小城市的更新之路值得规划工作者思考与探索。

图1　拥挤的街巷　　　　图2　街头的老人

1　更新规划工作中困难与挑战并存。

1.1　推行公众参与的规划，社会各方利益不同，难以达成共识

面对老城拆迁，当地居民、政府和开发商利益不同，难以达成共识。当地居民想尽可能多地争取拆迁款，居住区内的居民盼着能得到个合理的拆迁款，民宅内的居民便将自家房子越盖越高，顶楼加层便是等待拆迁的产生物；政府在老城更新中更多地是想产生更多正面的社会效益从而对城市其他地区发展掌握主动权；开发商则是站在经济维的角度思考拆迁更新问题，因此在公众参与的规划方法下社会各方必定不能达成共识。

城市更新具有复杂的社会性，规划过程中应广泛征集社会各界人士及代表们意见和想法。但现实中各方代表文化水平不一、各界代表争取自身利益，导致征集的意见不够科学客观、难以达成共识。

1.2　小城市更新经济效益不显，带来旧城改造吸引力不足

湖口老城建筑质量普遍较差、民居建筑占比较大，彻底拆除新建这些老旧建筑使当地政府无法承受其更新经济成本。此外，假若过多市场资本介入往往使开发商得利，为保障开发的经济效益，老城原有山地小城市肌理与氛围往往会受冲击，因此纯市场引导下的更新模式也不利于老城更新。

1.3　传统地产更新作用下的新建高楼难以融入当地环境。

老城更新也受时代所约束与影响，21世纪初的老城更新，开发商的介入初步打破了老城肌理，树立的高层建筑成为百姓茶余饭后诟病的话题（图3）。相比高楼林立的现代居住社区、冰冷的邻里关系，传统院落式的山地民居更容易被当地人接受（图4），"远亲不如近邻"那句话道出邻里交流对于生活安全感、幸福感构建的重要性。

图3　高楼林立的居住区　　　　图4　传统家庭合院

2　探索以文化空间修复引导老城更新之路，根本唤醒老城活力

什么是文化空间？"文化空间"是一个特定的概念，也称"文化场所"，一是特指按照民间约定俗成的传统习惯，在固定时间内举行各种民俗文化活动及仪式的特定场所，兼具时间性和空间性；二是泛指传统文化从产生到发展都离不开的具体自然环境与人文环境，这个环境就是文化空间；三

是在一般文化遗产研究中，文化空间还作为一种表述遗产传承空间的特殊概念。

这些文化空间往往是居民记忆的载体、是居民活动交流的场所、是城市最有人情味、生活气息的地方……文化空间可以大到像悉尼歌剧院那样的大型文化设施、也可以是自家门前的绿地小路，文化空间可以很具体也可以很抽象：可以具体到你想要休闲购物的文化街道，也可以是行人匆匆而过的地铁站，文化空间可以是超豪华大型剧院，也可以是很接地气的楼下菜市场……

从城市文化空间着手老城更新，修复老城自身文化，根本上是要尊重他们的生活方式和行为习惯。发掘老城的真文化，挖掘老城文化空间，找寻老城发展脉络，梳理老城文化空间体系，重新唤醒一座老城的活力。

2.1 文化空间修复的核心要有效得促进老城更新

《湖口县老城区更新概念规划》中，遵循整体保护、触媒式更新理念。首先保留城市造城形制，重点更新学宫、县署、城门和名人故居等文化地标（图5），梳理老城文化脉络，为本地人找到记忆中的老湖口；然后，挖掘当地建筑及空间特色，塑造山城江湖的老城形象。对现状民居进行微修缮，保留老城原汁原味的生活氛围。

前期做好节点更新示范，刺激引导居民自发更新和市场资本的流入，为老城创造更多改善的机会。以点（文化空间）的更新激活周边地块活力与自发更新；点线串联，形成了城市更新骨架，同时也为居民及游客提供相对完整的休闲体验空间，以便完成老城第一阶段的更新（图6）。

老城规划中还初步制定近期更新实施项目明细表，便于政府招商及后续实施有据可依。

2.2 文化空间修复引导下的老城更新最终要有经济效益

传统的文化场景再现、文化空间的展示、文化体验的参与和文化产品的消费是保障文化传承在城市空间传播中的要素。

湖口老城中菜市场的更新不剥夺居民买菜的场所，保留原来菜市场购物空间，将商业购物、日常生活情景融入菜市场空间，同时也作为旅游服务节点，更新后同时也作为旅游商业配套，达到居民悠闲地日常购物与外来游客旅游休闲服务情景相互和谐的场景。文化空间修复引领下的老城更新，文化消费要更加生活化。

综上，老城更新历来都是复杂的问题，文化空间修复引导老城更新根本是激活老城活力、重组社会成员沟通网络。

图5　湖口县老地图

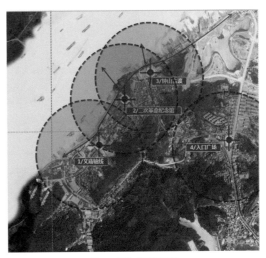

图6　触媒式更新示意

如何有效地保证社会效益、经济效益、环境效益，提升居民生活品质、提高居民幸福指数、解决社会各方矛盾是规划与社会工作有效融合的合力实践。以点、线状的文化空间修复为媒介，保证整体保护的前提下，促进区域微更新，找寻逐渐达到老城健康有效更新微循环的模式值得我们继续思考和探索。

传统营建智慧对提升中国当代城市品质的启示

——以青木川古镇为例

王英帆　崔　羽

陕西省城乡规划设计研究院

人类社会学认为，文化价值系统是一个惰性很强的系统，要改变它往往需要借助传统的力量。提升当代中国城市品质，转变城市规划建设的理念，同样需要借助传统营造中的智慧。本文尝试从一个古镇的传统营建方式入手，结合十年规划跟踪建设经验，从城市规划角度，总结传统营建智慧对提升我国当代城市品质的些许启示。

1　青木川镇——一座传统古镇的营建分析

青木川镇位陕西省宁强县西南角，陕、甘、川三省交界处，曾是入川的咽喉要道。古镇历史悠久、闻名遐迩，境内有大量保存完好的古街、古建筑、古栈道等历史遗迹，有一代枭雄魏辅唐的传奇故事，更有山川秀美的原生态环境，其以自身深厚的文化底蕴和优良的自然山水，先后被评为"中国历史文化名镇"及"中国4A级景区"。

古镇在选址、格局、街道及建筑等方面都蕴涵了中国传统营建的智慧。

1.1　天人合一，山水形胜

青木川镇南有龙池山，北有金溪河，并与凤凰山隔河相望，是典型的"负阴抱阳，背山面水"选址，同时，凤凰山—金溪河—龙池山形成了"川"字形生态格局。这种气流顺畅的山水环境，自古以来就是中国传统建造城市的理想之地，至今这里还流传着"凤凰遥对鱼龙池，神仙居所度晚年"的民谣。另外，由回龙场老街、龙延新街与山顶的"回龙阁"共同构成了"双龙戏珠"的图腾崇拜。这些都体现了古镇格局中蕴含的天人合一的哲学思想，也体现当地居民对"天—地—人"和谐统一的理想生活状态的追求。

1.2　蜿蜒古街，通风和气

回龙场古街蜿蜒于青山绿水之间，但八百米长的街道上却没有树木，目的在于减少川道空气流动阻力，形成天然风道，起到降温驱潮、通风散热、净化空气的作用。古街古建保存度高达百分之八十五，整体风貌统一，屋顶形成"屋脊龙脉"，正印证了"万瓦鳞鳞市井中，高屋连脊是真龙"，不仅有风水上的考量，而且形成较高观赏性的"第五立面"。

另外，古街顺着山势逐渐抬高，靠河一侧较低，通过天然地势组织排水。消防上则在街道两侧下意识地预留了风火山墙和火巷子，每个院落天井内部四角均设有盛水的"太平池"。

1.3　地域特色，实用宜居

青木川镇因位于三省交界，故其建筑形式兼具四川和关中的地域特色。整体上看，青木川的建筑善于利用地形，组织灵活，外在风貌呈现白墙黛瓦，木构材质，受四川民居影响更大些，但在建筑结构上却结合了两个地区建筑的特点，既有抬梁式，也有穿斗式。青木川镇在魏辅唐时期是交通要道上的商贸重镇，繁华街巷大多需要满足商住混合的功能要求，因此，当地建筑巧妙的采用抬梁式结构在一层营造出大空间，满足商业或储物的功能需求，二层以上则采用穿斗式结构，满足舒适居住的功能需求。

2　十年跟踪——不同类型规划的探索实践

经过近十年的规划跟踪，青木川镇的规划体系基本成型。面对这样一个传统古镇，规划体系以"保护优先"为不变原则，但对保护内涵的理解却经历了一个从技术到策略再到发展观的变化过程。

不同类型规划延续的核心措施可以概括为以下几个关键词。

2.1　保护

从保护传统建筑个体到保护"山水形胜"的城镇格局，从保护地域文化内涵到保护原住民，从"自上而下"到公众参与，一个彰显公共性和公益性的古镇保护体系逐步建立，体系以保护原住民的生活品质为主体，采取的一系列保护措施得到当地居民的理解和协助，使得"保护优先"真正深入人心。

2.2　控制

规划从古镇风貌、旅游业态、城镇空间等方面实施有效把控。

如魏氏庄园周边用地，镇政府原计划建设居住区，但这样会将魏辅唐当时在住宅选址时精心考虑的"太师椅"格局破坏殆尽，规划坚持通过控制周边空间，保留周边农田肌理，建设魏辅唐主题公园，以展现这位传奇人物的传奇故事，并得以将原有的选址格局进行延续。目前，主题公园已基本建成。

2.3　疏解

规划将城镇现代服务功能从核心景区中疏解出来，通过在古镇东侧新建"金溪新区"，有效承接原城镇服务职能，城镇新区、老区构成的"太极"空间布局，更是延续了古镇的风水格局。

规划将过境交通从旅游游线中疏解出来，县道309向北改线，过境交通从此不再穿越古镇核心。

2.4　旅游

"融入区域旅游，延伸生态旅游，拓展立体旅游，打造参与式旅游"，将之前粗放的"走一走、尝一尝、买一买"的逛街式旅游引导到观赏、品味、陶冶情操的体验式、实景式旅游，带动古镇旅游服务业全面发展。

系统规划的目的，在于从规划师的视角，将古镇传统营建中的智慧挖掘、保护、传承，并在此基础上，采取适度的技术手段引导其向一个契合时代特征的城市品质方向演进，使其在新时期展现传统与现代的和谐之美。

3　东方神韵——传统营建智慧的思考启示

3.1　中国城市品质的提升应彰显东方文化气质

中国拥有上下五千年的历史，文明浩瀚，文化邈远，从礼制营国到"天人合一"的朴素自然营造观，皆蕴藏着深厚的传统文化之韵。青木川古镇中的营建技术只是中国传统城市营建方法中的"冰山一角"，但其蕴含的人与自然和谐共存、可持续发展的生态思想观却是中国古代城市建设观念的一个缩影。当代中国城市品质的提升更应注重对中国传统营造智慧中公益性与生态性的传承，更应注重内在人文精神的凝聚，更应注重独具东方文化气质的培育。

3.2　中国城市品质的提升应秉持以保护为价值导向的发展观

"保护"从一个概念到一种技术手段，到一个贯穿规划始终的核心策略，最终作为一种价值导向和发展观，保护的宗旨在于传承，传承的要义在于演进，演进的目的在于提升，规划需要秉持以保护为价值导向，通过挖掘、传承和延续传统营建智慧，来引导当代中国城市品质的提升。

结语

中国最古老的城市规划布局学说，即"堪舆"，东汉许慎曰："堪，天道；舆，地道。"堪舆就是"天地之道"，更是中国传统营建智慧中所蕴含的天人合一的生态伦理和天道好还的持续发展观。当代青年规划师应怀有敬畏之心去感受"会心处不必在远，翳然林木，便自有濠濮间想也，不觉鸟兽禽鱼自来亲人"的悠远意境，这或许是未来中国城市品质提升的重要方向。

基于数据分析的城市色彩规划研究

——以上海闸北区为例

白雪莹
上海同济城市规划设计研究院

1 当下城市色彩规划面临的质疑

城市色彩是人对城市最直观的感受，是城市品质的一个重要组成部分。美丽的城市色彩会带给人愉悦的情绪，也会给城市带来无形的价值。

近年来，色彩规划在国内逐渐得到重视，从 2000 年开始到现在，做过色彩规划的城市已经有上百个。

不过，当下色彩规划也被许多学者质疑。首先，最受非议的是城市"主色调"规划，一些城市在不恰当地使用主色调规划之后，城市品质并没有得到有效提升，甚至还带来色彩面貌单一、乏味的后果；其次，色彩规划的研究方法也由于其模糊性而受到诟病。目前主流的色彩规划框架包括几个研究方面：环境色彩分析（包括土地、植物、河流及山川等）、文化色彩分析、建筑及附属物色彩分析（包括建筑基调色、辅助色、店招、广告、附属小品和广场等）、大众心理色彩调查及专家访谈。虽然这种研究方法非常全面，但包含对象过多，不同类型的色彩之间很难有严谨的逻辑关系，不同类型的模糊数据叠加就会出现更不精确的结果，所以多数色彩规划的结论往往不清晰，也不够具有信服力，因而较难付诸使用。

2 闸北色彩规划研究思路

与传统色彩规划相比，上海闸北区色彩规划研究有两点思路上的调整。

第一，改变"主色调"思路。由于上海"海纳百川"的城市特征，其色彩并没有显著的倾向性，因此，在此次探索中，研究组首先摒弃"主色调"思路，而把重点转向如何优化色彩品质上。

第二，聚焦研究对象——建筑基调色。首先，城市中的各色彩要素的重要性是不同的，城市建筑是对城市品质影响最大的载体，因此本研究把城市建筑作为重点，而将环境色彩、文化色彩、大众心理色等作为次要考虑要素；其次，建筑自身的颜色也有主次之分。目前，学术界比较公认建筑色彩表示方法是"基调色、辅助色和点缀色"，三类色彩的特征和合适的色彩取值范围是不同的。一般来讲，基调色沉稳，辅助色和点缀色可适当活跃。然而，多数色彩规划并没有科学的分析方法，往往将三者模糊叠加，不同类型的色彩混合之后更无法分析其规律，也就很难得出合适的结论。

建筑的基调色占建筑面积的 70%~80%，它对人的视觉影响力最大，也最能影响建筑整体观感。因此，此次研究把建筑"基调色"分析作为切入点和重点，通过大量数据分析，得出基调色合适的取值范围，在此基础上，再制定不同功能、不同区域的色彩引导。

3 研究方法

3.1 色彩采样及量化

闸北区色彩采样中，为保证数据精确，使用"电子分光测色仪"作为采样工具——一种通过反射光谱率来计算颜色数据的色彩采集工具，它可不受外部光线影响，采集较为真实的建筑色彩。

采样遍布整个闸北区，共获得 1822 个基调色数据点。将采样数据分为高品质和低品质两类，平衡两类别数据量之后，共筛选 630 个采样点作为分析数据。研究选取孟塞尔色彩体系作为量化标准，即用色相、明度、彩度三个值来描述色彩。如图 1 所示。

图 1 色彩调研范围

3.2 色相分析

将两类色相值分别分析之后，我们可以发现两个特征（图 2）。

首先，高品质基调色中没有紫（P）、红紫（RP）、绿（G）、蓝（B）和蓝绿（BG）五类色相，说明这几类色相作为城市建筑基调色可能会存在问题，应当予以限制；

其次，无论高低品质，红黄（YR）和黄（Y）比例都远

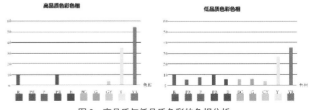

图 2 高品质与低品质色彩的色相分析

远高于其他色相，这说明城市中，这两类色相占主导地位。这个特点不仅仅在闸北如此，日本色彩规划专家吉田慎悟在《环境色彩规划》中提到，"5YR（红黄）~5Y（黄）的幅度基本就把日本建筑物外墙基调色都收入其中了"。本团队在其他城市色彩规划中，也发现类似特征，红黄(YR) 和黄（Y）色相是构成城市基调色的基础，也是应当被鼓励出现的色相。

然而，低品质色相中，也出现了较多的红黄（YR）和黄（Y）色相，这与其彩度和明度关系较大，因此需要对明度和彩度予以细致分析。

3.3 彩度及明度分析

在明度—彩度分析中（图3），首先排除紫（P）、红紫（RP）、绿（G）、蓝（B）、蓝绿（BG）五类色相，然后将其余采样点的彩度和明度予以单独分析。

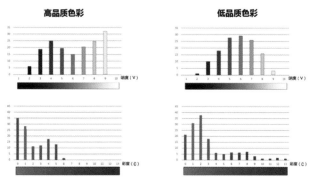

图3 高品质与低品质色彩的明度及彩度分析

从单项分析中可以看出，虽然高品质及低品质基调色的明度、彩度值有一定的不同，但还无法清晰地划分二者的区间。因此，本研究尝试分析二者的相关关系，如图4所示：

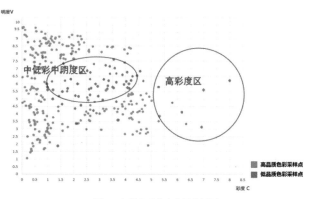

图4 色彩品质存在差异的域区

从这张图中，可以看到，低品质基调色的问题主要出现在两个区域，一个是彩度大于5的高彩度区域，一个是中等彩度，中等明度的区间。

3.4 色彩模型

在明度—彩度相关分析的基础上，根据数值区间，叠加色相要素，构建高品质基调色模型（图5）。

根据模型，制定基调色色谱推荐总表（图6）：

3.5 色谱应用

在基调色明确的基础上，闸北区的色彩规划针对不同区域、不同功能的建筑制定相应的色彩引导表，对高层建筑提

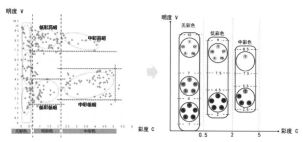

图5 高品质色彩模型

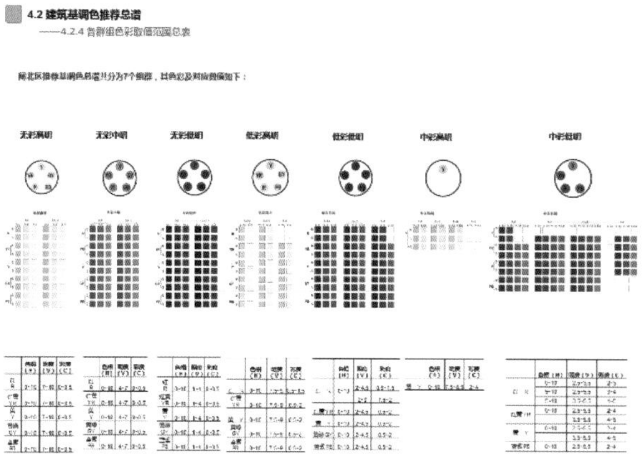

图6 推荐建筑基调色色谱

出更为严格的色谱限定；同时也对辅助色的搭配、点缀色的选取、色彩与材料的关系以及色彩规划的实施机制提出了建设性建议（图7），由于篇幅限制，这里不展开论述。

图7 色谱应用举例

4 小结

本研究以建筑基调色为重点，在大量调研的基础上，剖析高品质色彩的特征，为城市建筑色彩的色谱制定提供一种方法，希望可以为其他地区或城市的色彩规划研究提供参考。

城市色彩是个复杂的系统，此次研究只是其中一个方面，未来还有很多领域值得深入探讨，如不同城市或片区之间的色彩差异、城市特殊节点色彩引导、城市文化色彩如何体现，等等，这些都值得未来进行更深入的研究和探讨。

区域文化视野下的总体城市设计探索

——以西安总体城市设计为例

杨晓丹
西安建大城市规划设计研究院

新常态背景下的城市规划强调内涵提升与文化营造，总体城市设计也将注重对城市文化格局的构建及其表征空间的塑造。继南京、重庆等地之后，西安于 2014 年底首次开展总体城市设计工作，由西安建大城市规划设计研究院与西安市规划设计研究院共同编制完成，成果荣获 2015 年度全国优秀城乡规划设计二等奖。今天依托该项目，和大家分享实践过程中的三点探索。

（1）研究视野：由西安市物质空间格局转向关中区域文化格局，在相对完整的区域文化视野中定位西安的精神坐标；

（2）艺术构架：由分级要素组织转向跨级要素整合，在文化、空间、时间和体验四个维度下选取反映自然山水、都城脉络、现代特色和文化感知的核心要素库，构建大西安艺术构架，辅以三维模型刻画艺术构架与"扁平"空间，突出城市风骨；

（3）分区导则：采用"一图一表"，从全面设计引导转向重点要素承接，保留一般性的"扁平"区域，厘清总体设计与分区设计的工作边界。

首先，在研究范围方面，由于总体城市设计在空间范围上较大，在内容要素上较广，既要统筹考虑整体，又要重点研究局部，很容易因跨越多个尺度层级、综合多个研究视角而出现内容交叉、甚至冲突矛盾。因此，无论在空间尺度上，还是内容要素上，总体城市设计都需要厘清"边界"，以此界定有效设计范围。同时，这也有助于厘清总体城市设计与下辖分区城市设计之间的工作权限。然而，不同城市的总体城市设计需要解决的核心问题不同，其研究范围也就不同。反之，不同研究范围下，总体城市设计可预见的格局、资源、问题等也不同。

因此，总体城市设计的规模尺度一直是学界讨论的焦点之一，也是总体城市设计被诟病"假大空"的根源之一。有学者认为总体城市设计的空间规模不宜过大，在人口超过百万或用地大于 100 平方公里的大城市及特大城市中，总体城市设计很难落实到空间。也有学者根据区域尺度环境设计实践提出，空间尺度之于城市设计虽是重要影响因素，但不足以也不应该成为瓶颈。培根以自己在费城的实践经验提出了区域性城市设计的理念。吴良镛先生则强调，中国传统人居环境营造的一个重要理念，就是"城市—建筑—地景"三位一体，在范围上表现为"体国经野"的区域整体观。

西安是地处西北的区域性中心城市，在功能上承载着区域经济、科教、旅游等重要职能，在文化上更是代表区域乃至中华民族的文明源头之一。但就行政范围而言，西安的文化内涵存在一定特殊性，即一些在文化认知上被归于"西安"概念之下的重要资源，如帝王陵（黄帝陵、炎帝陵等）、丰镐遗址、兵马俑及华山等，在行政范围上跨越了中心城区、甚至市域；一些以西安为核心的文化走廊、文化圈等，如炎黄文化、渭河流域文明，以及由炎黄文化外延所至的伏羲文化等，在行政范围上往往溯源到甘肃天水区域（图 1）。

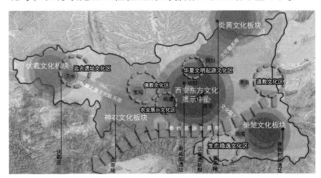

图 1 关天区域文化格局

可见以西安为统领的文化格局，其形成与辐射远远大于中心城区，就城市论城市的总体设计难以构建完整格局。因此我们以建立相对完整的文化地理格局为原则，突破行政范围，将关天区域划为西安总体城市设计的研究范围，以"关天区域—西安市域—中心城区"作为不同层级的设计范围（图 2）。希望在整体上梳理中华文化源脉，提炼以西安市为中心的文化地理格局。该范围不仅有利于从全局把握西安的城市精神与文化，也便于将周边市县整合进"西安"这一文化概念内，在旅游、交通等资源的配置方面促进区域的功能联合。

图 2 "关天区域—西安市域—中心城区"的多层次研究范围

第二，设计框架方面，周庆华院长提出"艺术构架"一说，意在强调总体城市设计不仅体现空间形象，更要表现物质环境背后的文化内涵，需要融合社会秩序、文化格局、经济结构及功能组织等多个侧面，达到对城市整体艺术与精神的彰显。

在大西安空间艺术构架的建构中，突破了以往对应宏观、中观、微观的要素提取方式，而是以各要素在艺术构架中的等级关系进行遴选，打破宏观、中观、微观的严格分级，建立多维视角下的城市空间艺术构架。首先，在文化维度、空间维度、时间维度以及体验维度的综合视角下，选取并建立反映自然山水格局、都城历史脉络、现代城市特色和城市文化感知等一系列核心内容的要素库（图3）。继而，根据要素的空间类型及其与西安城市精神的关联度，将要素库细分为包含特级与一级的节点体系、轴线及廊道体系、重要片区体系，以此形成完整的大西安总体城市设计框架。最后，提取其中的特级要素构建大西安空间艺术构架（图4）。

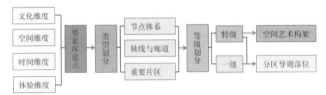

图3　城市设计要素提取过程

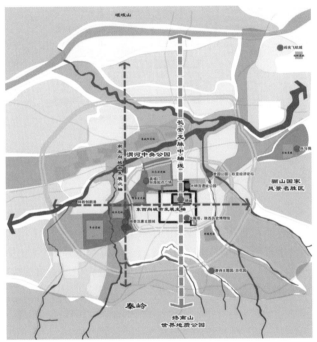

图4　大西安空间艺术构架

此外，以三维空间模型辅助表现总体空间艺术构架。空间模型刻画突破尺度层级，大到自然山水、小到节点建筑，将多尺度的核心要素共置。突出"山—塬—田—城"的整体格局，对重点片区进行控高与限低，将大部分"扁平"区域作为基底，既强调主次，也为设计留白（图5）。实际上，此类设计观念与表达方法在中国古已有之，且贯穿于传统山水画作、书法，以及地方图志。如清代陕西韩城图，正是将山水、城墙、道路骨架和重点建筑等不同尺度的要素并置图中，将次要的住区等城市基底留白处理，以此构成一幅跨尺度核心要素融合的城市风骨（图6）。这种根据要素相互关系进行整合与刻画的方式，避免了以往总体城市设计表达"泛化"的问题，也是对传统表达方法的回归与传承。

图5　三维模型辅助表现（局部）

图6　清代陕西韩城图

第三，指导于分区设计的总体城市设计，其编制的时效性至关重要。在有限时间内，总体城市设计无法对所有分区的内部资源与问题深入研究。因此，总体城市设计需要平衡研究时间与覆盖内容之间的关系。因此，西安总体城市设计的分区导立足于"落实核心艺术构架"的基本原则，操作中强调分区导则对艺术构架各要素的承接与具体化，不对分区内部全面设计。具体形式为"一图一表"："一图"反映各区所承接的艺术构架要素，"一表"说明对要素的控制引导要求。这样，一来确保艺术构架在各区内的要素得以落位实施；二来为各分区内部留出设计弹性，避免总体设计对片区特色挖潜不足。

最后，业内很多实践已经将研究视野从城市本体扩展至区域山水格局，但从抽象的文化格局来看，如果不突破行政范围或传统的山水地理空间划分，很难窥见一座城市所处的完整文化圈。因此，尽管很多观点认为总体城市设计的范围不宜过大，但从研究视野来讲，尝试跳脱出地理空间尺度的束缚，从相对完整的区域文化格局中寻找和明确城市的文化地位与精神坐标，这种探索似乎也是有益的。

感谢周庆华院长、雷会霞院长、吴左宾院长和杨彦龙所长对本项目的指导与支持！感谢编制项目组的共同努力，感谢西安市规划局、西安市城市规划设计研究院的协助！

人本主义的城市色彩规划设计

——以基于色彩敏感性分析的洛阳城市色彩规划为例

张　翔

南京大学人文地理研究中心

众所周知，文化是城市的灵魂。而色彩之于文化，就好比眼睛之于心灵；色彩是展示文化这一城市灵魂的窗户，是延续城市前世今生的纽带。色彩在城市无处不在，又无时无刻不影响着城市的形象和人的心情。因此一个好的色彩规划设计必须是基于人本主义的，注重文化传承与体现人民满意度的规划设计（图1）。

城市色彩敏感性分析与生态敏感性分析类似，从"以人为本"的视角分析不同区域、不同功能、不同年代、不同高度、不同保护等级、不同人流活动强度、不同城市意象要素的历史文化遗存及自然山水景致与人工人造景观的色彩重要程度。城市色彩敏感性分析可为人本主义的城市色彩规划提供新的技术与方法支撑，也可为落实新城市议程与城市双修提供支撑。

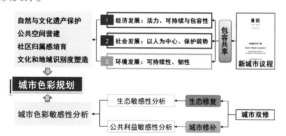

图1　基于色彩敏感性分析的城市色彩规划编制意义

1　什么是城市色彩规划

城市色彩规划可以了解城市的前世今生，让城市保持或恢复个性。它的主要任务是明确主色调，规定总色谱，划定色彩分区，引导建筑色彩。具体来说可以"传承地域特有文化""表达地域个性特征""展示现代城市形象"和"规划城市未来发展方向"。

城市色彩规划一般可采用孟塞尔色彩体系进行控制，包括色相、明度与纯度三个维度。城市色谱包括基调色、辅助色与点缀色。其中，基调色占75%，辅调色可占20%，点缀色只占5%，才能形成稳定、整体的色彩环境。

当前中国城市色彩规划仍处于起步阶段，尚未形成统一的色彩规划的范式和体系，处于百花齐放的状态。色彩规划陷入"确定城市主色调"的误区。通过城市色彩分区，确定城市色彩分区色谱，但分区过于粗糙，分区划定方法缺乏理论指导。

2　洛阳城市色彩规划总则

洛阳居天下之中、九州腹地、十省通衢、山水交融；是华夏祖地、文明圣地、千年帝都、牡丹花都；也是中国历史文化名城与四大古都、世界四大圣城。洛阳城市色彩规划的目标是：充分挖掘洛阳市的历史人文底蕴，营造洛阳古都与现代名城风貌，实现城市整体色彩的和谐与美化。洛阳城市色彩规划遵循由"传承·交织·共生"演化而来的"延续·尊重·融合·再生"规划理念。具体规划思路如图2所示。

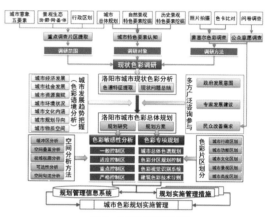

图2　洛阳色彩规划思路

3　洛阳城市色彩规划分析

规划通过图像采集、色卡比对、仪器测量等方法，对自然地理色彩要素（气候、山川、土壤、天空、植被……）、人文地理色彩要素（历史文脉、传统文化、民俗文化、历史保护街区……）和人工色彩要素（以建筑为主）确定基调色、辅助色与点缀色。

调研发现，城市色彩已有明显的历史文化倾向，但整体感缺失；城市色彩基调尚待确立，特色名片缺失，"噪色"污染严重；城市色彩管理工作已经开展，但城市色彩仍然较为混乱。

基于"以人为本"的思想，对政府官员、开发商、市民和旅游者进行公众色彩感知调查，并以问题为导向进行专家色彩规划咨询访谈。基于调查与访谈的结果构建了包含历史文化遗存、自然山水景致与人工人造景观3大类，14小类的洛阳城市色彩敏感性评价框架（图3），并结合专家访谈运用AHP层次分析法确定指标的得分与权重（图4）。

将历史文化遗存指标、自然山水景致指标和人工人造景观指标进行"取最大值"叠置分析，得到洛阳市城市色彩敏感性评价总图（图5）。从整体来看，色彩敏感性不低于5的区域占75%，可见，绝大部分地区属于重点色彩敏感区，所以在城市建设中，应当严格采用色彩规划所推荐的色彩。

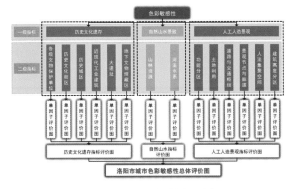

图 3　洛阳城市色彩敏感性评价框架

图 4　洛阳城市色彩敏感性因子得分

图 5　洛阳城市色彩敏感性评价总图

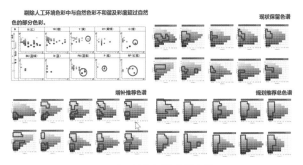

图 6　洛阳城市色彩规划总色谱

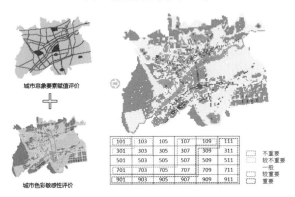

图 7　洛阳城市色彩敏感性与城市意象协同控制

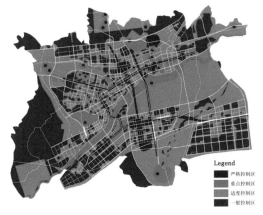

图 8　洛阳城市色彩控制总图

4　洛阳城市色彩规划控制

洛阳市城市色彩应进一步突出城市特色，因此城市色彩定位必须体现：悠久的历史文化、独特的民族文化、优美的自然山水和新时代城市风貌。洛阳的城市色彩因以青灰为基、黄红辅之，映秀山水、活化古貌。

洛阳城市色彩总体定位为：以淡灰色系为主的低彩度近似色系为基调，局部地区以较为鲜艳的色彩点缀和搭配，点缀色注重地区的传统文化、民族文化、自然山水和现代化城市特征，形成色调既统一又富于变化的城市总体色彩风貌。

基于洛阳市淡灰色系的城市色彩定位，规划洛阳市城市色彩总体色谱既要与自然环境及城市现状色彩相协调，延续洛阳市城市色彩文脉，剔除与自然色彩及历史文化色彩不相协调的色彩，又要有新的色彩补充（图 6）。

运用城市意象分析方法，以人的活动为依据，城市中心区服务本地及外来人员，城市其他区域服务在城市生活的居民，这种划分体现了以人为本的价值理念，体现了市民集体感知的可识别功能特征，具有人本意义。通过可达性分析（路网结构、交通便利性），可视性分析（城市地标、沿街建筑、行道树和景观小品），可识别性分析（路标（牌）、城市节点、不同区域的边界）。综合考虑景观、建筑和色彩的关系，实现城市意象与色彩敏感性协同控制。如图 7、图 8 所示。

5　结语

色彩令城市更具活力，色彩令文化更具魅力。我们相信，以人为本并结合科学的分析将使得城市的色彩更加富有活力与魅力。感谢项目负责人南京大学徐建刚教授及其团队众多博士与硕士研究生在本研究中作出的贡献。感谢洛阳市城乡规划局及众多长期服务于洛阳规划编制的专家对于本研究提供的帮助与咨询。感谢广大洛阳市民热心支持本研究开展时的问卷调查。

从雕塑规划到公共艺术规划：转型视角下城市规划的跨界与协同

刘 勇
上海大学美术学院

1 艺术介入城市建设是一种趋势

1）艺术介入城市建设是一种趋势

近年来越来越多的中国城市在举办跟艺术相关的活动，并且与城市规划与建设紧密相关。如 2005 年开始举办的"深港城市 / 建筑"双年展、上海 2015 年上海城市公共空间艺术季、2017 "武汉新轴线"雕塑艺术季等；还有社区层面的2016 年"行走上海 2016——社区空间微更新计划"等系列活动，四平路微更新项目等。艺术越来越多的借助空间建设渗透到生活当中。如图 1 所示。

图1 国内几个城市艺术活动的宣传海报

2）当代艺术的发展趋势

（1）反传统、去偶像、去权威化、去艺术化

德国表现主义大师博伊斯的著名观点："人人都是艺术家""生活即艺术"。

（2）样式的转变与创新

架上绘画与雕塑已经不是艺术的主流，取而代之的是大量装置、行为与多媒体数字影像，以及综合材料艺术（图 2）。

图2 当代艺术家杰夫·昆斯的装置作品"彩色兔子"（2009）

（3）当代艺术最重要的特点：观念的表达

与现代主义时期的实验风格派相比，当代艺术更强调作品的思想深度对社会的反思。

（4）扁平化、追求简约

艺术家表现当下，表现自我，追求简约、干净利落，还有一点点幽默与童趣。

3）艺术对城市的改变

从 1999 年开始举办的利物浦双年展强调每一件作品都与利物浦这个城市息息相关，强调城市的场域特质、城市脉络的敏感度以及与在地社区的结合，以艺术做为城市行销与再造的一环，取得了巨大的成功（图 3）。

图3 利物浦双年展将艺术做为城市行销与再造的一环

4）未来趋势

（1）中国城市的品质建设是一个必然趋势，艺术介入城市建设是一个必然选择。

（2）更多的艺术从"专业领域走向公众领域"，从密闭的"专业展示空间走向开放的公共空间"。

（3）"文化城市"是城市发展的高阶目标。

2 当前城市雕塑规划建设的困境

当前艺术在城市规划中的显性存在形式之一是"城市雕塑规划"，存在诸多问题：

1）政府的困惑：城市雕塑规划无法有效落实

（1）城市雕塑的建设品质缺少标准，难以评价。

（2）城市雕塑建设涉及多部门，难以统筹。

（3）城市雕塑的建设有随机性的特征，难以预测。

2）艺术家的困惑：既缺少指引，又被限制所困

（1）城市雕塑虽然数量较多，但高品质的作品较少，缺少上位引导与管控。

（2）有些作品晦涩难懂，引起公众反感。如南宁五象、朱槿花和凤凰高飞雕塑建设 8 年后就被拆除，浪费城市资源（图 4）。

（3）商业利益驱使，造成大量城市雕塑无序的"批量生产"而加重的"千城一面"现象的发生。

（4）城市雕塑概念狭隘，已不能满足艺术品的发展要求，以"公共艺术"代替"雕塑"概念已成为趋势。

3）民众的漠视：缺少"公共性"，与生活无关

图4 南宁朱槿花雕塑拆除现场（2010 年）

城市雕塑作品缺乏"公共性"，缺少公众参与，不能解决公众的诉求。

4）根本原因：城市雕塑属性与特征在城市公共空间的变迁

（1）城市雕塑的概念：从城市雕塑到城市公共艺术。

（2）城市雕塑的属性：从专业属性走向公共属性。

（3）城市雕塑的管理：从单一部门管理走向多部门综合管理。

（4）城市雕塑的作用：从单一的外在营造"城市形象"作用，走向今后内在的提升"生活品质"的作用，渗透到生活的方方面面。

3 公共艺术规划在国内外的发展

1）国外公共艺术规划：综合规划、协作规划

最早出现的城市公共艺术规划是1994 年亚特兰大市公共艺术总体规划，而绝大多数"城市公共艺术规划"的出现是进入到21 世纪以后的事情（表1）。特点有：①内容多样，除了对空间布局及类型的引导，对非常关注政策、机构、运作机制以及活动等；②文化部门领衔，与城市建设管理部门关联密切；③由《百分比艺术条例》提供资金支持；④根据城市的不同而呈现出不同的内容和方式。

表1 国外公共艺术规划介绍（注1）

城市及规划名称	城市公共艺术的作用和价值陈述	出处
美国亚特兰大公共艺术规划，2001	借助公共艺术来提升并激活城市公共空间，反映社区价值以及身份认同。	City of Atlanta, 2001.
英国布里斯托尔公共艺术战略，2003	公共艺术战略将公共艺术放置到规划和开发的过程中去，是好的城市设计和建筑设计的有益补充；与新的开发项目相整合；是对新旧住宅区、开放空间、艺术和健康计划、邻里更新的社会性投资。	Bristol City Council, 2003.
美国克利尔沃特艺术和设计规划，2007	这个城市在过去的几十年中，一种使用公共艺术来创造场所感，改造城市的品质。公共艺术与城市的日常生活结合在一起。	City of Clearwater Public, 2007.
美国俄勒冈州尤金公共艺术规划，2009	建立一个持久的公共艺术藏品库，以此激励社区居民，提升城市的宜居型，吸引游客并成为社区自豪感的重要源泉。	Barney&Worth Inc. 2009.
美国费城公共艺术回顾研究，2009	使公共艺术资源能与邻里复兴、经济发展、创意产业这些目标相互关联。	PennPraxis, 2009.
美国西雅图	公共艺术计划将艺术家们的构思和作品整合到多种多样的公共场所之中，帮助西雅图得到了富有创造性的文化之都的声誉。公共艺术计划使市民能在公园、图书馆、社区中心、街道、桥梁和其它公共场所与艺术"偶遇"，从而极大的丰富了市民的日常生活，并使艺术家们发出自己的声音。	西雅图文化和艺术事务办公室官方网页

2）国内公共艺术规划：专项规划

在国内，2005 年深圳公共艺术中心编制了国内第一个《攀枝花市公共艺术总体规划》（2005—2020），此后陆续跟进的还有台州、哈尔滨等城市，近年来深圳和上海市也在探讨编制城市公共艺术规划的可行性。

3）国内外公共艺术发展比较

艺术必将在中国城市建设中扮演者越来越重要的作用，也应看到，当前的体制决定了城市建设部门在公共艺术建设中的主导作用。见表2 所示。

表2 国内外公共艺术特征比较

	公共艺术发展背景	属性特征	执行部门
发达国家	应对城市衰退而产生的，城市复兴的手段	公共政策	多部门协同
中国	应对城市公共空间数量不足、品质缺陷	空间治理手段	多部门协同

4 制定城市公共艺术规划的关键问题

1）城市公共艺术的资金保障

需统筹现有多渠道的资金来源，有效地引导资金的有效使用；通过立法等手段，推行百分比计划，使得公共艺术的开展得到法律保障。

2）政府角色：从台前到幕后

（1）政府从具体操作与执行者，转变为政策制定者，主要着眼于规则的制定。

（2）成立公共艺术基金会，将之前政府的权责下放到基金会，具体事务工作由基金会承担。

（3）成立公共艺术委员会，对公共艺术的规划及作品甄选和实施进行质量控制。

如图5 所示。

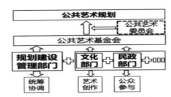

图5 公共艺术规划参与各方角色

3）规划参与者：从单一的专项规划到多元的协同规划

创造一个协同平台，以城市规划部门为主体，多个角色协同，协同参与。

4）规划属性：突出城市公共艺术规划的公共政策属性，强调机制设计

从着眼空间规划，到着眼过程、运作机制以及激励与约束措施。

5）管控特征：从结果导向到过程管控，注重公众参与

从着眼于结果与效果，到注重过程的合理性与公众参与。

6）空间规划与时间规划

重点关注各个空间尺度和空间层次下公共艺术的设置、题材、形式等空间规划内容，并按近期、中期、远期确定分期实施计划。

7）内容特征：从空间规定到导则控制

注重各个层面公共艺术导则的制定。

街道回归

马思思
上海同济城市规划设计研究院

1 城与路、路与街、你和我

鲁迅先生说"世上本没有路，走的人多了才成了路"。城市的发展离不开道路，道路除了其交通功能外，更承载着城市的精神，好比城市的血管，充盈活力。

街道是一个城市的窗口，她向你传递这座城市的文化和温度。就像简·雅各布斯在《美国大城市的死与生》中写道："当我们想到一个城市时，首先出现在脑海里的就是街道"。街道成为联系你我重要的社会网络空间。

比如成都，无论是火锅、熊猫、川剧还是古镇，这些都离不开街道，因为这些街道生活，我们才会爱上一个城市。

正因为这种丰富多元的市井街道生活，才让漂泊寒士杜甫先生有了归属感，留下了对成都印象的千古名句"晓看红湿处，花重锦官城"。如图1所示。

图1 成都花重锦官城复原图

2 "花重锦官城"的城市改造运动

大街小巷繁花似锦，春雨润景，邻里友好。因为这首诗，在2017年的成都政府工作报告中，成都实施城市"增花添彩"工程，以再现"花重锦官城"胜景为目标。编制了《花重锦官城——成都市增花添彩总体规划（2016—2022）》。其近期建设以重点道路空间为实施抓手。

3 街道的"指纹"空间

可喜的是城市终于开始重新关注作为重要建设内容的道路空间，但同时我们要思考，花重锦官城的根本溯源到底是什么。我们来看一组有意思的历史数据，这些街道有以景观命名的，也有以市井生活命名的，更有纪念名人或者传说典故的。这些街道反映的一个共同特性就是，可识别性，每条街道都是不一样的（图2）。

比如平江路是因为她有南宋城坊格局的指纹空间才成为

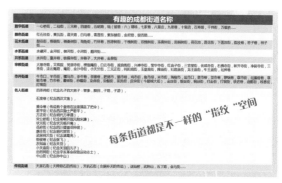

图2 成都街道归类总结

苏州历史的精神所在；比如上海南京路，在租借多元文化影响下有其独特的商业"指纹特性"。犹如两个不一样的女子有不一样的美。

4 "指纹识别性完整街道"理念

"指纹识别性完整街道"理念是对美国完整街道理念的升华，不仅主导城市需要从交通导向为主的"道路设计"回归人车共享、空间协调的"街道设计"，更是强调街道的"指纹识别性"空间要素的完整性。

具有识别性的街道空间是文化传承的特色溯源，就像北宋画家张择端在《清明上河图》中对汴京的街道生活进行了记忆复原，阡陌交通、车水马龙，街道商铺鳞次栉比，人们悠闲于其间，各有各的空间需求，各有各的生活记忆。

5 为什么要做"指纹识别性完整街道"

1）传统宽马路、疏路网的机动车主导的道路空间带来的现实问题愈加凸显

2）城市特色面临同质化趋势、文化包容的亲和感逐渐降低

20世纪80年代的成都街道与现在的成都街道对比（图3），虽然现在的街道以车行为主，但是人们对于公共交通的需求和街道生活方式依然在。

这说明，花重锦官城实际上反映的是成都人的一种街道生活方式，因为人们热爱这种有空间识别性、共享性、有场所精神和休闲舒适的街道生活方式，才有了成都曾经的花重锦官城。我们需要的是"指纹识别性完整街道"的回归！

3）什么样的街道才是"指纹识别性完整街道"

巴塞罗那兰布拉大街除了有完整合理的交通断面，更为重要的是她有自己的"文化指纹"，历史遗留的多元文化建

图3 成都街道今昔对比

筑和街道色彩以及在这些文化背景下生长的街道精神,赋予了可供人们参与其中的文化空间,才构成了伟大的街道兰布拉大街。

4)学科与权责部门的划分与分离,导致街道空间被忽略

街道管理涉及到规划、交通、交警、绿化市容及市政等管理部门,但现实是,并没有一个很好的平台和规则让大家能进行很好、充分的沟通协调。

如图4举例:街道B是国外某街道,道路空间通过综合平台的协调,不同设计学科及管理部门对整条道路以及沿街界面进行整体统筹设计,就形成了共享的完整空间。而不像大部分街道A一样,城建和园林负责红线内路面施工和绿化,而地块开发商负责红线内。

图4 街道权属分析对比

6 街道回归行动

1)协调存量是街道空间设计的切入点

以成都"花重锦官城"为根本溯源,将双流几条重要街道作为提升实践的实施空间。协调存量建设的复杂性,以控制、指导、引导为路径,结合不同街道空间的实际问题,落实149项针对交通空间、公共空间、环境要素的提升实施措施。如图5所示。

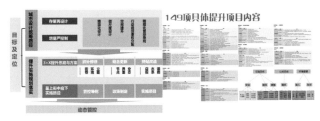

图5 双流区"指纹识别性完整街道"规划措施

2)以可实施为目标的工作路径

在花重锦官城城市改造背景契机下,双流对于完整街道理念的落实是一次城市品质更新提升的尝试,本次规划工作不是一个单纯属性的规划工作,而是一个承上、衔中、启下的工作平台。规划需要明确自己的事情,同时也应该建议和分项政府和民众的事情。这种在规划统筹下多方参与明确事权的平台下才能够做到实施的可能性(图6)。

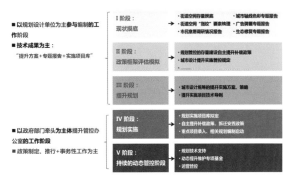

图6 "指纹识别性完整街道"可实施工作路径模拟

3)规划实际实施困难的拓展思考

街道空间在规划设计过程中从设计到实现不完全依靠设计,还有其他更深层次的原因。

规划无法操控权责管理体系,只能建议,从设计理念、方式到机制研究,不断探索和尝试完善的设计路径去影响多个层级体系,达到目标。比如对街道回归的提升构建如下的规划路径探索(图7)。

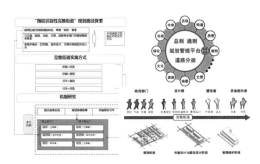

图7 "指纹识别性完整街道"规划路径模拟

一堆规范能否整合、创新突破。我们有一堆设计规范指导规划设计,比如《城市道路设计规范》(CJJ37-2012),《城市道路交叉口设计规程》(CJJ152-2010),《城市道路绿化规划与设计规范》(CJJ75-97)对交叉口转弯半径、展宽、红线退界等做了各种限定,有些规范的设计控制标准本身都是冲突的。在日后的规划进程中是不是应该能够有一个全新的平台或者方式去整合优化这些规范。比如参考美国街道设计指南、街道通行能力手册、街道施工手册;北京城市道路空间规划设计规范等经验。

7 结语

中国正处于规划转型变革、城乡理性建设时期,有诸多进步,但也有诸多的城市问题值得反思!道路空间就是值得反思和创新规划的一项繁杂课题。主题的讨论及案例实践旨在透过我国现阶段城市发展的理性回归认知下,积极吸取国外经验契合实际国情及城市规划创新路径,促进城乡品质的不断提升。

以流定形
——城市记忆的规划价值观与技术框架探讨

段瑜卓
北京市城市规划设计研究院

1 城市记忆的现实境遇

近些年中国城镇化的快速发展带来了"无处可归的乡愁"。这不仅仅是针对那些人口严重流失的农村及欠发达地区，对于大城市，城市的变迁带来的拆迁和建设，一方面使得城市发展日新月异，另一方面，本地人再也难寻记忆中的城市。"千城一面""记忆缺失"是个共性问题。

1）缺少法律依据

拿建筑单体来说，如果面临拆迁，目前可以诉诸的法律途径一是看是不是文保单位，二是看是否属于建设部划定的历史建筑以及其他相关保护对象。可是这两类覆盖范围仅仅是那些历史价值极高的少量古建，而大量仅仅承载了人们记忆的普通建筑、街道、构筑物的保护却是无据可依。某些城市虽然对优秀近现代建筑启动了保护工作，比如北京完成了《北京优秀近现代建筑保护名录》的编制工作，但因紫线划定工作暂未启动，操作性也有待提升。可见，当前应对城市记忆载体的危机是缺少解决途径的。

2）有法难依

相比较没有任何法律保障的普通城市空间物质要素，那些早有名分的文保单位、历史街区、历史建筑也难以做到全部幸免。在规划建筑圈人尽皆知的梁思成故居被拆一事，作为"文保单位"，在建设项目被叫停两年后，还是被"维修性拆除了"。在它轰然倒地的瞬间，城市记忆保护工作最糟糕的情况跃然纸上：有法也难依。

3）博弈中的弱者

在上海总体规划调整的宣传工作中有这么一句"上海并不缺少土地"，因为存量改造为城市土地需求提供了一条出路。在如火如荼的粗放型城镇化尾声，"城市更新""存量改造"给城市发展带来了转机，但对于城市记忆却又是一次挑战。大量经验表明，旧区改造式的城市更新，往往就变成了社区高端化的过程，而在这一过程中城市记忆的失落往往被其他利益所掩盖。尤其在北京、上海等特大城市，城市利益的博弈者众多，城市记忆的境遇也会更加紧迫。

4）少数的幸运

一面是对城市记忆的漠视，一面却是社会公众对城市记忆的极大认可。北京协和医院在扩建整修的过程中完整地留下了协和老楼，留下的不仅是建筑，更是协和医院乃至整个国家对医学精神的敬畏和传承；北京金融街的一个商业地产项目，开发商最终将布满高层的方案修改为与原有城市肌理契合的中心绿地和临街三层裙房，极大激活了这个地区的活力和认同感；国外很多城市都保留有几十年前甚至上百年前

的城市意象，无论时间的跨度，人们甚至可以走着相同的路、看着相同的风景，城市的完整记忆极大的强化了人们对于城市的认知感。承载了"乡愁"的城市记忆，其价值往往在短期内无法印证，非被割舍，即能积累和延续，最终成为城市的宝贵内涵和发展助力。

2 从概念解读引发的价值观探讨

对城市记忆的研究涉及社会学、心理学、档案研究、文物保护和规划建筑等诸多学科，侧重于精神认知、历史认知或有形物质等，往往还与"集体记忆""历史记忆""记忆认知"等概念交叠。规划领域研究的城市记忆偏重于城市记忆载体的空间形态和人为感知，在实施层面通过历史保护或者城市设计、景观设计中的文脉挖掘来体现，但始终缺少一套系统的理论支持。当前规划领域的相关理论的研究和实践经验往往属于局部问题的探讨，难以形成支撑城市决策的有力价值观。对城市记忆的态度需要做到"以流定形"——基于城市记忆主体感知的载体塑造。

1）城市记忆内涵的完整性

当前的研究和实践多将城市记忆的主体和客体分别对待。从认知的视角来看，城市记忆的主体是人，人的感知、评价和体检是研究城市问题的最根本需求，城市记忆不能脱离记忆主体而独立存在；客体是促发人产生感知和记忆的城市外在形态、环境或者历史遗留痕迹，是城市记忆的载体。这就要求不能忽视二者联动的相互关系：忽视主体往往造成由规划者主观判断城市记忆载体的价值；忽视客体对主体的重构作用，就容易迈入一味保护拒绝发展的死局。

2）城市记忆主体的博弈

北京、上海这样的特大城市，人们来自五湖四海，他们对于城市的记忆必然不可能是这个城市的历史，城市当前的发展对于他们更加重要，而本地人对于城市的怀旧就好像是对现实的抵触和矫情。当前的研究往往过于简单地划定记忆主体，比如基于游客、居民等，城镇化的过程势必带来了城市新老居民的价值冲突，他们的记忆对应的载体不同，甚至是替代性的，那么保护谁的城市记忆就成了问题。这个问题说不清楚，就难以明确城市记忆客体的内容和方式，就容易造成一种被回避的价值走向。

保护和传承城市记忆是一个将众多个人记忆上升为集体记忆并逐步强化为城市记忆的过程，城市记忆是集体记忆的筛检与融合。每个城市的外乡人，随着时间的积淀也会成为本地人，对于城市记忆这件事，不应当看成是本地人的矫情，

而应当成为一种共识。毕竟，尊重老的记忆，就是尊重新的未来；而包容新的记忆，就是包容老的过去。而当有一天，承载记忆的空间足够延续使得新旧记忆被统一，也就形成了这个城市真正的记忆和气质。

3）城市记忆范畴的模糊性

当前学界对于城市记忆的认知和实践往往与历史文脉保护相混淆。少量体现"历史"的城市记忆载体得到法律保护，比如历史文化名城、历史文化街区、历史建筑以及非物质文化遗产等，相比之下，大量近现代优秀的或者具有普世性价值的记忆载体以"短命"告终。城市记忆主体的认知难以被收集、客体的价值测评难以形成统一的标准、不断的主客体重构过程使得城市记忆的范畴难以准确界定，更无法形成具有法定性的实施办法。因此，相关工作应当突破常规一张蓝图、自上而下的规划方式。

3 城市记忆的规划技术框架

在非快速城镇化地区，往往容易形成持久延续的城市风貌和城市记忆，甚至曾经被摧毁的城市：柏林战后被损毁的建筑都被精准的原样复建，城市记忆得到了延续和统一。我国特大城市发展的当前阶段，城市既得利益者和新住民的利益必将进入一个较为激烈的博弈过程，并不适合原样照搬柏林精准复建的类似方法，区别于传统工作方法，可侧重以下三点：

1）寻找城市记忆——主体的记忆众筹

近些年很多城市的民间、政府档案文化部门都发起过此类活动，以影像、图片、文字的方式去进行档案记录。但规划领域还少有对城市记忆载体的空间形态进行海量收集。早在凯文林奇《城市意象》中就为我们提供了通过收集人的感知而明确城市空间的理论依据，结合当前大数据的运用，可以将各式各样的人的记忆来形成城市记忆数据库，不但针对那些充满历史感的记忆载体，还应当针对城市新居民收集他们对于城市记忆的起点。

2）量化城市记忆——载体的指标量化

上海外滩曾出现百年建筑被粗暴刷墙事件，不要说文保单位、历史建筑都有此危险，城市记忆载体的保护工作很多仅处在名录配照片的阶段。曾经有报道一个与推土机赛跑的老人，用画笔及其精准的记录即将消失的四合院；天津也已展开优秀近现代建筑的测绘登记工作。唯有确切的空间要素被指标量化才是落实保护的确切依据。

3）留住城市记忆——针对性的引导

既然人的记忆是不同的，那么要留住城市记忆，在城市历史文脉保护基础之上，需要更加有针对性的引导目标。比如，如何强化一个孩子对城市的记忆？如何促动城市新移民对城市的记忆？另外，如果由于城市发展需求，着实无法对一个记忆载体进行保留，可以尝试将原有载体的空间要素指标植入控规地块指标的方式，保留住记忆中的场所感。

历史环境中的规划设计方法初探

——以西安阿房宫考古遗址公园及周边用地规划设计为例

严　巍　福州大学建筑学院
刘一婷　广州市城市规划勘测设计研究院
黄慧妍　华蓝设计（集团）有限公司城乡规划设计院

1　问题的提出

当前中国城市化水平已达57.35%，而在中国众多城市中也已有131座国家级历史文化名城和200多座地方历史文化名城。新时期城乡文化的文化遗产保护转型对相关城市规划的学术和实践都提出了新的现实要求。

与此同时，在近年来党中央、国务院所召开、颁布的一系列城市工作会议及战略规划中，"生活环境品质的提升"成为了现今中国新型城镇化发展的重要趋势。其中，对于"保护弘扬中华优秀传统文化，延续城市历史文脉，形成符合历史传承、区域文化、时代要求及各具特色的城镇化发展模式……"构成了中国城乡生活环境品质提升的一个重要方面。

2　问题导向下的规划设计方法新思考

面对中国急速城市化过程中由"全球化"思想导致人们丧失文化自信、城市同质化发展及粗放式规划设计造成的巨大资源浪费等问题，科学化的规划设计成为了城市化发展的必然要求。其中"历史环境中的规划设计"成为了城市发展走向科学化的途径之一。

2.1　历史环境本质内涵再认识

在狭义上，"历史环境"是指那些经各级政府及相关职能部门核定公布应予重点保护的历史地段，即历史文化名城、名镇、名村；而在广义上，"历史环境"则可被看作各类城乡地区拥有一定历史文化价值并具有"可辨识的历史格局"、"相应的历史存留的原物、习俗或传说故事"及"涵盖一定的空间范围"等普遍特征的区域。

2.2　基于广义历史环境保护、再利用要求下的规划设计

任何规划设计总是在特定的限制条件下展开的。因此，"历史环境中的规划设计"并没有超脱规划设计的一般性规律，而是比以往更加注重文化与环境的特殊性而已。对于涉及历史环境的规划则往往应注意以下几点：①位于历史环境周边的城乡及自然环境，应纳入到历史环境中予以整体考虑；②历史环境中增建设施的外观、绿化布局与植物配置应符合历史风貌的要求；③历史环境中的规划设计应包括改善居民生活环境、保持街区活力的内容。

有基于此，"阅读城市的历史脉络—解析环境的文化价值—梳理历史印记和空间形态特征"，最终实现将历史环境中的"文化—空间"要素加以发掘、利用并作为提升

环境品质的关键性节点，成为了历史环境中的规划设计的基本路径。

3　案例——西安阿房宫考古遗址公园及周边用地规划设计

在众多涉及广义历史环境的相关规划中，针对大遗址保护与展示的考古遗址公园规划因其自身所具有的文化代表性、资源复合性、社会属性多样性及其与我国现阶段新型城镇化发展现实需求的一致性等突出特征，在具有典型性的同时也对其他历史环境中的规划相关研究有一定的借鉴意义。

3.1　典型历史环境中的规划设计研究

1）城市历史文脉阅读

阿房宫大遗址所处的"沣东－沣西新城"，北靠咸阳东临西安，是"西－咸"一体化建设的重点区域。这一区域附近所集聚的周、秦、汉、唐等一系列中国历史上伟大朝代的古都遗址世所罕见，是中华文明发展、演变的关键性区域，也是中国古都文化的首善之区（图1）。由这些延续数千年的古都遗址空间轴线所形成的空间引导序列从古至今一直在这一区域的城市空间发展中发挥着重要的引导作用。其中阿房宫作为秦代宫室别业200余处中唯一流传至今的完整宫城基址，是秦代建筑实物遗留可见的唯一实物。

2）遗址环境文化价值解析

在区位空间上，阿房宫遗址公园所坐落的"沣东－沣西新城"位于西安和咸阳两座历史文化名城之间的文化遗址集聚区，是城市中的历史环境保护区和大型遗址公园集群所在地（图2）。这一遗址聚集区具有着文化遗产典型、类型多样、空间聚集、价值突出及规模巨大等突出特征，在城市乃至全国范围内都具有这唯一性和不可替代性。

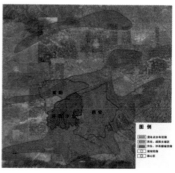

图1　阿房宫及周边遗址群区位图　　图2　沣东－沣西新城区位图

3）历史印记和空间形态特征梳理

阿房宫遗址公园范围内密集集聚了阿房宫前殿建筑遗址及其它战国至秦等不同时期的 7 处建筑遗址,遗址群呈现出"一主三次"的空间分布特征。阿房宫遗址在直观的体现了秦代大型夯土台宫殿、苑囿建筑科学技术成就的同时还是中国早期都城的规划设计思想的直接反映。其空间分布所蕴含的延续性及逻辑性具有中国早期城市的代表性,为后期遗址公园能够真实、完整展示这一区域历史变迁逻辑及提升城市环境品质创造了良好的资源基础。

3.2 规划设计策略和构想

1）规划目标

基于前期对于遗址历史环境的研究与认知,结合遗址自身特点及区域发展定位,规划方案在设计初期认为遗址公园应承担起"遗址保护、科学研究、知识普及、文化旅游、城市地标"五大主体功能。充分发挥遗址自身文化区位及地理区位优势,构建以秦阿房宫为中心节点,串联周秦汉唐系列遗址群所形成的中国大型古都遗址公园网络,使整个新城成为"公园中的城市"和"城市中的公园",创造一座与伟大遗址共生的生态新城。

2）规划构想

鉴于遗址所处历史环境的特殊性,可将遗址历史变迁的逻辑作为规划方案生成的切入点,将"大博物馆"概念融入考古遗址公园的设计中,在空间上形成遗址、室外展场与博物馆建筑内外呼应,与城市景观相互渗透的空间格局(图3、图4)。在城市景观上以特殊的艺术形式加以展示,形成具有历史真实性的文化景观。通过遗址公园的建设将考古遗址旅游变为一场充满乐趣的科学知识学习和真实历史体验的过程。

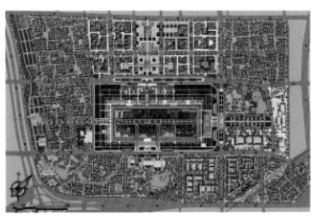

图3　阿房考古宫遗址公园规划总平面图

图4　阿房考古宫遗址公园规划效果图

4　小结

综上所述,"历史环境中的规划设计"并不以"遗产保护"为单一目标,而是强调在保护文化遗产的前提下为城市创造具有历史感、地方感和现代感、能够延续城市文脉的场所。基于历史资产保育的场所性维系和活力再造,是这类规划设计的基本命题。

规划视角下无锡特色小镇的编制思路与方法研究

——以无锡禅意小镇规划为例

王波
无锡市城市规划编制研究中心

1 引言

特色小镇的出现，打破了规划界关于规划对象的常规界定。在江苏省人民政府发布《关于征求我省培育创建特色小镇相关文件意见的通知》中的诠释（以下简称"通知"），特色小镇不是行政区划单元上的"镇"，也不同于产业园区、风景区的"区"，而是按照创新、协调、绿色、开放、共享发展理念，结合自身特质，找准产业定位，科学进行规划，挖掘产业特色、人文底蕴和生态禀赋，形成"产、城、人、文"四位一体有机结合的重要功能平台。

2 规划视角下特色小镇的内涵解读

2.1 经济转型的新业态

从创建条件看，特色小镇有明确的空间规模界定和投资规模要求。空间规模上，规划面积一般控制在 3 平方公里，建设面积控制在 1 平方公里；在，建设标准方面，一般特色小镇要建设成为 3A 级以上景区，旅游产业类特色小镇要按照 5A 级景区标准建设。在运作机制上，特色小镇要求"破旧去僵"，做到"活而新"，采用"宽进严定"的创建制；建设上采用政府引导、企业主体、市场化运作的机制。由此可见，特色小镇是不同于"镇"或"区"的新的发展主体，它是块状经济转型升级的新业态。

2.2 产业平台的新高地

根据意见通知，在产业定位上，要求聚焦新兴产业、创意、健康养老、现代农业及文化旅游等，兼顾丝绸、刺绣、紫砂、漆器、茶叶和雕刻等传统经典产业；经济规模上，原则上环保、健康、时尚和高端装备制造等 4 大行业的特色小镇 3 年内要完成 50 亿元的有效投资，信息经济、旅游、金融和历史经典产业等特色小镇 3 年内要完成 30 亿元的有效投资（均不含住宅和商业综合体项目）。特色小镇创建将围绕单个产业来打造完整的产业生态圈，以此培育具有行业竞争力的"单打冠军"。

2.3 改善人居环境的新抓手

特色小镇要体现"产业特色鲜明、人文气息浓厚、生态环境优美、兼具旅游与社区功能"，"产、城、人、文"和谐一体。它的社区功能打造，不仅面向外来的创新创业人才、团队，也聚焦于为本地原住民提供更多、更好的就业岗位，并通过文化功能塑造，营造统一的社区归属感，对改善人居环境起到重要抓手的作用。

3 特色小镇规划的编制方法的实践与思考

特色小镇创建概念性规划（以下简称"小镇规划"）的编制框架上，可围绕"主题选择""小镇选址""功能定位""空间组织"及"实施计划"等五个主要内容开展，并在此基础上汇总形成小镇创建期的各项规划目标。

3.1 选择特色主题

从规划角度看，"特色主题"包含了两方面的概念，一是大方向上主攻优势产业体系中哪个门类；二是在大方向下，某个特色小镇所具有的"独特性"细分领域。一般而言，确定某个特色小镇的特色主题，可以从小镇所在地、更大尺度范围的区域角度入手，立足"特色产业、资源禀赋、文化底蕴"这三个要素，梳理、提炼、总结小镇具有的特征，再将其与相关部门规定的产业体系进行综合考量确定。作为马山国际旅游岛的核心项目"禅意小镇"，以"禅文化"为主题，并融合了旅游度假、禅修祈福、吴都怀古、康体养生、美食购物和休闲娱乐等六大功能，传承融合传统文化和民俗文化，助推当地旅游、度假、休闲、会务和产业的发展。"禅意小镇"，围绕"禅产业"来打造完整的禅文化产业生态圈，以此培育具有行业竞争力的"禅意小镇"。同时，它是国内首个主打"禅文化"的特色小镇（图 1～图 3）。

图 1 马山国际旅游岛　　　　图 2 灵山大佛景区

图 3 禅文化主题

3.2 确定小镇选址

"小镇选址"则是回答"小镇建在哪里的可行性"问题。这一阶段，主要通过进行"区位比选、周边影响、多规衔接"等三类分析，综合研究确定规划小镇的合理位置与具体范围。拈花湾禅意小镇，选址位于灵山大佛西侧环山西路东侧的耿湾。为何要选址该区域呢？该区域既拥有幽深的山谷空间，又有非常好的植物资源和地形资源，并能远眺胥山和太湖。区内的山形独特，有一独立岛形山，属耿湾领军山，不仅是视觉上的聚焦点，同时是佛学行为与精神的至高点，其他山头则形成"朝拜"走势。西面对着太湖，有着良好的开阔的观湖角度与欣赏日落的朝向。区域内用地大而集中，用地性质由商业用地、旅馆业用地、展览用地、居住用地、文化及旅游配套设施用地、野外游憩用地及园地和林地所等多种用地性质组成（图4、图5）。

图4 耿湾区域位置

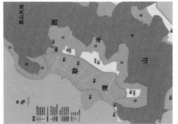

图5 耿湾区域用地

3.3 研判功能定位

"功能定位"是基于小镇特色主题的深化与细化，是小镇长远的目标愿景，目的是实现特色小镇功能叠加"聚而合"要求。这一阶段，以规划小镇为对象，从"旅游""产业""社区"等三个不同维度，采用"先分项、后整合"方式，确定小镇具体细化的目标定位，并提出相关功能建设的发展策略（图6）。利用胥山岛独特的地形地貌，顺山势构筑低密度禅意园林式建筑群，重点打造五个一工程，暨"一大佛教丛林""一大生态文明社区""一大太湖山水园林""一大传统教育园区"和"一大国际禅修中心"（图7）。

图6 特色小镇的"三生融合"

3.4 组织空间布局

"空间布局"是塑造特色小镇特色主题和功能定位的空间组织手段，目的是实现小镇建筑形态"精而美"要求。在空间布局整个过程中，可考虑遵循"风貌控制、功能组合、场地设计、形体设计"四个步骤来实施。立足各项功能定位，进行功能空间形式的细分，并按照复合集约利用的导向，将

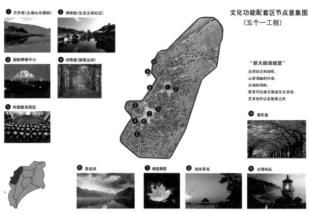

图7 功能目标

图8 总体功能规划　　　　图9 鸟瞰图

其中可整合、叠加、聚集的功能空间类型进行归并设置，采用复合型建设方式，以期达到资源利用效益的最大化。禅意小镇，围绕耿湾的场地自然环境与开发现状，布置各类功能空间，构建内外交通联系便捷，功能区块呼应紧密的功能布局方案（图8、图9）。

3.5 抓落实：制定实施计划

特色小镇注重与实体经济紧密结合，强调有效投资和可实施性，因此"实施计划"是小镇规划的重要环节。笔者认为，实施计划应包括建设项目策划、确定建设主体、安排建设时序和制定运营方案等四个部分。禅意小镇，作为建设马山国际旅游岛的核心工程，在市、区和灵山集团三级力量的推动，并获得中国进出口银行江苏省分行联合的多家银行的28亿贷款助推，全面建设打造。一期工程，于2015年底初建成开放。2017年，继续景区二期改造提升工程。

4　结语

综上所述，本文得出两个基本论点：①特色小镇本质上是一种创业创新生态圈的空间载体，是"产、城、人、文"四位一体、高度融合发展的"复合生态系统"；②特色小镇规划是涵盖产业、生态、空间、文化等多个领域，各种元素高度关联的综合性规划。而特色小镇规划的编制可围绕"特色主题""小镇选址""功能定位""空间组织"和"实施计划"等五个主要方面展开。就无锡市实际发展需求而言，特色小镇规划不宜拘泥于创建目标，而应从规划整体性与延续性考虑，将概念性规划与实施性规划纳为一体。

大都市远郊区的创新空间营造
——以中关村延庆园"创新市镇"概念规划为例

安 悦
中国城市规划设计研究院

1 背景

2016 年初中关村发展集团与北京延庆区政府合作，在康庄镇依托原八达岭经开区打造"中关村延庆园"，以"长城脚下创新家园"为主题举行规划方案国际竞赛，笔者所在团队在入围的 4 家单位中最终胜出。

延庆在北京区县中地理位置最特殊（图1），海拔约500 米，空气质量最好，冬季北京雾霾下有独特"延庆蓝"。在冬奥会、世园会背景下，政府将中关村园区作为发展"第三引擎"；而中关村集团首次与远郊区合作，借助长城脚下生态文化优势探索新一代科技创新园区建设模式。

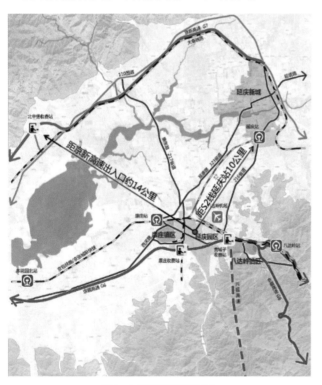

图1 中关村延庆园区位条件

2 "创新市镇"是最适宜建设模式

基地包括八达岭经开区和康庄镇局部，面积4平方公里，远离延庆城区，是相对独立组团，必须按综合性、有服务中心的片区建设。中关村软件园（上地）是最典型对比案例，在 1.2 平方公里内以"浮岛"理念均质地布置办公楼，没有明确中心，生活服务依赖城市，适用于都市内部，不适合远郊区独立园区。如图2所示。

从田园城市到新城市主义，通过梳理理想人居理论脉络，

图2 对比：中关村软件园规划图

总结创新活力和宜居六原则："社区模式 + 多元活动 + 完善服务 + 步行友好 + 空间共享 + 舒适关怀"。规划要营造的是一个有归属感的社区，是创新创业人群乐于生活、体验、做主人翁的创新市镇。

延庆园目标定位：精明发展的创新社区（Smart Community），按新市镇模式打造。

传统市镇，不论中外，都有中心、主街、广场、邻里街坊和标志建筑等。规划在园区功能前提下重塑市镇，通过开放空间汇聚人群，升级为"科技创新空间"，使创新人才乐于交流，让各种有趣事件、激发创意火花行为在此发生。

3 如何营造"创新空间"

科技园区规划首先考虑产业定位，但通过对谷歌产业生态研究，可判断出，在新时代构建"创新母体平台"意义远超过对科技产业细分。谷歌通过母公司 Alphabet 捕捉、孵化各类面向未来的机会型产业，如人工智能（DeepMind）、智慧城市（Sidewalk Labs）和无人驾驶汽车（Google X）等。受此启发，中关村延庆园产业方向：以信息技术和互联网为核心，以人工智能、新能源、无人机等为特色，做强母体平台，给未来新技术产业提供空间与孵化。

将科技产业、服务功能落位空间，且体现长城文化、山水生态、创新活力，并在规划中塑造市镇中心、主街、广场和邻里，是一个复杂的系统构建。空间布局遵循四大策略："延

长城文脉、定社区中心、织街巷网络、营活力市镇"，将绿地生态空间有机融入市镇，从市镇中心生发出南北向的"生态活力绿廊"和东西向的"多元活力绿谷"，作为开放空间主体。

用地功能强调混合，北京建设用地分类标准中的科技研发用地（M4）和混合用地（F类）创造了基础条件，从用地布局即可判断这是一个混合、有趣、富有活力的市镇，而不是传统上功能分区明显的产业园区。东西向"多元活力绿谷"既是最主要的轴线，也是创新人群交流活动的核心场所。通过对科技创新型企业和人员的访谈中得出，不同类企业工作的人才交流对创新的激发远远超过企业内部人交流，而室外活动空间（广场、草坪）就是最有效的场所。绿谷中的露天剧场、健身跑道、滑板公园，可满足创新者各类活动需求。

街区邻里层面，一个典型的科技创新街区在空间上是丰富的，建筑半围合形成院落，人群从院落中走出汇聚到街区公园，清晰的层次结构和均好的服务效果使社区内各类企业受益，同时保证开发效率。如图4所示。

图3 概念规划的空间布局四策

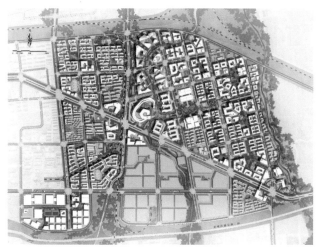

图4 城市设计总平面：多级开放绿地形成创新空间

4 市镇中心的空间格局与开发方式

市镇中心建设是延庆园成败关键，起带动整体的"媒介"（Media）作用，需标志性、大体量的建筑，但规划设计思路以中心的广场虚空间切入，运用老子"有之以为利、无之以为用"思想，以"无"衬托"有"。四季广场是人群活动集中地，是多功能立体化大型全时户外公园；服务综合体是地标建筑，设计取义"莫比乌斯环"，创造一个优雅的舒展曲线体，正如蜿蜒延展的长城。11万平方米大体量建筑可分期建设，由中关村自持作为园区中心和企业总部。

5 从概念规划到项目落地的曲折变化

概念规划之后的规划设计推进遇到曲折。

首先，2016年中关村与康庄镇准备将延庆园整体申报科技创新小镇，项目范围面临重大调整，方案也需大幅修改。

其次，开发企业与区、镇两级政府的博弈、合作中，各方利益着眼点不同。延庆区政府与中关村在方向上较一致，但康庄镇作为属地管理主体，希望园区规划与周边村庄改造结合，大区域内保证农民充分就业。

通过多轮的博弈与协调，最终的中关村"科技创新小镇"规划范围发生很大变化，但创新市镇的理念、创新街区的设计方式等得到了保留延续。

6 结语：概念规划（城市设计）的真正作用——讨论、博弈的平台

张宇星先生提出，价值逻辑的设计是最深层次的城市设计，空间的价值逻辑中，主导价值是最有控制性的力量，与价值逻辑历史进化对应的是一系列空间标志物（图腾）。

产业资本、金融资本、文化创意资本主导的价值逻辑形成了各自的空间标志物，如博览会与科技园、CBD与摩天楼、迪士尼乐园，标志性区域是资本在特定空间的过度积累。

中关村项目过程中，中关村集团是资本方（产业资本＋文化创意资本）代表，与延庆区、康庄镇两级政府合作与博弈，而规划方案最大的作用就是讨论、博弈的平台。

规划师的角色决定其不能完全屈从于资本和权力，那规划师价值何在？概念规划（城市设计）的价值何在？笔者认为在两方面：第一，先进的、且被广为接受的规划理念；第二，合理的、且富有创造力的设计格局。

中关村延庆园从概念规划到项目落地，无论经历多少波折，无论整体方案有多大改动，"创新市镇"的理念、创新空间的营造方式得到了贯彻，对于规划师来说，是一件值得欣慰的幸事。

西北地区"特色小城镇"规划思考

乔壮壮
西安建筑科技大学建筑学院

1 引言

"十三"五以来，中国如火如荼的特色小（城）镇建设，是新常态经济升级转型的重大抓手，是新型城镇化的创新发展模式，是大众创业万众创新的有效尝试。面对东部地区特色小镇的成功案例，我们应认识到特色小（城）镇的建设应建立在东西部发展差异的基础上，西北地区特色小（城）镇的建设应因地制宜的学习借鉴，不可盲目照搬东部"特色小镇"发展模式。

面对东部地区"特色小镇"火爆的发展态势，我们应注意到其发展是经济社会发展到一定阶段的产物，是建立在雄厚的资本、成规模的产业群、大量的人才支撑基础之上的。而既不具备投资基础，又缺乏一定的产业集群的西北大多数地区，在"特色小（城）镇"发展浪潮下，应如何应对才能实现因地制宜、实事求是有品质的发展？

2 西北地区小城镇发展现状特征

（1）发展基础较弱。
（2）投资环境较差。
（3）人力资源匮乏。
（4）观念意识落后。

3 西北地区小城镇发展路径

3.1 镇域发展是特色小镇建设的坚实后盾

针对西北地区发展基础较弱、产业支撑不够的问题，关键是以区域、镇域为后盾，在区域、镇域资源的基础上，汇聚资源要素，核心发展，有重点有层次地建设特色小城镇。

以项目为例，在"马家窑洮砚特色小镇"规划中，在镇域规划的基础上，形成"规划区—核心区—形象区"分圈层规划理念，做出分层次明重点的建设引导，同时又能加强特色小城镇规划的建设性与落地性。全域规划区制定总体规划，以镇域村镇统筹为重点，制定发展战略与城镇化战略；在镇域总体规划发展下，选取核心区制定控制性详细规划，衔接总规定位与发展蓝图，整合规划区内现有项目，协同发展，并以指标形式量化指导施工建设；最后选取形象区制定城市设计，以打造特色小镇精彩形象为重点，并对特色小城镇空间建设做出引导（图1、图2）。

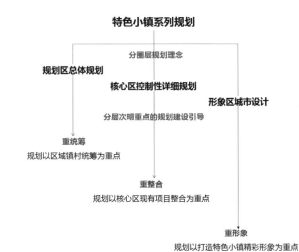

图1 西北地区特色小镇分圈层规划体系

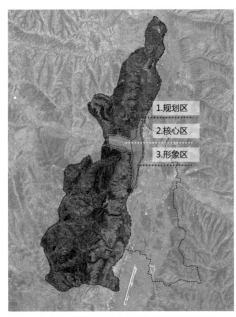

图2 马家窑洮砚特色小镇空间规划层次示意图

3.2 人力资源品质是产业设置的门槛考量

诚然，人力资源是产业创造力与竞争力的源泉所在，人力资源品质的优劣决定产业生存发展能力及其对外竞争能力。西北特色小城镇中产业规划应基于当地人力资源品质，将本地特色产业引领向新的发展阶段，最大限度发挥出本地特色产业的活力，而不是忽略缺乏人才与技术等硬性条件去一味追求高新产业、大型产业。

如本次规划中，抓住当地村民技能特点、大师影响力以及与市场的融入程度，形成基础产业、主导产业、特色产业三

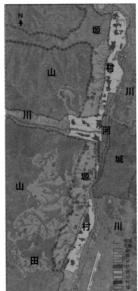

图3 基础、主导、特色三大产业体系项目建设简图

个产业体系，对应人力资源品质进而有针对性的发展：基础产业精准落位，充分发挥村民的技能水平，实现村民就地就业；在基础产业之上衍生出主导产业，构建全域旅游网络，实现带动发展；同时强力扶持特色产业，发挥大师价值，提高产品知名度。最后以指标形式量化，增强建设可实施性，使得政府业绩可监督、企业实施有依据、居民工作有目标（图3）。

3.3 当地百姓的发展是特色小镇建设的价值取向

西北地区特色小城镇的建设除必须要有提供较多就业机会的能力之外，还必须要把带动周边农民自身素质的发展、提高小镇生活品质作为其建设的价值取向。

融入城乡共同体的理念，城乡互补，以城带乡，以业促农；优化城乡资源配置；加快要素资源的流动促进形成城乡共同体。形成城乡一体化的总体思路，通过增加就业、强化教育、增强社保三方面的构建促进人口就地城镇化，促进小镇协调发展，让农民"就业在全产业链上，居住在新型城镇里，生活在均等公共服务中"（图4）。

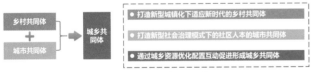

图4 城乡共同体发展理念

3.4 地域特征鲜明是小镇空间建设的品质保障

西北地区地域文化浓厚、特征鲜明，特色小城镇的空间品质建设应以地域特征鲜明的空间设计为切入点，宏观上落实到城镇风貌的提升、环境品质的优化、市政基础设施的完善等方面；微观上体现在功能空间的形态、建筑景观的风貌、地域符号的设计等方面。

规划中，整体建设融入"山塬河川田城村"的地貌特征。以洮河和三岔河构成的横"T"字形河流生态廊道作为空间发展的生态骨架，塬壁沟坎面成为空间建设的生态脉络，周边山体成为空间建设的生态屏障，整体形成"三级台地式"的空间格局融入"山—塬—川"自然地貌（图5）。

在微观空间设计上，以"导则控制＋单体示意"两个

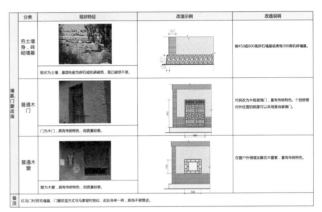

图5 马家窑洮砚特色小镇地形空间特征与空间结构规划图

图6 建设导则示意（墙基门窗改造）

方面对不同功能空间的设计做出引导。导则控制，抽象提取建筑空间元素，分别从院落、墙基、女儿墙、门头和窗等方面做出新建、改造控制与引导。单体示意，重点功能建筑空间做出平面改造与模型示意，附在成果中以达到直观的建设引导（图6）。

4 结语

有文章指出，西部贫困地区尚不具备以产业发展为核心的"特色小镇"发展条件。但是无论何时何地，让小城镇能有特色的、健康的发展是我们城乡规划工作者的历史使命。"临洮县马家窑洮砚特色小镇"正是基于此思考，在依托镇域当地本土的资源、重视当地百姓发展的地位、人力资源品质与产业设置及空间建设与地域特征四方面开展了积极的探索，目的是提升小城镇建设品质，使当地老百姓能更好的安居乐业，使其在中国小城镇迅猛发展的时代背景下能找到符合自身特色的健康的发展轨迹。

（注：本文依托西安建筑科技大学北斗城市工作室的"马家窑洮砚特色小镇"项目，并得到了段德罡教授的悉心指导。）

面向规划的城市生态指标体系逻辑构建

房静坤
上海同济城市规划设计研究院

1 研究缘起

随着全社会生态环保意识的日益增强，全国各地对于城市规划中生态建设的要求也相应不断提高。近年来，国家先后出台相关文件，从顶层设计明确了生态建设在城市规划工作中的重要地位。2015年，《中共中央国务院关于加快推进生态文明建设的意见》提出要大力推进绿色城镇化；2016年，《中共中央国务院关于进一步加强城市规划建设管理工作的若干意见》将"着力提升城市环境质量"作为中国特色城市发展道路的核心要务之一；2017年，《住房城乡建设部关于加强生态修复城市修补工作的指导意见》发布，"城市双修"掀起新一轮城市建设热潮。

与不断提升的生态建设要求形成对比的是，目前城市规划领域在生态建设方面的思路和手段还较为粗放、零散。"生态"作为城市规划工作中的核心关键词，长期在各类城市规划项目中以生态红线划定、城市设计策略之一等碎片化的方式存在。

因此，城市规划应当在目前的技术手段之外，引入新的思路和方法，进一步提升规划对城市生态建设的积极影响。本次研究以生态、环保领域核心工具之一——生态指标体系作为研究对象，尝试梳理出一套体系架构逻辑，更好地将规划与生态建设相融合。

2 逻辑构建

2.1 既有生态指标体系逻辑归纳

研究首先从学习、借鉴已有相关指标体系的构建逻辑和具体内容入手，收集、整理国内外主要生态指标体系或相关建设标准，其来源主要可分为三大类型：国家或地方发布的相关标准或规范、研究机构发布的相关研究报告或工具，以及国内外生态城市建设所使用的指标体系或标准（具体见下表1）。

分析归纳上述指标体系的构建逻辑，发现存在一定共性：虽然不同指标体系在结构层级的表述上各有不同，但实质上基本采用"维度—路径—具体指标"的结构。

维度即首先界定指标体系所涉及的领域范围，最为常见的维度划分方法借鉴了"可持续发展"概念的维度划分方法，将生态分为经济、社会、环境三大领域。一类指标体系将三大领域都纳入，其中部分体系在此基础上细分出更多的维度进行探讨；而另一类指标体系则选择维度聚焦，围绕环境单一维度进行体系构建。

表1　生态指标体系索引

路径即围绕某一维度进行实现方式的拆分。拆分思路也主要分为两类：一类采用目标导向的方式，从城市面临的具体挑战出发，针对性拟定目标，涉及内容不一定面面俱到，但指向明确；另一类则将每一维度无缝拆分为若干子领域，保证对评估内容的全面、无遗漏。

具体指标层面，针对相同或相似的评价维度或领域，不同评价体系之间在具体指标选择上重合度较高。在指标选取上可广泛吸纳不同体系的研究成果，以此为基础进行筛选、提炼。

2.2 面向规划的生态指标体系逻辑构建

在对既有生态指标体系逻辑梳理的基础上，结合城市规划的特点和需求，本研究认为在构建面向规划的体系逻辑时应当遵循三大原则：

（1）聚焦：减少指标体系维度、聚焦城市规划所涉及的重点领域，使指标更具针对性。

（2）实用：指标选取方面应注重考量规划实施与管理的可操作性。

（3）特色：从规划区现状出发，指标体系应体现规划区生态建设特色化需求。

根据上述三大原则，尝试构建新的指标体系逻辑：

（1）维度聚焦：为凸显城市规划对空间环境规划的侧重，指标体系将在广泛吸纳国内外相关指标的基础上，聚焦生态系统中的环境维度。

（2）路径拆分：此次研究的目的是试图梳理一套普遍适用的指标体系构建逻辑，因此在路径拆分时有必要对维度进行全面覆盖，在此基础上体现城市规划的一般目标导向。具体拆分方式见下图1。

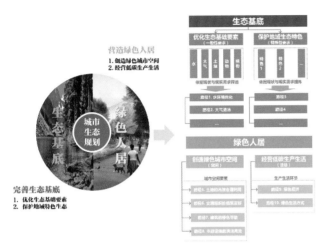

图1 面向规划的生态指标体系路径拆分

（3）具体指标：在明确路径的基础上可以综合既有生态指标体系中的相关指标进行筛选，筛选标准应体现规划的实用性和规划区的特色性。

3 具体应用

在明确生态指标体系构建逻辑之后，我们尝试在实际项目中进行具体实践，以考察这套逻辑的可操作性。

在《舟山千岛中央商务区控制性详细规划（含城市设计）》中，项目组基于海岛型城市片区的生态特点构建了"舟山千岛中央商务区绿色生态城市标准"（图2）。通过这一标准，将生态建设的理念和具体指标融入到生态基底修复、用地、

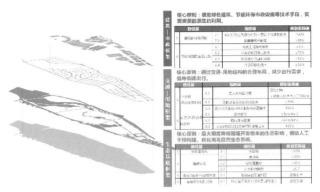

图3 舟山千岛中央商务区绿色生态规划路径框架

交通、建筑标准和市政设施等规划的各个方面，形成三大规划框架（图3），对总体设计方案起到了指引及自我校验的作用，并对组团和地块层级的建设提出了相应导控要求，为后续城市管理内容提出建议。

4 结语

一点判断——生态建设是一个综合、复杂的过程，城市规划应当找准在其中的位置，聚焦规划能够控制的要素。

一点自觉——针对城市规划的生态指标体系构建尚且只是一种尝试，仍存在很多问题，我们的目的是希望通过不同研究领域的交叉融合，探索城市规划在生态建设领域的更多可能性。

一点反思——从来不应是规划"+生态"，生态在规划中本应完全融入，无处不在。

一点期待——对于城市的生态建设，我们应当抱持积极乐观的态度，经过合理规划、精细实施管理的城市，不仅能将人类活动对环境的破坏程度降到最低，并且能够实现生态环境的逐步优化。城市规划，可以为地球做得更多。

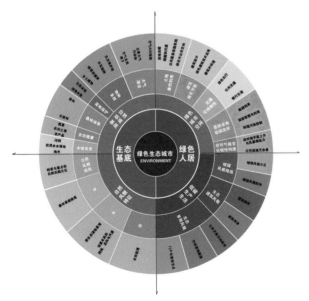

图2 舟山千岛中央商务区绿色生态城市标准

上海总体城市设计中的空间高度秩序研究

陈雨露
上海同济城市规划设计研究院

在总体城市设计层面如何通过规划来管控城市高度是任何一个总体城市设计都需要解答的课题。按传统的建筑高度分区方法进行城市高度的管控显然不具备技术和方法上的合理性。上海总体城市设计专题研究从城市三维空间的数据分析方法入手，解读了上海中心城区城市高度的层次格局和主从关系逻辑。在此基础上，提出并阐述了基于城市高度组合类型分析，对城市三维空间秩序进行整体优化的管控思路与对策。

1 方法

本研究采用 2014 年的测绘矢量地形图，对上海中心城 664 平方公里范围（外环以内）的建筑高度按 100 米 ×100 米尺度的平面网格单元进行空间建模模拟以及聚合运算分析。

1.1 网格化：城市三维空间的模拟

通过 ArcGIS 将研究范围划分成 100 米 ×100 米的模拟网格单元，并对网格单元内建筑的高度按建筑占地的比例（高度参数配比）进行计算统计（图 1）。通过将多次高度参数配比模拟的三维空间模型与实际空间尺度认知体验进行比对后，确定了五组识别上海整体城市三维空间特征的参数配比。

1.2 聚合化：城市三维空间特征的识别

采用聚合原理进行计算的目的是使三维空间模拟结构化。形成的聚合分析计算结果较明显地显示出了上海中心城区三维空间的结构性特征，即浦西中部的低层区和内环周边的高层与超高层地区形成的"圈层 + 环状"结构；浦西内环以外多层与中高层地区形成的带状"放射"结构；浦东内环的多、中、高和超高层混合区以及浦东中环内外沿黄浦江形成的多层、中高层"带状"结构。如图 2 所示。

2 解读

2.1 城市高度的层次格局

从"上海中心城区建筑高度聚合计算图"可以看出，上海中心城区三维空间呈现"圈层" + "放射"的格局，同时也可以发现这一格局是由不同的城市高度层次构成的。其形成与变化必然与城市演变发展的背景和历程有着不可分割的关系。

上海中心城区空间发展的历程可以划分为六个阶段，1910 年前、1910—1950 年、1950—1970 年、1970—1990 年、1990—1998 年、1998—2004 年以及 2004 年后。其中，我

图 1　建筑高度网格计算平面图　　图 2　建筑高度聚合计算图

们可以看到"急剧增加的高层建筑对于城市形态变迁的影响是决定性的"。将上海中心城区现存的历史文化要素（文物建筑、历史建筑、历史街区）与城市空间发展历程图以及城市建筑高度聚合计算图叠合，我们可以判断上海中心城区城市高度层次格局"圈层"中部以低层建筑为主的区域便是留存至今的上海"历史城区"，这一区域空间中的"历史性"要素"共时"呈现的特点尤为鲜明，整体空间新旧交织，城市高度也表现为大量的低层与散点布局的高层及超高层建筑两个显著的层次构成。

任何一个城市的功能中心地段都会在城市高度层次上有所反映，特别是金融中心、商业中心、交通枢纽地段，往往具有突出与周边的高度层次。上海的陆家嘴金融中心、人民广场商务办公地区、新客站交通枢纽以及淮海中路、南京路、徐家汇、静安寺、五角场、花木、新虹桥及四川北路等商业中心无论位于哪个高度层次，都以"点团状"的高层和超高层单元彰示了其中心的地位。这不仅是因为功能等级和集聚程度的因素所致，同时中国房地产开发的政策与机制在其中的作用是决定性的。

2.2 城市高度的主从逻辑

从上海中心城区来看，"空间无序"的状况首先表现在城市标识性建筑高度的"梯级秩序"上。就城市的功能中心的建筑高度来分析，取各个功能中心中最高的建筑物（称之为标识性建筑）进行"梯级"排列发现，标识性建筑高度的排列次序（虚线框为规划中的功能中心最高的建筑）并没有完全按照功能中心的等级秩序原则来确定，部分功能中心的标识性建筑高度尚未达到相应的"梯级"，致使高一级的功能中心的空间地位弱于下一级。如图 3 所示。

在各级功能中心的建筑高度管控方面，基于主（高）从（低）逻辑的"梯级秩序"是一条重要的一般性原则。

决定城市高度主从逻辑的影响要素很多，每个城市发展时期以及不同的政治经济和社会文化背景对其都会产生不同

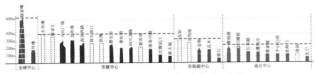

图3 标识性建筑高度"梯级"关系示意图

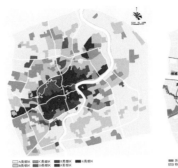

图4 城市高度组合现状类型图　图5 城市高度组合类型管控分区示意图

的影响，但是如果一个城市高度的"梯级失序"，其必然结果便是"空间无序"。因此，从城市演变的历史去解读、基于当今的制度去建构一个城市的高度梯级是十分重要的。

3　对策

3.1　城市高度的组合类型

如果把城市高度从"基准高度"和"标识高度"两个要素去分析城市高度的分布特征，整个城市的三维空间将被分解为不同的高度组合类型片区。

通过上海中心城区城市高度现状组合类型（图4）的分析可以发现，"建筑高度聚合计算"得到的"圈层＋放射"状城市高度层次格局在"城市高度组合现状类型分布图"中依然清晰，这也验证了这一城市高度组合的方法和组合的分类对上海中心城区是可以适用的。

利用城市高度组合类型，可以更具象地表达和把握上海中心城区不同片区的城市三维空间特征。

3.2　城市高度的优化管控

针对上海660平方公里尺度的中心城区。在上海2040城市总体规划的总体城市设计专题中，尝试了"分类分区"管控的方法（图5）。

在本研究中，综合上海中心城区城市高度七种现状组合类型的分布格局，将上海中心城区的三维空间按四大类城市高度组合类型予以"分区"管控。

"分类分区"管控的技术核心是"分类"，即"基准高度"＋"标识高度"组合类型的选取。本研究选取的依据是基于前述对上海中心城区城市高度层次和城市高度组合类型的分析结果，依据城市总体规划布局方案对各管控分区的城市高度组合类型提出了以目标管控为秩序优化策略的管控类型指标建议。通过模拟建模，可以发现城市高度的层次格局得到了结构性的整体完善，标识性建筑（群）的"梯级秩序"

图6 城市高度分区分类管控模拟图

得到了有序化的总体梳理。如图6所示。

总体城市设计在确定"重点城市设计地区"的同时更需关注"城市设计非重点地区"的研究，这既是总体城市设计"全覆盖"的属性所决定的，也是建构城市空间整体秩序的基础。

在城市的三维空间方面，试图探索将一个城市三维空间的逻辑关系转化为一种空间分析与规划管控的工具。

同时也希望在管控无序的创造性的同时留出有条件的创造性空间，实现对城市三维空间的整体性把控和创造性管控。

4　结语

总体城市设计绕不开城市高度问题。研究着眼于通过对城市的建筑高度的全数据分析，从而可以向我们整体、全面、系统和结构性地展示一个城市的高度状况，为我们结合真实空间体验从不同的视角解读城市高度格局的意义和形成逻辑提供一个可分析的空间模型，也为建立总体城市设计的城市

高度管控方法提供了技术上的可能性。

每一个城市都有自己的空间形成逻辑，不论是城市高度的层次格局还是城市高度的主从关系，包括空间形态与肌理，总体表现为一种空间的秩序。因此，就城市的整体而言任何一个总体城市设计的目标都是"优化"而非"建立"空间秩序，也就是说需要在多视角解读一个城市空间的意义的基础上去辨识表现这些意义的空间秩序，并使其逻辑更加清晰化、特征更加显著化，使我们更易于认识和理解它。

从海绵城市到海绵城乡

刘曦婷
上海同济城市规划设计研究院

1 认知——乡村需要海绵

2014年11月,住建部颁布《海绵城市建设技术指南》,"海绵城市"是采用低影响开发技术手段,改变城市放速排放模式,让城市像"海绵"一样,能够吸收和释放雨水,弹性地适应环境变化,应对自然灾害。其提出的背景是城市开发建设导致下垫面硬化,城市快速排放模式使得雨水无法自然下渗。因此,无论是国内还是国外,低影响开发技术都是以城市为主要对象,而鲜有提及乡村海绵问题。但事实上,乡村与城市一样需要海绵。

1.1 乡村面临农业面源污染问题

实际上,作为传统的农业大国,较低效的农业生产方式使乡村面临严重的农业面源污染问题。生产上农药大量使用,生活上垃圾污水任意排放,使得河流污染,水体富养化。据统计,农业面源污染占河流和湖泊富营养问题的60%~80%。而未经净化的污染水体从土壤下渗,又污染了地下水源。解决面源污染问题刻不容缓。

1.2 乡村面临雨水径流控制问题

此外,乡村还面临着雨水径流控制问题。许多乡村地区已经大面积采用大棚及温室这类机械化农业种植方式。大棚或温室与城市建筑相似,改变了农田的下垫面,使雨水无法自然下渗而汇集到周边道路及田地形成径流,在暴雨期间极易形成洪涝灾害。

因此,乡村需要海绵,降低农业面源污染、控制雨水径流是乡村海绵的两大核心目标。

2 探索——建设海绵城乡

乡村需要海绵,但海绵城乡并不等于简单的海绵城市与海绵乡村两个概念的结合。这是因为我国乡村正在经历城镇化,城乡一体化发展是未来发展的方向。《国家新型城镇化规划(2014—2020)》明确提出,中国城镇化率已超过50%,到2020年,常住人口城镇化达到60%。《中国特色社会主义新型城镇化道路》课题研究中更是预测到2050年,我国的城镇化率将达到80%左右。因此,到2050年,中国仍有60%的乡村将经历城镇化。这一部分乡村,需要城乡一体化的统筹规划。而海绵作为城乡生态基础设施的重要组成部分,也需要一体化的统筹。这就要探索新的"海绵城乡"规划策略,在解决乡村雨洪问题的基础上,能衔接未来发展,实现城乡雨水生态的可持续发展。

3 实践——宁波姚江新区6号地块

3.1 现状与机遇

宁波由于其特殊的自然地理位置及降雨的时空分布不均,极易受洪、涝、潮的三重威胁。2016年,宁波入选国家海绵城市试点,并制定了《宁波市中心城区海绵城市专项规划(2016—2020)》,划定了姚江新区作为海绵城市建设试点区域。在试点区内,依据现状情况将6号地块划定为"城乡结合部径流面源污染防控示范区",其核心指标为:年径流总量控制率83%,单位面积调蓄容积143m³/ha。

经过深入的现状分析,6号地块海绵建设的主要问题为:

(1)客水、农业面源、生活污水等引起的水污染严重;经过水质分析检测,入河污染物氨氮的主要来源为客水污染和生活污水,占比分别为63%、14%;入河污染物总磷的主要来源为农业面源和客水污染,占比分别为49%、39%(图1)。

(2)地势低平、多水汇流引起洪涝多发;且基地大棚生产占比高,达到35%,下垫面的改变加重了区域的内涝问题。经过积水深度模拟分析,以2年一遇2小时降雨为研究指标,根据模拟结果可以看出,发生内涝积水(深度大于15厘米,最大在30厘米左右)的区域主要集中在北部居民点和农田结合部分以及部分居民区内(图2)。

此外,6号地块现状为大面积农田,但在2049战略规划中,则纳入了城市建设用地范围(图3、图4)。因此,作为一个已经被城市包围,并且未来将被城镇化的区域,宁

图1 现状水系

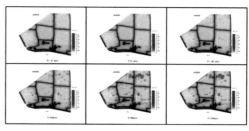

图2 积水深度模拟结果分析

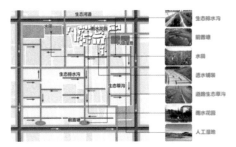

图3 现状用地　　图4 宁波市姚江新城发展战略规划
（2016）

图7 农业海绵微单元

波姚江新区6号地块提供了探讨新型城乡一体化发展模式，实践海绵城乡示范的绝佳机遇。规划一方面要满足18年的乡村海绵试点建设要求，另一方面又需应对城镇化趋势，衔接区域未来发展。

3.2 规划理念

规划面向2025年的城乡共融模式，规划提出了"创新融合型未来城市之都市实践区"的规划理念，坚持"三生融合，五位一体"的发展思路，实现城村田水人五位一体融合共生。空间规划上，保留更新现状部分乡村，实现城市、小镇、乡村的融合共生。同时通过远期远划指导近期建设"田园综合体"，结构上突出强调了以生态河网为基础的生态格局（图5、图6）。

图5 远期总体平面图　　图6 近期总体平面图

3.3 海绵城乡体系

海绵系统在整体空间布局基础上，强调可持续性发展，在时间和空间两个维度实现城乡海绵建设的一体化。

1）空间一体规划——多级融合的海绵结构体系

空间上，规划形成大型生态湿地水域＋生态河网水系骨架＋农业面源微单元三级海绵结构。

生态湿地水域：规划在基地低洼处开挖大型湖面，湖泊面积以50年一遇暴雨调100%调蓄为目标，并强化人工湿地作为生态核心，实现水体净化、暴雨调蓄及循环利用。

生态河网水系：通过现状河道拓宽，增加滨水缓冲带及河流生态驳岸等方式疏解暴雨径流，净化河网水系。

农业海绵微单元：以生态河网划分结构及自然村分布情况为依据划分农业海绵微单元，通过分散的小型微单元以最经济的方式实现农业面源污染的初级缓解，分散部分源头雨水径流，实现局部循环利用（图7）。

2）时间一体规划——远期体系指导近期建设

时间上，通过远期的目标来引导近期的海绵城市建设。将河道水网生态骨架作为近期海绵建设重点，梳理"水资源多级管控、水环境多层治理"两大海绵建设工程，重点突出

图8 远期海绵规划结构　　图9 近期海绵规划结构

基地面源污染防控和雨洪滞蓄管理目标，形成村洁、田净、水清的海绵实践亮点（图8、图9）。

水环境多层治理：通过设置强化型人工湿地、滨水缓冲带、S.W+植草沟、道路生态沟渠及河流生态驳岸等各类污染控制设施5万余平方米。力争实现河道水质由劣V类提升至IV类，由河湖生态岸线由32%提升至85%，污染物削减率由49%提升至67%。

水资源多级管控：通过拓宽河道、开挖中心湖、河道清淤、增设调蓄塘、湿塘和人工湿地等措施，提升水面率从6%至10%，累计新增有效调蓄容积28.6万立方米，满足50年一遇降雨条件下不涝不淹。工程实施后，年径流总量控制率由70%提升至86%。

4 结语

宁江姚江新区是在城乡一体化背景下，探讨新型城镇化模式，建设城乡海绵示范的尝试，同时也满足了近期农业面源污染防控海绵试点的要求，对当下乡村海绵规划建设也具有一定的借鉴意义。希望未来真正实现村、城、田、水和人的融合共生。

守住家园

——喀什高台民居的保护与利用

宋起航
上海同济城市规划设计研究院

1 背景

对于从业人员来说，喀什高台民居是保留完整的具有浓厚的维吾尔族民族特色生土建筑群；而对于仍然生活在其中的两百多户居民来说，这里是他们温暖的家园。因此，对于喀什高台民居的保护与利用，最为重要的，是帮他们守住他们的家园。

2 特征与价值

从保护的角度来看，喀什高台民居具有如下特征与重要价值：

2.1 喀什唯一的整体留存的生土建筑群

喀什老城拥有中、东亚乃至世界上最大的土砖结构历史建筑群。2009年喀什老城区改造工程正式启动，至2015年已全面完成改造任务，老城范围内生土建筑结构体系已基本替换。也就是说，目前仅有老城城墙外的高台民居历史文化街区，仍处于原生状态，也是喀什唯一整体留存的生土建筑群（图1）。

图1 高台民居生土建筑群现状照片

2.2 迷宫般的巷道、亲切的街道空间

巷道宛若迷宫，铺装各有不同：六角形铺地的巷道为通路，条砖铺砌的巷道是尽端路；在街巷中行走会感受到街道空间的亲切感，许多维吾尔妇女席地而坐，绣花帽、聊天或是休息，还会看到很多小朋友，有的坐在门槛聊天，有的三五成群在巷子里嬉戏玩耍。有时也会遇上居民们开会，街巷不只是交通的空间，更是社交的重要场所。

2.3 高效利用、各具特色的建筑特征

土崖高低不平，先居于此的匠人会择高而居，后来者则依地势向低处建房，逐渐形成依势建房、高低错落的高台民居建筑。建筑平面布局各有特色，在狭小的空间中满足家庭的使用需求，反映了高超的建造智慧。

2.4 家族观稳定、手工技艺高超的社会生态

高台民居历史悠久，一个院落里常能看到不同时期的建设痕迹，一户民居就是一部家族历史。居民聚集在街巷口、院落的苏帕上进行手工制作，促进邻里交往的同时，也是手

图2 高台民居的手工艺人（土陶制作、乐器制作、皮帽制作）

工技艺延续的过程，最杰出的手工艺人代表是目前土陶六代传人的吾买尔·艾力以及吐尔逊·祖农（图2）。

对于高台民居的居民来说，这里不止是他们居住生活的地方，而且是他们交往的空间和工作的场所。

3 原则与思路

对于高台民居的保护与利用，既要坚持修旧如旧、保护原貌、尊重历史和尊重文化的原则，传承高台民居的历史、民族、艺术和文化技艺，最大限度保护物质和非物质文化遗产；更要改善居民居住品质，保证舒适性与安全性，并且要考虑到文化旅游方面的需求，保护与开放包容相结合，合理保护、适度利用。

4 现状调研与分析

由于高台民居生土建筑群的独特性，每户都有各自的特征，且有部分建筑无人居住已经坍塌，现状的调研分析对于其保护利用显得尤为重要。

4.1 现状调研——记录每栋建筑的详细信息

高台民居共有447户民居，及5处清真寺及附属建筑。为对其进行细致深入的分析，进行调研工作前先制作详细的信息表格，内容包括建筑门牌号、建筑风貌、建筑质量、建筑年代、置换情况和从事手工业情况等多方面的信息，现场调研时每户勘察、问询并填写具体情况，得出每户建筑的属性信息表。

4.2 现状调研——询问居民意愿

对于生活于此的居民征询其诉求：

（1）生活方面的诉求（以居住生活于此的居民为主）：建筑加固、满足抗震要求；增加开放活动空间；提升环境品质；增加公共服务设施。

（2）生产方面的诉求（以居住生产于此的手工业者、旅游服务业者为主）：修缮土陶窑等生产场所；增加活动展示空间。

4.3 基于ArcGIS对现状情况进行分析

使用ArcGIS软件，将每户建筑的属性信息表与地形连

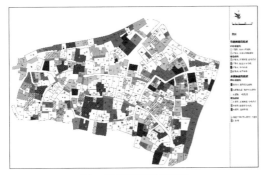

图3 现状建筑综合信息图

图4 现存建筑保护与整治措施图

接，根据属性信息表中的内容对于现状建筑风貌、质量、年代和置换情况等多种属性生成对应的分析图纸及比例图表。

对于建筑的多重属性，采用 ArcGIS 进行叠加分析，得出建筑综合信息图（图3）。

5 保护与利用对策

根据现状分析最终得出的综合信息图，结合高台民居生土建筑群的价值特色以及居民诉求，对于所有的现存建筑（包括产权已置换的和未置换的），提出保护对策；对于所有产权已置换的建筑，提出利用对策。

5.1 对于所有的现存建筑采取以下对策

（1）划定推荐历史建筑，确定其中需要抢救性保护的清单。

（2）现有的过街楼全部保护。

（3）界定街廓空间的建筑转角、围墙，全部保留。

（4）对现存建筑分类确定保护与整治措施，以及相应的分级分类安全措施。

① 建筑保护与整治措施分级：对于推荐历史建筑采取保护修缮措施；对于规划对甄选出的 28 处优秀民居采取改善措施，在居民持续改善的过程中，不改变外观特征，调整、完善内部布局及生活设施；对于一般的民居建筑予以保留，对建筑结构、材料、工艺等在符合传统风貌特征的前提下允许进行改善和更新；对与传统风貌相冲突的建筑或因年久失修而造成安全隐患的民居建筑，进行整治改造活动，在保留原宅基地不变的基础上，按照传统风貌及高度控制要求新建，原则上建筑面积不变。如图4所示。

② 建筑安全措施分级：保护修缮类建筑（推荐历史建筑）以政府为实施主体，做到在现有基础上增加房屋的稳定性。参照文物建筑保护修缮的原则，建筑本体与新增加固措施应有明确的可识别性，建筑本体清晰，与包括加固措施在内的所有新增措施是有明确分离的两个系统，新增设施可以方便地修改和撤除，而不影响建筑本体的原真性。研究推荐历史建筑的原始结构体系，总结其抗震安全经验，作为街区内改建、新建建筑的安全技术参考。

街区内新建民居建筑和公共建筑，包括在原地块内进行复建的民居，均按照国家相关抗震标准，在符合生土建筑风貌特征的基础上进行建设；参考传统经验，新建建筑在结构

上与相邻建筑有所连接，增加建筑群体的稳定性。

仍然具有居住功能的民居建筑中，因相邻建筑坍塌而造成安全隐患的，应尽快采取稳定措施，以街巷组团为单位进行"整体加固"。

（5）新建建筑采用生土改良技术，体现生土建造技术的延续，逐步恢复完整的生土建筑街区。

5.2 对于已经进行置换，所有权为政府的建筑采取以下对策

（1）作为遗址展示：甄别能够反映生土建筑发展历史的建筑遗迹，加固保护，作为展示对象。

（2）补充公共服务设施：建筑结构完好的已置换地块，或集中的已坍塌地块，优先考虑整合建设配套设施，例如文化展示、社区服务、基础设施等。

（3）其余已置换地块为分散空间。

以保护街廓、优化空间为原则，逐步织补、完善街区功能：作为公共的邻里空间使用；优先出售给邻居，缓解住房空间压力；鼓励手工艺从业者，供给地块用于新建住宅，原有房屋用作手工艺生产或旅游服务。如图5所示。

6 结语

保护规划常常会伴着提升城市形象、促进旅游发展等类似口号，这些目标为地区带来了不小的发展，但某种程度上，也带来了不容小觑的士绅化问题。因此，远比这些宏伟目标重要的，是帮居民们守住他们的家园。

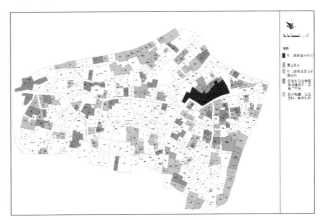

图5 已置换地块利用措施图

超越工具理性

——面向运营实施的规划设计路径

朱钦国
上海同济城市规划设计研究院

1 项目缘起

睢宁人家项目的综合开发运营是市场经济下，政府与城市投资公司基于共同协作的典型修建性详细规划案例，其规划编制的本质特征是以经济导向的综合空间规划来盘活城市旧区建设。在城市运营的策略下，城市规划设计的理念和原则只有进行适应性的转变，包括规划的目标、内容与方法，才能实现规划作为弥补市场配置空间资源失效的有效工具。

2 设计思考

注重规划的经济目标并非意味着忽视改善人居环境和保护历史文脉的原则，在规定的规划范围内，开发用地规模与城市人居环境存在此消彼长的矛盾状态，但不能简单认识开发规模与经济收入成正比。影响收入的一个重要因素是单位销售的价格，物业的单位价格与环境品质、经济氛围密切相关，生态绿地、公共服务、文化设施和基础设施是影响城市品质的重要方面（图1）。因此，在市场校正机制的运用下，睢宁人家的规划理念不是单纯追求开发用地规划和开发面积，而是在落实基本开发面积的基础上最大地追求业态与文脉传承带来的外部效益，这需要更深入地把握文化与可持续发展的规划设计思想与方法。由于文化传承与可持续开发运营存在着敏感的利益关系，比如对基地内古城文化的传承保护规划，运营商在可持续方面甚至比政府更关注重视。历史文化保护与传承的要求首先反映到土地利用与空间布局方面，其次表现为商业建筑的开发导则。

3 规划策略

1）定位——在传统空间辨识基础上增加大数据—收入分析

我们确定本项目是睢宁文旅引擎和城市发展活力源，是睢宁的形象代言，城市发展主轴之核。基地连接中央行政中心及南部休闲商业区，应以文化休闲、生态宜居、商务服务为重点，建立城旅融合的服务核心，推动城市轴向发展；徐州作为苏北和淮海经济区区域性商贸中心，商业市场已进入快速发展阶段。2016年人均地区生产总值66 845元（按常住人口计算），按当年汇率折算达到9 694美元。宏观经济水平已达到支撑综合型大型购物中心的商业业态发展条件。结合基地区位和历史文化条件，定位为未来城市文旅新

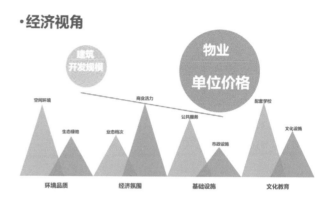

图1 影响经济收入的因素关系图

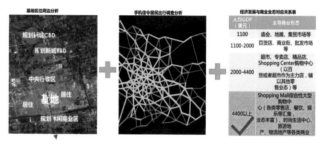

图2 定位分析图

引擎和城市发展活力源，是中央生态文化休闲旅游区。在对睢宁宏观经济水平和基地区位地段的分析基础上，增加大数据对城市商业类型的调查分析，比较了和睢宁同样类型的城市，城市商业综合体的商业活力是呈现上升态势。通过各个维度的对比分析，确定未来本区域商业空间的类型，要以大型购物中心为主，沿街商铺为辅的商业空间建设策略。如图2所示。

2）尺度——通过街区价值比较判断合理的传统街区尺度

本地块位于老城中心，要具备文化休闲功能，就要考虑文化街区。通过对时下经典的历史文化街区进行对比分析，现在传统历史风貌区总体建筑规模都不大。充分体现四个小：小街、小巷、小空间和小尺度。而反面案例是无锡的南禅寺，一味的做到10万平方米，导致了很多问题的出现，比如环境差、业态乱、租金回报不高及传统风味不鲜明等。所以对于我们这个地块，要传承文化，就应该选择小尺度的文化街区。如表1所示。

3）空间——从地块价值取向角度引导空间建设

按照传统城市详细规划的做法，是从空间规划开始，再确定不同版块的功能和建筑空间形式。而从运营的角度考虑，应该先是分析项目用地内每个地块的价值以及未来以何种功能业态、何种价格等级出现，从而确定每个小地块未来的建

表1 传统街区对比表

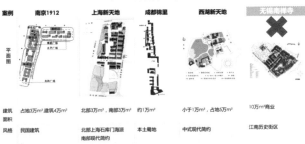

案例	南京1912	上海新天地	成都锦里	西湖天地	无锡南禅寺
平面图					✕
建筑面积	占地3万m²建筑4万m²	北部3万m²，南部3万m²	约1万m²	小于1万m²，占地5万m²	10万m²商业
风格	民国建筑	北部上海石库门海派南部现代简约	本土蜀地	中式现代简约	江南历史街区

表2 汉风睢宁文化创意区空间开发分析表

地块	汉风睢宁文化创意区
建筑面积	4790平方米
进入性分析	两条主路之间，交通便捷
业态分析	酒店会所、文庙、儿童画院、剧院、社区文化中心等
主要功能	商务、公共服务
判断	鉴于睢宁市目前的房地产市场行情，我们认为本地块开发后销售的价格可以达到3-4万m²。其中公共服务空间，部分可考虑租赁，租金为1.5元/m²/天。
建议方案	古香古色、院落小围合
文物保护	老文庙建筑保护及周边风貌协调

筑空间形式。再回来指导我们整体的城市空间规划。如表2所示。

4）业态——以全域旅游理念丰富业态体系

全域旅游能够充分发挥旅游业自身特性，突破小旅游思维局限，促进区域及旅游产业发展的整体升级。顺应市场需求、遵循产业发展规律，大力推进整合区域、整合产业的全域旅游发展模式。这些全域理念也对我们城市规划设计产生了一定的影响。我们的城市空间不仅是给市民生活的场所，也要为未来的游客准备游憩的空间。城市是一个主客共享的城市空间。

从全域旅游全景、全时、全业和全配等角度考本地块的旅游功能提升。一是打造"睢宁八景"景观系统。景观营造需要城市空间相呼应。二是规划时间消费型休闲娱乐系统。城市空间的规划就要考虑场所能在不同时段都能充分发挥功能。三是构建"文旅睢宁"旅游产业链。对于不同业态，要给予复合发展的空间。四是形成多层级酒店、会所住宿系统。不同层次的配套系统，对于城市空间的有着不同的需求。

通过导入全域旅游规划理念，丰富城市空间业态，从而指导未来的城市空间规划设计，使得空间规划变得更加灵活、适用性更强。如图3所示。

5）时序——从资金回收角度确定开发时序

结合案例的成功经验，确定本片区的一个开发可能方案。

首先是总体建筑体量严格按照规划允许指标。布局宜大疏大密，维护活力的开放空间。规模与体量适度控制。其次是为重现历史记忆，建设部分历史风貌区。不能丧失老城的框架和人文氛围，部分地块文化旅游与居住功能相互融合。第三是部分地区建筑采用高层及小高层，与中心城区的土地价值想匹配。

开发时序的策略主要是前期租金回收，炒热商铺，提升基础商业氛围和城市功能，在地块由生地转为熟地后，再行较高价值的开发和销售住宅。

首期启动期：完成主要商业综合体及文化展示项目建设，塑造城市形象，聚集人气。中期发展期：完成商务办公、酒店及部分居住项目建设，回笼资金；三期巩固期：最终对滨河度假宜居项目进行开发，充分体现地块价值。如表3，表4所示。

表3 投资估算一

表4 投资估算二

四、结语

通过以上规划策略的运用，睢宁古韵更有承载、更加清晰，而不是变没了；历史古城、开发乐活，主客共享，而不是被某一方给占了；古城文化复兴和企业共赢，而不是相互敌对；关注大众需求、精准分析、融创产业，而不是守着老的产业链。

基于城市运营视角下的城市规划的模式需要转变，包括规划的思想、原则、规划内容与技术路线，规划目标应当是社会与市场达成的共识，规划内容应当关注市场的需求，规划过程应强化沟通与协调，规划成果具有契约的特征，突出规划的实效性。

全景 "睢宁八景"景观系统

全时 时间消费型休闲娱乐系统

全业 "文旅睢宁"旅游系统

全配 多层级美食住宿服务系统

全域旅游

图3 全域旅游体系图

源＋流：生态约束下城乡生态安全空间框架构建方法
——以海南文昌木兰湾新区概念规划为例

陈　君
上海同济城市规划设计研究院

1　引言

回望历史，发现随着人类社会的进步，人与自然的关系发生着巨变。从人类从属自然到人类利用自然，再到人类征服自然。当前人与自然和谐发展的生态文明理念已经成为继工业文明以后的城市发展的全新范式。见图 1 所示。

近年来"绿水青山就是金山银山；山水田林湖是一个生命共同体；望得见山，看得见水，记得住乡愁……"这一句句脍炙人口的话语道出了人们对人居环境的期待。

从"人定胜天"到"绿色城市、和谐发展"，城市发展的理念有了根本性的转变，但城市与自然该如何和谐发展？

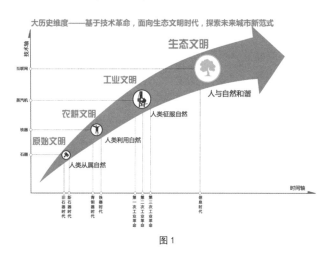

图1

2　生态安全与生态约束

城市与自然和谐发展的前提条件是保证生态安全。尊重和维护城乡自然生态空间安全是城市与自然和谐发展的重要前提。

什么是"生态安全"？笔者认为，至少有两层内涵，一是强调生态系统的可持续性、完整性和健康性，即水、土地、气候、生物及空气等环境要素处于健康的、可持续的状态；二是强调生态系统为人类提供良好的生态服务，既包括生态系统能够稳定持续的为人类提供生产、生活所需的各类生物和非生物资源，又包括生态系统在生态调节、休闲娱乐方面的效益和价值。

生态系统安全的三大表征为生态服务功能、生态风险和生态健康。

生态服务反映了人类对生态系统功能的利用，是人类从生态系统中直接或间接得到的生命支持产品和服务。生态系统服务功能的提供不是无限度的，它极大地受到生态系统生产能力的约束。

生态风险反映了生态系统对潜在的不确定性的事故和灾害所造成的损害程度，是生态系统的反面表征。城乡规划过程中应对生态系统的风险约束进行响应，回避灾害可能发生的区域并留足缓冲空间。

生态健康是指生态系统维持当前的自身结构和功能稳定的能力，是生态系统的正面表征。扩大核心斑块面积、建立垫脚石、强化和构建联系廊道、设置缓冲区和提升景观类型的多样性等措施，都能对生态系统健康起到正向调节作用。生态健康是生态系统更高层次的要求。

在生态安全目标指引下，城乡自然生态系统至少面临以下三类生态约束。

2.1　生态服务约束

生态服务反映了人类对生态系统功能的利用，是人类从生态系统之直接或间接得到的生命支持产品和服务。生态系统的直接服务价值体现在食物生产、原材料生产和休闲娱乐功能的供给。生态系统的间接服务功能更多地体现在生态系统的环境效益方面，如水源涵养、土壤保护等。生态系统服务功能的提供不是无限度的，它极大的受到生态系统生产能力的约束，因此城乡规划过程中首先要考虑生态系统服务功能的约束。

2.2　生态风险约束

生态风险反映了生态系统对潜在的不确定性的事故和灾害所造成的损害程度，是生态系统的反面表征。可能的灾害包括以下几类：地质灾害如地震、泥石流、塌陷和滑坡等；气象灾害如暴雨、台风、干旱、高温和冻害等；以及生物灾害如濒危物种、生物入侵等。城乡规划过程中应对生态系统的风险约束进行响应，回避灾害可能发生的区域并留足缓冲空间。

2.3　生态健康约束

生态健康是指生态系统维持当前的自身结构和功能稳定的能力，是生态系统的正面表征。生态系统健康可以通过活力、组织结构和恢复力三个特征来定义。扩大核心斑块面积、建立垫脚石、强化和构建联系廊道、设置缓冲区和提升景观类型的多样性等措施，都能对生态系统健康起到正向调节作用。

从生态服务约束角度，基于自然资源进行城市建设的总量框定；从生态风险约束角度，基于土地资源进行城市建设的空间锁定；从生态健康角度，基于生态流形成网络联通的空间格局。基于上述三项生态约束，用"源＋流"的方法来构建城乡生态安全框架。如图 2 所示。

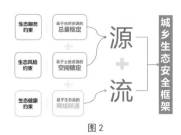

图2

3 构建基于生态约束的城乡生态安全空间框架——以海南省文昌市木兰湾新区概念规划为例

3.1 项目概况

文昌木兰湾新区位于海南省东北部,文昌市埔前镇境内,三面环海,规划面积84.3平方公里,距海口市约70公里,距海口机场直线距离约15公里。根据总体定位,木兰湾新区将探索建设成为三沙市的综合补给后方,成为海南省服务国家南海战略的保障区,海南省自由贸易区的重要承载地。

3.2 生态服务约束下的总量框定

项目所在地年蒸发量大于降雨量,水面率仅3.2%,且保水率较低的沙质土占比60%以上,水资源问题是该区域的主要生态约束。规划采用以源定量的方法确定规划区内可容纳的人口极限。如图3所示。

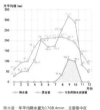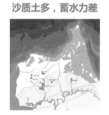

图3

规划借鉴同是热带海岛的新加坡的供水策略,采用了4大水资源策略。

一个中央集水区:选择规划区及周边生态环境良好,地势较低洼之地构建中央集水区。集水面积30平方公里左右,年均可集雨水量1250万~1500万立方米,可利用降水量1000万~1200万立米。

山谷集水、区域引水、再生水和海水淡化四项措施年综合水资源可利用量在3000万~3800万吨/年,结合海南省人均综合用水量400升/日。规划得出基于水资源生态约束下的人口发展总量框定在20万~25万人。如图4所示。

图4

3.2 生态风险约束下的空间限定

受大面积采矿影响,文昌木兰湾新区东部区域植被稀疏、土地沙漠化严重,沙化面积达20平方公里,出现生态环境退化问题。此外,由于短时暴雨集中及台风风暴潮等影响,场地淹没与内涝问题也较为突出。在生态风险约束下,确定哪些区域应该严格保护,哪些区域可进行适当的开发。

规划对气象灾害和地质灾害的风险等级进行评价。并取权重综合得出高风险区域19.74%,在规划中应执行较为严格的保护;较高风险区域28.58%,规划应尽量予以保留和生态修复;中低风险区域占地51.68%,是可开发利用区域。

3.3 生态健康约束下的蓝绿网络

规划通过水流廊道和风流廊道共同来构建蓝绿网络框架。木兰湾地区属于滨海丘陵地区,山洪导致汇水稳定性低,需要通过地形、地质分析,通过水流廊道来建构区域性的排蓄水体系。此外木兰湾地区位于海南台风走廊地带,同时区内地形复杂,结合季风、山地风、水陆风等多重风源影响构建以开敞空间为依托的风流廊道。如图5所示。

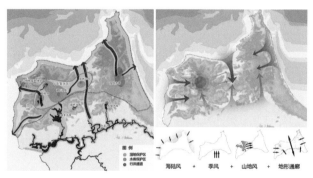

图5

3.4 生态约束下的城乡生态安全空间框架

规划通过生态功能约束下的总量框定,生态风险约束下的空间锁定和生态健康约束下的蓝绿网络构建,从人口发展总量、开发建设用地总量和蓝绿空间网络三个角度对规划区内的生态安全框架予以确定,最终构建了基于生态约束的规划区生态安全格局。如图6所示。

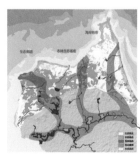

图6

基于生态修复的城市湿地公园营造

——以达州莲花湖湿地公园为例

林真真
上海同济城市规划设计研究院

1 引言

　　"对于任何具体系统，只有弄清楚他的发展动因、趋势、途径、内部机制和外部条件，才可能在实践中防止退化，促成进步"。[1] 基于此，本文从生态学角度出发，重点关注城市郊野地带生态区域发展过程中，生产、生活、生态三者关系，介入"生态修复"的手法，进而更好地探究城市湿地公园带动周边区域发展的有效途径。

2 城市湿地公园生态修复机制解读

2.1 "生态修复"内涵解析

　　英国学者 J.D.Aber 和 W.Jordan, Ⅲ 于 1985 年首次提出"恢复生态学"这个专业术语。Jordan 认为，"生态修复"是研究生态系统本身的性质、受损肌理及修复过程的科学（1987），国际恢复生态学学会则认为"生态修复"是帮助研究生生态整合型的恢复和管理过程，生态整合性包括生物多样性、生态过程和结构、趋于及历史情况和可持续的社会实践等（1995）。我们可以从中发现共性：生态修复的对象是受损的生态系统，以及恢复机制的整体性、系统性和过程性。

　　根据生态学原理，湿地生态恢复，即分析导致湿地生态退化的原因和过程，通过一定的技术和方法，调整系统的退化因素，优化和整合湿地周边及内部资源，使其达到一个相对稳定的状态。

2.2 探索适应郊野地带城市湿地公园的开发新模式

　　生态恢复是由"内部"与"外部"两个方面共同协调完成的过程，即在内部系统进行调整之余，通过对外部建设加以引导，在对已受损的生态系统进行修复，并保障现有原住民利益，提升和塑造整体腹地，使利用与保护并驾齐驱，避免进入一边倒的发展模式。

3 以达州莲花湖湿地公园为例

3.1 达州莲花湖湿地公园概况

　　莲花湖库区域位于达州市西北部，东邻凤凰山公园，西至莲花湖西片区，南接莲花湖片区塔石路，北临东岳。规划区周边南北建设差异较大，南侧借达州市打造西部新城之势，大批建设项目已破土动工；北侧为传统村庄的布局及风貌特征。如图 1 所示。

图 1　规划区区位图

3.2 基于生态修复的湿地公园及周边区域开发方式

3.2.1 用地选择

　　城市发展已从外延式规模扩张转向内涵式品质发展。规划通过 GIS 分析对规划区域地形地貌、地质安全、植被保护等因素进行权重叠加（图 2），最终确立规划区域内适宜开发建设的用地面积约 368.1 公顷（图 3）。

3.2.2 生态构建原则与湿地构建

　　1）生态构建原则

　　（1）绿色生态本底——生态海绵保育；

　　（2）河湖水系本地——湿地海绵修复；

　　（3）构建组团绿网—组团海绵建设。

　　2）湿地构建

　　（1）减排——削量：清理湖区内居民点及农家乐，生活污水全面截流，，同时通过精细的雨洪分区管理，经最近

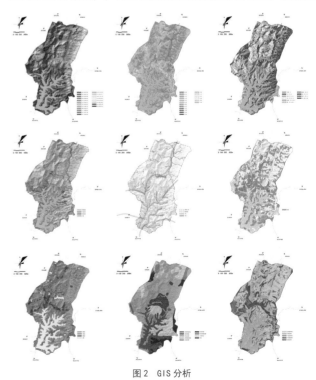

图 2　GIS 分析

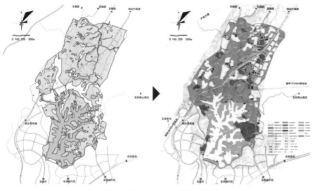

图3 底线控制与规划用地

图4 湿地单元分布图

的汇水沟渠生物净化、沉淀后排入湖中。

（2）环通——活水：开凿湖区过长的本到，环通水道，活化静水，增强水下潜流，提高水体消纳容量和自净能力。

（3）强沟——缓冲：沿冲沟人工修筑水坑塘、沉淀池、植草沟等绿色基础设施，引导潜流湿地自主演进，增强湿地廊道的海绵吞吐能力，沉沙滞水，减轻暴雨洪水对沟道护岸的冲蚀。

（4）护岸——防蚀：选用湿地乔灌植物锚固湖岸地表，并在湖岸浅水区0.3米以内和一般深水区0.3～1米区域种植生物量大、根系发达、耐污性强的挺水植物；北部湖汊1米以上深水区设置生态浮岛及沉水植物。

（5）通风——增氧：敞开各条山谷风、水陆风风廊，增加北部湖汊区冬季水面通风，增大湖面波漾运动，补充水中溶解氧。

3.2.3 湿地单元营造

以湿地单元为创新实施抓手，落实湿地特色建设。依据自然属性、文化属性、功能属性和空间属性等要素，划分出若干个湿地单位，每个单元既是独立的空间个体，承载生态景观、产业功能、人居环境的协调平衡，同时各单元有相互串联、联网成片，共同构成莲花湖多元共生的整体空间。通过空间平面与立面的交织关系，结合功能划定为四个特色"湿地单元"（图4）。

1）生态涵养单元

契合水体保护构建涵养型湿地，运用海绵城市理念，对库区水质进行净化修复，实现水的自然循环，改善湿地地表水与地下水之间的联系，使地表水与地下水能够相互补充，改善湿地水源活力。水陆交接的岸边环境的营建对岸线进行生态修复整治，运用生态护岸技术，在水陆交接地带补种湿生植物，加强湿地自然调节功能，为动植物提供良性的休憩生境，充分发挥湿地的渗透及过滤作用。

2）景能切契合单元

契合景观与功能构建复合式湿地，规划将区域内的植被、部分民居进行保留提升，体现这片区域的乡土记忆。景观以水为主题，与丰富多元的湿地景观交相辉映，运用生态建设理念，建设生态廊道，突出建筑的地域文化和特色。通过沿岸木栈道、观景挑台等亲水设施，增强人际交往与地域感。

3）生态观光单元

基于"岛上林盘""湖中湖"概念构建"浮岛"式湿地。通过湿地营造具有观赏性、科普性、生态性的湿地公园，在这里，人们可以了解湿地生态的奥秘，观赏各类动植物的生长形态，结合景观生态学、产业、游憩等要素塑造漂浮式岛状湿地景观，形成人与自然和谐共处的自然漂浮生态乐园。

4）创新营造单元

契合地形特征构建"立体式湿地"。规划利用区域内山地自然坡度，以地域植物为主，植入农业要素，在整个湿地系统中，通过"跌水+梯田+池景+溪流"的组合方式，把湿地立体延展开来，强化自然空间的层次视感，形成独具特色的立体湿地。如图5所示。

图5 规划设计效果图

4 小结

在新规划发展的背景下，面对的问题越加综合复杂。我们无法避免城市开发对生态区域的利用，但我们应当守住生态这个底线，合理统筹生态与生产、生活之间的关系，使生态本底得到最大的保护，在保护中发挥最大的价值。

街道空间视角下的城市风貌规划管控机制研究

——以云南省镇雄县为例

蒋希冀
上海同济城市规划设计研究院

1 引言：城市风貌与街道空间

城市风貌的长期和动态管控对城市整体形象的塑造具有重要意义。城市风貌是城市形象整体性展示的重要途径（文化内涵），同时也对提高城市居民生活品质具有重要意义，对拉动城市部分产业的发展具有促进作用。

但是，现在城市风貌管控存在一些共性问题。首先，风貌管控缺乏实操性。风貌规划往往落实在二维平面图上，缺乏三维立体整体考虑和具体城市内卷化特征的考量；对建筑整治、规划设计形成的实际效果和可实施性缺乏详细分析与研究。其次，风貌管控缺乏人本考量。人的空间活动常常发生在街道空间、广场空间、城市公园等公共空间之中，行为也具有时空性特征，对不同人群需求的关注是城市风貌规划的核心与最终目标。所以，风貌规划从街道空间视角入手是实现对城市风貌重点管控这一目标的有效途径。

2 人本尺度的街道风貌管控要素体系

2.1 路网骨架

居民在城市中开展各类活动，对于出行的便捷性、路径选择的多样性和出行的连续性存在较高的要求。这就使得城市必须提供合理的路网密度以支持居民选取不同的出行方式，如步行、骑行、公共交通或小汽车出行；同时，路径的连续性也会提高人们的出行体验。基于以上需求，城市规划需要对道路交通系统、专用道路进行系统规划和设计，构建合理的道路网络指标（如不同等级道路密度、道路间距、道路连通度等）和系统的专用道路体系。

以云南省镇雄县老城为例，在城市风貌专项规划层面，规划通过整体风貌规划和风貌控制图则两部分成果内容实现对老城路网骨架的重塑与优化。在整体风貌层面，规划主要采用打通断头路、梳理城市道路等级等方法落实"行车有道"这一目标，通过道路断面设计、步行道和漫步道设计完善不同出行方式路径设施（图1）；在风貌控制图则层面，规划主要通过对具体地块道路空间的设计或引导明确路网骨架优化的具体落实（图2）。

2.2 空间尺度

街道的空间尺度主要反映在街道与周边建筑的高宽比上，不同的高宽比带给人不同的空间感受与体验。人们在街道中行走、游憩、活动往往需要感知周围一定距离内的空间氛围，获得相应的心理感受。而对于不同的街道空间

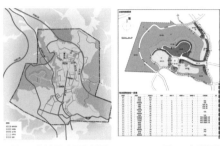

图1 老城区路网规划图

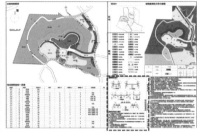

图2 老城区风貌图则

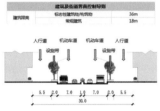

图3 老城区南广路道路断面设计

图4 老城区街道性质规划图

尺度，我们可以通过整体风貌规划以及街道风貌导则得以控制和引导。

在城市风貌专项规划层面，规划通过"道路等级—场地功能—交通引导"三个维度划定街道性质，并对不同性质街道的高宽比给出建议值域。在街道风貌导则层面，规划通过对街道断面进行详细设计和建筑高度（包括标志性及常规建筑）进行限定达到控制或引导的目的。如图3、图4所示。

2.3 街道断面

街道断面的构成在一定程度上能够反映出街道的等级、交通出行的引导目标，如车行道的数量、是否有自行车道、人行道等。人们在使用道路时需要有一个良好的出行体验，不论是驾驶汽车的居民还是步行、骑行的人群；另外，街道与沿线的建筑和场地也需要有较好的空间关系，这样有利于开展各种类型的城市活动。而针对这些具体化的需求，规划可以从风貌图则控制和街道风貌导则将其具体落实到图纸中去。

街道断面的构成在一定程度上能够反映出街道的等级、交通出行的引导目标。人们在使用道路时需要有一个良好的出行体验；街道与沿线的建筑和场地也需要有较好的空间关系，这样有利于开展各种类型的城市活动。而针对这些具体化的需求，规划可以从风貌图则控制和街道风貌导则将其具体落实到图纸中。

在具体地块风貌图则层面，我们可以通过对具体道路断面设计、道路空间设计引导以及地块性质确定、建筑退界等

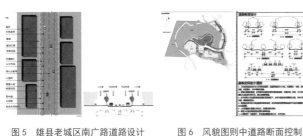

图 5　雄县老城区南广路道路设计　　图 6　风貌图则中道路断面控制

图 7　南广路街道设施和绿色要素引导　　图 8　老城区南广路建筑界面引导

方法来明确街道断面的构成形式、组成要素等。在街道风貌导则层面，对典型路段平面和断面的设计能够更加进一步地明确具体路段的断面构成。如图 5、图 6 所示。

2.4　街道设施与绿色景观

街道设施和绿色景观元素作为街道空间中的"软性"要素对街道环境品质的提升、街道适用性的提高有着重要作用。人们在街道中开展活动时需要方便、安全、舒适的环境及设施配套，所以规划应当从人的需求出发，将复合性、多样性、方便性的设施布设到不同性质、不同功能的道路中去。

街道设施和绿色要素的引导主要在街道风貌导则中规划落实。其中涉及到街道家具、市政设施、小品雕塑、分隔带绿化、人行道绿化、建筑垂直绿化以及意向效果。街道风貌导则还强调对于具体设施布局、景观元素大小和规模的量化控制。如图 7、图 8 所示。

2.5　沿街建筑

街道沿线不同的建筑性质、体量和风格对整条街道风貌的形成和塑造影响重大，人们更加倾向于在有着连续底层商业界面、良好的绿色植被环境或者有丰富开敞空间的街道中活动。街道建筑的风貌塑造需要与街道本身的特征统一考虑。因此，规划通过整体风貌规划、街道风貌导则以及建筑风貌手册来共同引导和控制沿街建筑的风貌（图 9）。

在整体风貌规划层面，在风貌分区划定的基础上，规划通过对各个地块主要建筑风貌类型的确定来引导沿街建筑的主要风貌基调，同时明确各类风貌建筑的色彩、特征等内容（图 10）；在街道风貌导则层面，规划通过对建筑各组成部分、广告店招、体量高度等进行明确引导或控制（图 11）；在建筑风貌手册中，我们通过构建不同风格特点的建筑风貌数据库，明确建筑选型的原则机制，为现状建筑的整治、新建筑的建造提供选型和风貌建议（图 12）。

3　街道空间风貌管控体系

综上所述，以人本需求为目标，我们需要规划控制或者

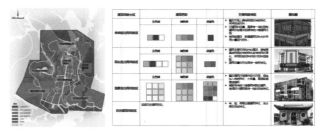

图 9　建筑风貌分区规划图　　图 10　新镇雄风貌建筑色彩及主要特征

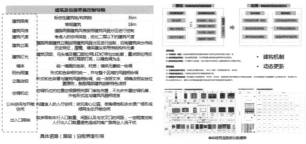

图 11　镇雄县老城区南广路建筑　　图 12　镇雄建筑风貌手册
　　　　界面引导

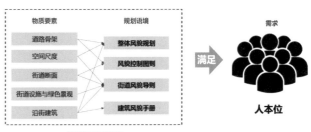

图 13　人本位的街道风貌管控体系

设计引导包括道路骨架、空间尺度、道路断面、街道设施与绿色景观以及沿街建筑等多样性的物质要素。在规划语境下，笔者建构了街道空间风貌管控体系，包括整体风貌规划、风貌控制图则、街道风貌导则以及建筑风貌手册四个部分内容（图 13）。

4　结语

城市风貌的系统管控需要更加贴近人本尺度，以街道空间为重要抓手才能落实城市风貌的管控目标。与此同时，我们需要明确街道空间多维度风貌控制要素，从不同规划编制内容、技术方法上具体落实街道风貌管控内容。

智慧网络设计方法的实验探索

孙　舸

上海同济城市规划设计研究院

城市设计学本身是综合性的学科，它的很多革命都来源于其他学科的融合。本文尝试引入城市设计学以外的学科——生物学，以一种新的设计方法探索智慧网络的未来应用。通过研究新网络、探索新技术、发明新材料，探寻生物学与城市设计学等的联系。将研究方法应用于伦敦交通网络的研究，重点用于交通网络优化，城市设计骨架研究。

1　微生物的智慧性

人类和动植物，乃至其他非生物一样，在地球上存在的基本方式是占据一定的表面。为了模拟城市发展的过程，我们用生物去模拟会更加趋向于人类的本质。本实践探索选用了自然界的一种类似霉菌微生物——黏菌，这种生物与人类聚落的形成本质是相似的。

1.1　理论基础

2015 年普立兹克奖得主弗雷·奥托在《占据与连接：对人居场所领域和范围的思考》中探讨了基础聚落形态的自组织规律，即自然界中的生物肌肉记忆法则。这一点与黏菌的生长方式十分类似，这就提供了黏菌成为研究主体的理论依据。

1.2　实验验证

迷宫实验：将黏菌和食物放置在迷宫出入口，黏菌寻找食物形成的路径与迷宫最短路径近乎一样。

东京地铁实验：用黏菌避光的特性，用光斑模拟海岸线和地形，在东京附近重要的地铁站的位置放上食物，黏菌形成的路径与东京地铁线路近乎一样。

丝绸之路实验：达马斯基在地球仪上浇上热琼脂凝胶，黏菌殖民的起始点为北京，黏菌路线重走了 76% 的丝绸之路及部分亚洲高速公路。

它不仅仅可以让我们重新思考通道是如何形成的，而且其行为也可以帮助我们规划未来的交通路线。黏菌或许可以帮助人类找到未来发展之路。

2　智慧网络设计方法

从三个方面进行智慧网络设计方法的试验探索：利用生物算法探寻新网络；利用智能模拟掌握新技术；因地制宜建造发明新材料。

2.1　新网络

设计实践的基地选择在 Rub Al Khali 沙漠中心一片半月

牙形的绿洲，不同于阿联酋其他的城市，像迪拜 / 阿布扎比，都是自上而下的建设，Liwa 的是自然的一个形态，更趋向于人类聚落的本质表现。通过分析点与网络，Liwa 城市本身的发展与网络连接密不可分，使得能够在这样的受网络控制的基地中建立新的微生物网络。

图 1 是两张相差将近 10 年的卫星照片，城市发展遵循先清理盐田，后占据土地，最后联通发展的规律。

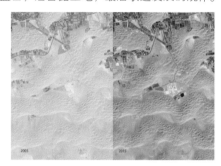

图 1　Liwa 城市卫星照片

2.2　新技术

1）实验准备

提取信息。将黏菌放置在城市村庄所在的位置，将黏菌的食物放置在盐田的位置，以 3D 打印的基地作为实验基底，模拟沙漠地势。该实验用来模拟人类聚落逐渐占据盐田的过程。如图 2 所示。

2）实验技术

如图 3 所示，改造 3D 打印机使得实验过程尽量准确化和机械化。由于各个村庄和盐田的密度和容量不同，通过 3D 打印的手段来控制量和位置的变化，将黏菌和食物定点定量的打印在基地上，最小的可能降低实验误差。

制作实验观察装置通过每 5 分钟拍摄照片的方式记录黏菌生长过程。

3）实验过程

实验模拟了从 2015 到 2030 年的城市变化的过程（图 4），建立了黏菌的网络，实验时间 220 小时。这证明了在原有的城市道路网络上，通过黏菌的方式建立更加智慧有效

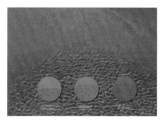

图 2　黏菌模拟人类聚落实验

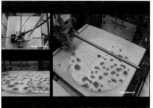

图 3　改造 3D 打印机

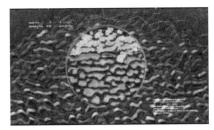

图4 黏菌模拟城市聚落实验过程

图7 生物机器人　　　　图8 城市设计构筑物

图5 实验结果

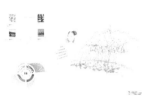

图6 四种元素动态模型

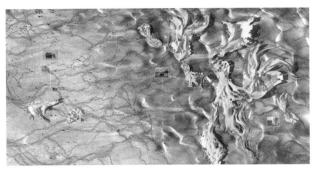

图9 智慧网络城市设计

的网络，更加有效的分配资源和传递信息。

4）实验结果

我们的观察从低级到高级，由拍照到通过视觉表象来提取本质。得到图片录像，将黏菌的这种生长方式和网络构建导入计算机进行模拟，进一步分析，拓展信息量，衍生设计。

如图5所示，黄色的区域就是被影响的区域，在区域中的不同颜色的点和形状就是新的农田、盐地、建筑物以及盐能发电厂的位置。

至此，建立一个动态的输入输出的模型，来计算现实生活中不同功能的需求量。所有的根据来自于2030年阿联酋政府对于liwa城市的人口预测，建立四种元素的动态模型，预测在不同时间城市人口的变化和城市发展的变化。如图6所示。

2.3 新材料

1）模拟实验建造工具

在实际城市模型的建造中，通过研究显微镜下黏菌物质交换方式，依照黏菌运动法则发明生物机器人能够遵照智慧网络的方式建造城市，将资源进行优化。机器人可以依据生物实验得来的生长代码程序，通过计算机语言控制它的行为。在盐田中清理盐田，将盐堆积进行盐田电厂的储备。如图7所示。

2）模拟实验建造材料

最好的建造材料就是因地制宜，构筑物、房屋最好采用当地的资源。Liwa拥有盐田资源，枣树胡中的淀粉，棕榈杆。以棕榈干为支撑，淀粉为原料，创造了一种新的材料，取名为Bio-plastic，即生物塑料。这种生物塑料具有很强的可塑性，并且能够定型成为盐结晶的载体。

以生物塑料为载体，运用计算机进行模拟生物塑料的形成方式，提取在黏菌生物实验中的路线最后形成电子计算模拟的建筑构造物，并制作出了基本单元实习模型。以这种方式，建立新的城市设计构筑物。如图8所示。

形成基于盐能源、生态塑料的构筑物，通过微生物的智慧网络的控制，形成新型城市结构肌理。这个结果是一个蓝图，为Liwa 2030年规划研究范围提供了一定的依据。

如图9所示。

3 智慧网络的实践

回归实际的城市设计项目，为了验证这些实验的结果，以伦敦交通网为例进行实践。

3.1 项目实践

将黏菌和食物放置在伦敦的30个地铁站上，最后形成黏菌的网络。对比不同的网格发现，黏菌从一个点到达另一个点不是直线关系，似乎有一些迂回道路，这些迂回道路才值得我们思考。

3.2 实践结论

对比三种不同网络的效率，即黏菌网络、地铁网络、城市路网，黏菌网络的效率介于伦敦地铁网络和城市道路网络之间，并且重合率高达85%。

这15%的不同的原因是，黏菌网络不是更简单了，而是更复杂了。它的网络比人类的网络呈现了更多的随机性和多样性。研究它的网络不仅强调最优路径，而是多目标综合求解的网络。在实际中，当原有的网络被破坏，它带来了更多的备份和选择，稳定性更好。

通过实践的验证，发现微生态智慧网络可以作为反向验证工具，这样就形成了规划师自上而下的规划思考，城市发展自下而上的微生物法则实验验证，去找寻综合性的网络答案。

拿伦敦做的实验对比，后续可以继续尝试在上海等城市做类似的研究，形成网络与实际规划对比。通过这样的方式弥补市场导向的发展模式缺陷，形成基于"在地性"的城市有机发展模式。

本文通过三种实验探索探寻智慧网络设计方法：新网络，研究微生物网络智慧性。新技术，智能打印、智能建造的模拟场地设计。新材料，因地制宜，就地取材。以一种新的研究方式，即微生态智慧网络，形成多样性的城市设计成果。

星巴克来了

——创意经济与休闲消费集聚关系探讨

张子婴
上海同济城市规划设计研究院

1 研究概述

从世界创意产业集聚区的空间集聚及业态特征来看，由纽约苏荷（SOHO）区、洛杉矶好莱坞、巴黎左岸到伦敦西区，这些世界顶级的创意经济聚居区同时也是世界级旅游目的地和充满了咖啡馆、小酒吧、餐厅的休闲消费经济中心。创意阶级集聚与高度发达的休闲消费经济相生相伴，似乎是世界通行的规律。2015年至2017年，星巴克、咖世家（Costa）、麦当劳等世界连锁餐饮品牌相继入驻环同济设计创意产业集聚区。本文将以此为契机，以星巴克发展及环同济设计创意产业集聚区内的消费者为对象，研究创意经济与休闲消费集聚的相互作用关系，论证一定区域内的休闲消费发展对该地区创意经济进一步集聚的促进作用，从而为城市更新与创意产业集聚区规划中的休闲消费产业布局提供理论支撑。

2 门店与创意集群布局

2.1 空间分布

研究采用百度地图API系统提取了上海市截止2017年4月开张的所有星巴克门店，及上海市挂牌创意产业集聚区分布。如图1所示。

从空间分布来看，星巴克门店分布呈现出沿淮海路、南京路、世纪大道等城市干道的线形集中分布。而创意产业园区则呈现出沿内环线内部环状分布的特征。

将上海市星巴克门店的空间分布与创意产业园区分布相叠加，二者分布热度几乎完全不一致。与上海城市总体规划中的城市公共中心分布进行叠加，星巴克门店分布密度与中心区分布基本一致，而创意产业园区则主要集中在城市次级中心。见图2、图3所示。

这一结果说明，星巴克所代表的休闲消费追随高消费人

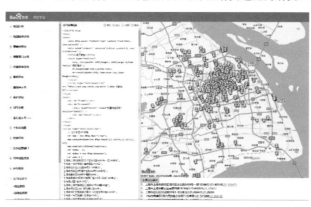

图1　百度地图 API 系统源代码

图2　分布叠加图　　　　　图3　热度叠加图

群，即趋向于地价更高的区位。同时，创意产业偏向地价更低的得分。因此，创意产业集聚无法在空间上与休闲消费保持一致。

2.2 时间分布

从时间分布来看，1999年上海星巴克第一家门店成立于淮海中路力宝广场，属于上海市核心商圈，周围没有创意产业集群。同时期上海最早的创意产业集群包括M50、四行仓库、田子坊和赤峰路建筑设计一条街，除M50周边至今未有星巴克开张外，四行仓库及田子坊周边门店的开张则是由于周边商业地产开发建设，环同济周围在一年内连续开张两家门店，且这些门店的开张时间距离这些园区内创意产业最初集聚时间已经过去了约15年。

2.3 小结

无论空间或时间分布角度，上海星巴克与创意产业园区发展均没有明显的相关关系。

3 休闲消费与"环同济"

3.1 国康路休闲消费发展概述

国康路集聚了上海市政工程设计研究院、上海邮电设计院、上海同济城市规划设计研究院和同济建筑设计研究院"四大"设计院，是环同济设计创意产业集聚区的核心组成部分。如图4所示。

自2003年同济科技大厦建成，2006同济规划大厦（原名"同济创意大厦"）改造完成，至2010年上海国际设计中心投入使用，环同济设计创意产业集聚区内创意企业及创意阶级快速集聚。同时，由于空间不足等原因，周边商业业态始终停留在便利店、小饭馆，甚至流动摊贩等低端形态设计院工作人员常常苦于非正式交流空间的匮乏，配套休闲消

国康公寓　　科技大厦　　规划大厦　　国际设计中心

图4　各楼宇配套商业设施

费已远远滞后于创意产业发展的需求。

2015 年至 2016 年，Costa、星巴克两家国际连锁咖啡品牌相继在国康路开张，午休时段常一座难求，集聚区内休闲消费需求处于较高水平。

3.2 星巴克与创意阶级价值需求

1）采访概述

对星巴克（国康路店）工作日进行每小时拍照，统计全天消费人群特征，并对这些消费者进行随机访谈。如图 5 所示。

访谈提纲：
个人信息：年龄、性别、职业、工作地点
消费习惯：频次、时段、逗留时间（堂食 / 外卖）、同伴
消费目的：仅购买饮料 / 会面 / 其他
品牌忠诚度：是否喜欢咖啡、星巴克及其他咖啡店
对星巴克印象：店面、服务、产品、价格

9:00	12:00	15:00	18:00

图 5　各时段咖啡馆消费人群密度

2）消费者特征

根据拍照统计结果分析，星巴克消费人群中，女性消费者比例高于男性消费者，年龄层次以 20 ~ 45 岁为主，消费者从事职业与门店选址相关，为设计相关行业及行政人员为主，并有少量学校师生和访客，包括一定比例的外国人。

对店内访谈获得的数据进行统计，消费人群"堂食"的情况远远多于"外带"，室外休闲区的高峰使用时间为午休及下午时段。消费目的中，"见面地点"的情况多于无目的的"仅购买产品"。

3）价值总结分析

从访谈情况可以得知，星巴克的消费人群通常把"去星巴克"当做一种休闲娱乐，除了购买咖啡之外，更重要的是与朋友或合作伙伴碰面并进行信息交流的场所。周边包括星巴克在内的休闲消费开张为这些消费者提供了更多选择，解决了之前交往空间匮乏的尴尬局面。因此，星巴克对于环同济设计创意产业集聚区内的消费人群的价值从高到低排序，分别为空间价值、品牌价值和产品价值。

星巴克的门店以"第三空间"为设计理念，即建立独立于办公室和家庭之外的休闲场所。通过内外空间营造、店员服务品质培训，呈现出温馨舒适并符合现代美学的休闲空间，从而吸引包括设计师在内的追求时尚的消费群体，成为这些消费群体的休闲活动空间。

星巴克在中国符号化为一种生活方式，其目标市场定位为"注重享受、休闲、崇尚知识、尊重人本位的富有小资情调的都市白领"。对于这些消费者来说，咖啡口味并不是选择中所需考虑的核心要素，相比产品价值，更重要的是其所代表的流行消费文化，或是勾起留学经历的回忆。

4　创意产业发展要素

创意产业的本质特征可以总结为以下几点：其生产核心不同于传统制造业的生产原材料，而是创意人群，因此，吸引创意人群集聚是产业发展的重要路径；生产组织进行垂直解体，形成了复杂灵活的网络化模式；创意产业还呈现出集聚的趋势，并与当地文化形成积极的交互作用，在城市空间和文化发展中形成互动。因此，创意产业发展除产业内部贸易与活力要素外，区域形象及环境氛围对创意人群与企业集聚的吸引力，以及完善成熟的网络体系，是一定区域内创意产业得以发展的决定性要素。

5　总结

创意产业工作者相比其他行业从事者，具有更加频繁接触国际文化的特征，星巴克所提供的舒适宽松以及异国文化氛围，满足这部分消费者生活习惯和精神要求，是对创意集群的核心吸引力；高标准的装饰风格对于创意集群来说具有提升区域形象，吸引企业集聚的价值；同时，其所代表的休闲消费经济为创意阶级提供了其所必须的交往空间，有助于进一步提升区域内人员与信息的网络化。因此，在一定程度上，休闲文化经济有助于推动一定区域内创意产业的进一步集聚和发展。在创意产业园区规划设计中，应进一步强调休闲商业空间营造，以及业态发展引导，从而推动创意经济更快更好地集聚发展。

降维思维在规划设计表达中的运用

袁天远
上海同济城市规划设计研究院

1 降维思维概念

现实世界是复杂的，了解世界就需要直接、简单的表达，这就需要降维。

其实降维并不一定是三维到二维、二维到一维，生活中经常见到化繁为简的降维案例，比如上海市地铁线路（图1）、苹果LOGO等（图2）。

设计的图纸纷繁复杂，与不同的对象看不同的图纸，就像平立剖是给专业设计师看的，画"Diagram"有时候感觉就像是对非专业的人解释你的想法（图3、图4）。

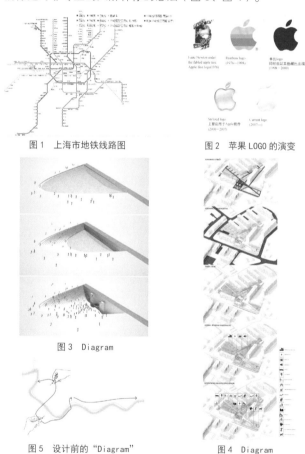

图1 上海市地铁线路图　图2 苹果LOGO的演变

图3 Diagram

图5 设计前的"Diagram"　图4 Diagram

2 降维思维类型

"Diagram"，不是通常意义上的把简单问题复杂化的绕来绕去的分析图，而是一种直接的表达。

按照设计过程可以分为，设计前的"Diagram"——根据场地/经验/其他因素而表现的某些特质（图5）；设计中的"Diagram"——利用图解来寻找场地的关系，再推动设计的进行（图6）；

图6 设计中的"Diagram"　图7 设计后的"Diagram"

设计后的"Diagram"——一个更加直观清晰的图解来阐释设计思路（图7）。

3 降维思维实例

3.1 妹岛和世与"Diagram"

妹岛的建筑小编也不太懂，既然"Diagram"是从她（图8）这里出来的，就勉为其难地讲几句。

这是口著名的锅，风吹皱一池春水。

"Diagram"，这个词汇是伊东丰雄（图9）描述妹岛和世的案子的时候最先提出，他描述妹岛的作品时说到，她的作品在设计上是明确、清晰，而且非常易读，无论是平面还是完成后的图纸，都彰显出"Diagram"的特质……

一座建筑最终是等同于空间的"Diagram"，用来抽象地描述在结构前提下发生的日常性的活动。妹岛建筑的力量来源于她做的极端的削减，来产生一种空间图解，用来描述这个建筑有意要从形式中抽离出来的日常活动。

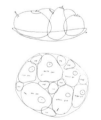

图8 妹岛和世　图9 伊东丰雄的"diagram"

3.2 BIG的"Diagram"

设计后的"Diagram"最典型的例子就是BIG的"Diagram"，这更像是一种"Representation"，用一种大白话来讲解自己的方案（图10）。

（1）BIG的动物园项目

这座动物园将在丹麦的中心汇聚来自全球各地的各种动物。

图10 建筑空间的"Diagram"

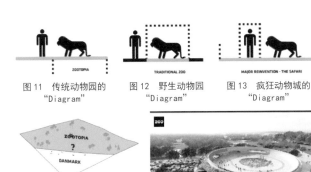

图 11 传统动物园的 "Diagram"　　图 12 野生动物园的 "Diagram"　　图 13 疯狂动物城的 "Diagram"

图 14 动物乌托邦的 "Diagram"　　图 15 万达欧洲城项目 "Diagram"

图 16 Gammel Hellerup 体育馆

整个设计由三个蜿蜒迂回的几何区域组成，这三个独立的区域分别代表着世界上不同的地区（亚洲、非洲以及美洲）。同时，它们还包围着一个环形的中央广场，广场周围被拔高的走道环绕着。该项目力求为居住在这里的生物提供完全自由的居住环境。为动物与动物，或者动物与人类之间建立和谐的关系。见图 11~ 图 14 所示。

（2）BIG 的万达欧洲城项目

万达欧州城项目是在巴黎东北部 16 公里的戈内斯镇，介于勒布尔热机场和戴高乐机场之间，将包含娱乐、休闲、运动、公园、活动以及零售、餐饮、酒店等综合功能空间。整个项目的建筑面积在 80 万平米左右，相当于一个小型城市。BIG 把它的功能打碎重组，形成一个类似外星飞船的形状（图 15）。综合体比邻地铁站和城市高速，中央广场和环形通道组成内部流线。BIG 风格浓烈的 "Diagram"，你懂的。BIG 秉承他们一贯的脑洞风格，把这个综合体做成了一个超级游乐场。风格一贯的后现代，场景感十足。

（3）BIG 的 Gammel Hellerup 体育馆项目

BIG 设计了一个多功能空间来满足学生的体育教育和社交发展需求，多功能空间的曲线来源于手球被扔出去的物理轨迹。多功能空间位于学校庭院的地下 16.5 英尺（5 米），室内气候被动式控制，对环境影响低。在地面上，多功能厅的曲面屋顶是一个非正式的集会场所。屋顶一角设计有一个社交长椅，边缘处为格栅，可以为地下提供自然光。屋顶的形式源自球类的弹道弧公式，形式追随公式。建筑的格式塔是柔软的、弯曲的木质屋顶，具有内部和外部两种功能。如图 16 所示。

（4）其他的 "Diagram"

BIG 的项目强调分析图的表达（Diagram）、大比例尺节点模型和多方案比较，强调手工模型推敲和建筑进化思维。BIG 将降维思维在设计中体现得淋漓尽致，将复杂的设计用最直观的 "Diagram" 变得一目了然。如图 17~ 图 18 所示。

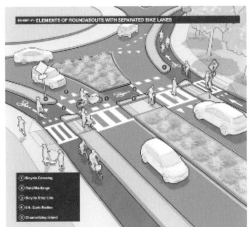

图 17 道路设计 Diagram

4 结语

降维思维有时候像七伤拳，用不好属于伤敌一万、自损八千的招数。所以，设计的 "Diagram" 尽管是化繁为简，但绝对不是简单粗糙，不然会帮倒忙。

图 18 滨水景观设计 Diagram

[主要观点]

1　江苏省城市规划设计研究院梁印龙的《新常态下开发区转型创新的"园中园"模式实践——江苏省科技产业园阶段发展评价》围绕江苏省开发区转型升级实践探索，总体评估了江苏省近年来实施的科技产业园发展状况。一是战略变化，回归产业发展和营商环境优化；二是模式转变，从以孵化器、加速器为主向全过程发展；三是提出开发区转型创新三大策略，产业上促进生产性服务业布局。空间上审慎选址邻近高校等智力密集区，"大规划、小开发"循序渐进，探索创新空间的营造；制度上鼓励多元管理模式，提升优惠政策力度，完善准入和考核机制。此外，探讨了特色小镇、众创空间等多样化产业空间和动力。

2　深圳市国土发展毛玮丰的《趣城·坂田北片区DY01综合发展研究》以龙岗区西部一处面临土地权属复杂、公共配套缺乏和环境品质差问题的城中村地区更新为例，探索难以实施大规模拆除重建的高密度建成区的更新方案。规划以"趣城"为理念，通过针灸疗法激活点状空间，实现产城融合和村城融合。首先，通过联动土地整备和城市更新政策，以公共利益为目的，划定优先拆除重建范围，解决基本的交通、消防和公共设施问题。其次，提出三项专项提升行动。其中最重要的就是"趣城社区微更新行动"，利用城市微小公共空间节点进行示范改造，促进商业服务、文化创意和创业孵化功能。并建议设立专项基金，纳入城市更新地价收益中，对接政府财政计划和项目库。

3　上海同济城市规划设计研究院刘亚微的《代码之余，生活所需》聚焦张江地区文化设施布局优化规划。重点在于关注人的精神和文化需求，实现差异化和个性化目标。调研显示以张江码农为代表的创新创业人群生活方式两大特征，一是懒，以30分钟为限就近活动；二是晚，集中在夜间，以电影为主。而各类文化活动中仅40%可就近解决，高等级设施则严重不足。张江面临科创高地定位与文化洼地现实的矛盾。借鉴国际经验，复合多元设施有利于创业聚集。规划借助手机信令数据识别技术，初步判断张江的现状公共活动集中在现有2处基础还需要新增1处公共中心，并进一步加强文化设施与公共中心的空间耦合度，打造更高效和现代化的生活服务空间。

4　同济大学建筑与城市规划学院刘悦来的《从可食的地景到有生产力的社区——上海社区花园实践探索》希望通过社区可食地景微更新实践，创造一种不同于城市公园密植绿化，不同于房地产景观性花园，好看、好用、自然生态、以人为本，引领未来的景观价值取向。借鉴国际经验，利用城市边角料空间，逐步形成有生产力的社区，使得社区居民从原来被动的旁观者、纯粹的消费者变成负责而主动的参与者。景观吸引了小动物，也使得人亲密接触，关系紧密。通过NGO方式介入老旧小区环境改造，引导居民参与到策划、设计、施工和维护的全过程，使得老人和儿童共同参与铺路、铺草坪、堆肥等定期活动中。街道没有花钱，但大家就把愿望实现了。目前实践已覆盖了多个社区、校园、公园、商务楼。希望远期通过工作坊形式以及吸纳多元社会力量，实现2040年在上海建成2040个社区花园的目标。

5　上海同济城市规划设计研究院董征的《各产权地块作为历史城镇空间形态的研究对象与管理工具》以同里古镇2008-2016年更新为例，提出古镇保护中的地块保护的重要性，即重视产权自身特质对于历史城镇空间形态的特殊意义。对比以现状肌理和使用功能的地块属性分类，产权地块具有明晰的利益个体，具有排他性，反映了城镇空间形态变化边界。以产权地块作为古镇更新基本单位，可以促进历史城镇的保护与发展中的社会治理。细化古镇空间管理和保护更新的要求，结合地块套件，有利于形成"小规模渐进式"更新改造模式，发挥社区邻里监督维护的力量，促进多元力量下自我更新的保护机制。为私人自发的翻建、维修、整治提供了完善可行的制度体系。

6　天津大学李会娟的《城市历史地段声景特征及其在遗产环境保护中的发展对策》以声景即声音的景观为研究对象。声景是一种无形的非物质要素，与传统视觉空间景观，共同构成了历史地段整体环境，具有特殊价值。通过声景的保护、传承、优化，对提升遗产环境空间品质具有重要作用。以天津五大道历史街区案例，探索微观层面的声景特征，并营造基于声景的遗产环境保护策略。五大道作为一个低容量、低密度的历史街区，整体环境清幽，声音特征鲜明，具有较好的"静"环境声景研究基础。规划选了9个功能区，18个空间观测点进行现状声景解析、特征分析和问题总结，形成零设计、正设计和负设计的分区控制，并提出交通优化、设施调整、空间修补等策略。

7　深圳市城市空间规划建筑设计有限公司胡斌的《推进城市屋顶面更新利用的方法研究》挖掘屋顶面的潜在空间价值，探索作为一个新类型的屋顶面的利用规划。屋顶面属于建筑部分，设计管理问题复杂，总量庞大，环境不佳，利用率也远远低于国际水平。老旧住宅、现代商业、高校园区、工厂车间面临不同问题城市屋顶面规划，应形成纵横结合引导，横向空间引导，划定重点管控区域；纵向功能引导，分为住宅、公共建筑、商业办公建筑、工业建筑以及市政类建筑类型。制度设计层面，则需要加强意识和政策推动，财政支持、规范管理，积极采取强制性和鼓励性政策。

[分析与点评]

1 云南省城乡规划设计研究院杨志华总规划师认为，毛玮丰提出的深圳案例似乎是因为条件苛刻而没有大拆大建，但更应思考的是城市更新是否必须拆迁，能否容忍更多的老旧建筑以重整方式更新。刘亚微对张江码农的生活需求分析，体现了规划以人为本的意义，就是满足不同人群的公共服务设施需求。刘悦来提出的景观理念让我对曾经关注精致和漂亮而忽视人的使用和参与的景观理念有所反思，云南以家庭为单位的种植比较多，但效果不好，应当把社区组织起来完成共同的社区景观。董征提出的产权地块基本上和院落是一体的，注意有些院落由于历史原因，产权实际上非常复杂。保护改造中我们要调整视野，不要老想要建新，而是重点把老的保护好，把环境和品质提升好。李会娟关于城市声景的保护是一个冷话题，内容上更侧重于声环境控制。而声景则意味着更丰富的内涵，是历史街区整体价值的组成部分。生活方式改变之后导致很多声源已经很难延续，保护和设计都很难。胡斌的城市屋顶面的更新属于第五立面控制。中国古代城市的美就是坡顶的协调统一。具体的改造方案要考虑适用性、整体性。

2 同济大学建筑与城市规划学院杨贵庆教授对青年规划师提出了三点要求：聚焦问题，准确定义和找准关键。梁印龙提出的新常态下开发区转型是城镇化过程中的阶段性记录，规划应聚焦空间类型如何适应产业类型转型，适应社会人口结构变化，思考转型发展的特殊性和普遍性。毛玮丰提到更新改造很有挑战，应坚持的是在宜居本体上考虑经济平衡、生态容量和社会公平，针灸式疗法能很好地延续城市空间格局。刘亚微的报告生动有趣，直接关注人的问题，是城市修补的核心话题。要注意对轨道交通的巨大影响，增加线路和站点密度才能有效支撑，这也是市场化的选择。刘悦来的可食地景促进了社会资本成长。核心不是地景本身，而是通过人的参与使得公共空间融入劳动和感情，它改变了人们对绿地的"公共性"的认知，转变为可以主动参与塑造的社区空间，这种转变是革命性的。董征提出的产权地块是历史城镇空间形态基础信息，特定发展阶段和制度环境的表现，使得历史城镇的形态研究和保护才具有可操作性，根据实际情况进行产权互换和调整。注意产权和具体的使用权其实也可以分离。李会娟提出的声景一种非物质遗产，属于个人和社会的感知。研究偏重了声量和声容研究，应加强声音特征研究，体现场所记忆。胡斌关于屋顶面研究可进一步聚焦于建筑屋顶面更新利用和管理控制。建筑形式和风貌往往取决于形制、材料和建造技术，中国古代建筑形式和城市格局非常协调，而现在完全不一样了。

3 重庆大学建筑城规学院赵万民教授认为年轻一代观点新锐，视角独特、表达方式独具一格。要注意从学术论文到学术报告是一个再创造过程，问题要清楚，表达要准确，结论要突出，才是一个完整的学术报告。物质在下，思维在上，形态在下，精神在上，结合项目，提出批判和创新。梁印龙和毛玮丰的案例都是规划成果，核心观点还需要提炼，要关注研究真正的社会价值在哪里？从项目里提炼出自己的想法。刘亚薇的调查有特色，思考有深度，体现了城市知识密集型产业转型升级的特点。刘悦来的城市更新实践，以生态学角度切入，链接社会和民生问题，建议补充实践过程中存在争议的问题，使得报告更具科学，更严谨。董征提出的产权地块问题很重要，引申出历史地段保护的社会学、经济学问题。建议考虑两个问题，一是原住民问题，原住民维持了社会形态的可持续发展，保护他们是一种社会责任。如果原住民全部搬走，会导致文化中断，如果原住民全部留下，则更新所需要的文化素养和经济支撑又显得不足。因此，最好能够实现内部原住民居住改善和外部商业开发相结合。二是私有产权和公共价值保护的立法问题。历史街区或历史建筑的外部形态必须保护原真性，不能进行任何改造，甚至还需要不断投入。在立法管理上，要解决历史保护的权利和利益的平衡。李会娟关于声景的研究，要注意声景是一种软资源的保护，不同于硬资源，体现了文化概念和管理概念。不要和其它声音问题混合，交通噪音不能算是声景。胡斌提出的第五立面，要考虑整体性，颐和园整体就是一个立体的生态建筑。要考虑地区性，如不同地区屋顶面绿化涉及到荷载和管理问题需要评估经济性。要辩证地看问题。

4 华南理工大学建筑学院王世福教授充分肯定了演讲者们丰富的实践经验、对理念的坚守和对问题的积极反思。鼓励大家寻找规划自身的理论源泉，从实践中抽取超越理念和价值观的理论内核，做行业和学科的带头人。毛玮丰提出的深圳案例要注意城市更新中的违法建筑补偿的公正性把握。梁印龙提出的工业园区改造涉及工业用地存量改造，要注意了解工业用地出让方式的独特性。董征提出的产权地块对历史传承有意义，土地征收带来产权灭失的问题。首先要做到对业主的尊重和产权的保护，然后进一步甄别保护什么如何保护。原住民留或不留，规划师应该保持让喜欢它的人拥有它和使用它的态度。李会娟的声景研究要注意声音本身是情境，声景具有主观性，如何控制和引导。胡斌提出的屋顶面研究不要过于迁就政府想法。要注重其能够承载的公共性、文化性、社会性的内容，而不仅仅是绿化。

新常态下开发区转型创新的"园中园"模式实践

梁印龙　孙中亚
江苏省城市规划设计研究院

1　开发区转型创新成为新常态下的国家战略

　　开发区是我国改革开放的成功实践,是推动我国工业化、城镇化快速发展和对外开放的重要平台。然而,开发区早期发展积累下来的数量过多、恶性竞争、土地粗放利用、环境污染及产业低端锁定等问题,在经济新常态下开始集中爆发,严重制约着开发区的后续发展。开发区的转型发展问题很早就已经引起国家、地方层面的高度重视。

　　2017年2月,国务院办公厅又印发《关于促进开发区改革和创新发展的若干意见》,对开发区转型发展提出总体指导和要求,标志着国家层面已经逐渐达成共识,以开发区为载体探索改革创新、转型发展已经成为应对新常态的国家战略。

2　开发区转型创新载体发展

2.1　1.0版本:企业孵化加速综合体,以孵化高新技术企业来带动开发区转型创新

　　企业孵化器是较早出现的一种创新载体,旨在帮助高新技术中小企业在最脆弱的初创时期能够生存和成长。企业加速器则专门为经历孵化之后的中小企业提供比孵化器更大的研发和生产空间,从而有效解决高成长企业"青春期"遇到的困难。如图1所示。由于两者对开发区转型创新的带动还停留在企业层面,期望通过培育高新技术企业来提升开发区的竞争力,但事实证明仅靠孵化加速零散、不成集群的单个企业很难带动开发区整体的转型创新。

2.2　2.0版本:科技产业园,以培育高科技产业集群带动开发区转型

　　科技产业园实际上是一个集"科技研发——企业培育——集群打造——生产制造"于一体、紧凑高效的转型创新核心,园区内除了具有研发功能的孵化器、加速器外,还聚集了一批高科技含量企业。这种模式的优势在于孵化器、加速器可以向科技产业园输送新兴科技企业,科技产业园则可

图2　科技产业园的"园中园"模式概念示意图

以为这些孵化器、加速器中培育的企业提供更大、更高效的生产空间,形成特色产业和集群。通过扩展园区规模或采取"腾笼换鸟"来提升园区产业结构,从而带动开发区转型更新,这种"园中园"模式更能适应当前开发区转型创新的需求(图2)。

3　江苏实践:科技产业园的发展特征

　　2010年开始,江苏省在高新园区、地方特色产业基地和科技企业孵化器等基础上,开展了省级科技产业园的申报建设工作。截至2014年6月,共计156个省级科技产业园。

3.1　全省科技产业园基本情况

　　从区域分布特征来看,苏南最为密集,由南往北、由沿海到内陆依次递减,其中,苏州市(33个)、无锡市(23个)、常州市(16个)高居全省科技产业园数量的前三名。如图3所示。与开发区关系来看,80%的科技产业园结合开发区布局,以"园中园"形态为主。

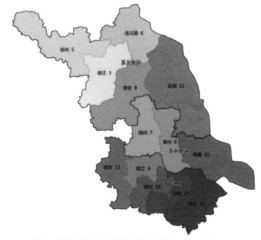

图3　江苏省科技产业园区分布情况(2014年)

图1　企业孵化器(左)、企业加速器(右)

3.2 园区产业类型综合分析

目前江苏省科技产业园主导产业主要以制造业为主,制造业型科技产业园的数量（109 个）占比达到 70%。而在制造业内部,又以高端制造业为绝对主导（107 个）,产业类型高新化、特色化明显。另外,主导产业类型南中北差异显著,苏南地区科技产业园主导产业处于整体提升的阶段,类型趋向多元,且服务业发展势头明显;而苏中、苏北地区科技产业园的产业类型由于所在地区以二产为主的产业结构而锁定在制造业领域。

3.3 园区产出效益综合评价

开发区内部科技产业园产出效益总体偏低,远低于所在开发区的地均产出效益。从地均业务总收入来看,出现了苏北 > 苏南 > 苏中的有趣的"倒挂"现象（表1）。研究认为主要原因是苏南科技产业园以科技研发为主,生产制造的职能和空间都较少,尚未将新技术、新产品完全应用至生产领域,效益仍未充分显现。而苏北的科技产业园大多是科技研发与生产制造的综合体,甚至是生产空间远多于研发空间,在科研创新的经济效益未充分获得情况下,依靠制造业经济维持较高的产出水平,因此其产出效益也相对较高。

表1　开发区内部科技产业园地均效益区域差异

地区		数量（个）	园区业务总收入（亿元）	总建成面积（平方公里）	地均业务总收入（亿元/平方公里）	园区面积占开发区比重（%）
开发区内科技产业园	苏南	26	199.71	134.46	1.49	7.0%
	苏中	3	11.17	8.32	1.34	5.4%
	苏北	10	88.61	58.78	1.51	18.3%
	合计	39	299.68	201.56	1.49	8.4%
科技产业园所在开发区	—	39	80771.58	2384.46	33.87	—

注:本表格为位于开发区内部且数据完整的 39 个科技产业园的发展状况。

3.4 园区空间形态与创新环境

江苏省科技产业园用地规模以中小园区为主,平均用地面积 7 平方公里,接近国外科学园区的规模。空间形态上呈现出集聚和分散两大类型,苏南地区高水平开发区内部的科技产业园以集聚型为主,而苏北地区科技产业园多以分散型为主。另外,苏南地区科技产业园已经开始注重高品质环境的营造,而苏中、苏北大部分科技产业园仍然呈现出强烈的传统开发区为生产运输服务的空间特征,空间尺度不宜人,环境单调、品质较低,还有很大的提升空间。

4 江苏实践:科技产业园的发展策略

4.1 产业发展指引

首先,促进生产性服务业在科技产业园布局,并注重生产性服务业适度超前于制造业集群的发展,使其成为制造业集群创新发展和升级的重要推动器;其次,推动科技产业园与开发区的产业互动。充分发挥科技产业园的溢出效应,先发地区科技产业园建议"一区多园、一园一业",苏北等欠发达地区受限于科研能力、建设水平,可实行"一区一园、一园多业"的联动开发模式,最终科技产业园以产业集群培育、溢出的方式来实现与开发区的产业互动。

4.2 空间规划指引

首先,科技产业园的选址邻近或交通便捷能够快速到达智力密集区;其次,发展初期应采取"大规划、小开发"的循序渐进式建设模式,起步区的面积不宜过大,应循序渐进扩大规模;第三,根据创新人群在工作、居住、消费和娱乐等方面的不同需求,提出活力社群、组团集聚的空间规划引导策略。注重人与人之间的交往,营造小尺度、宜人的适宜步行的空间环境,提供适宜于创新人群信息交流、思维碰撞的活动空间。如图 4 所示。

图4　国外知名科技产业园创新空间营造

4.3 制度政策创新

首先,需要创新、并强化对科技产业园的政策与制度支持,欠发达地区当前阶段重点以拓宽政策广度为主,有梯度地形成包括税收、土地、融资和人才引进等多方面的"组合拳"优惠政策,先发地区重点探索政策先行先试的深度,积极向国家申请特殊政策;其次,鼓励多元管理模式,打破科技产业园基本为政府管理模式的定式;第三,优化园区准入、考核机制,标准应当高于所在开发区,促进科技产业园产业发展特色化、高端化、集群化,同时充分考虑先发、欠发达地区发展水平的差异,强化落实差别化的考核机制。

5 讨论:新常态下的城乡"新空间",提升城乡发展品质的关键

科技产业园作为开发区内部引领创新转型发展的"园中园",是新常态背景下出现的一种"新空间",是提升城乡发展品质的关键性空间。类似的还有"众创空间";浙江的"特色小镇",江苏在省域层面打造的"城乡特色空间",等等。

这些新空间的出现将大大提升不同层面地域的城乡发展品质,但在发展的过程中也容易出现新的问题、新的挑战,需要引起我们关注并积极探索创新。

趣城·坂田北片区 DY01 综合发展研究

毛玮丰
深圳市规划国土发展研究中心

坂田北片区 01 控制单元紧邻华为科技城总部和天安云谷，现状容积率高，以旧村、村集体厂房为主，法定图则规划的公共设施难以落地。

趣城·坂田北片区 01 控制单元综合发展研究，采取"部分城市更新 + 部分土地整备 + 部分综合整治"的方式解决高密度地区开发建设难题，进一步推动公共配套设施落地。并采用"针灸式疗法"的城市设计手段改善片区城市面貌。在法定图则框架下探索落实居里夫人大道、岗头河蓝线、九年一贯制学校等公共设施用地。

1　机遇与挑战

1.1　区位分析

坂雪岗科技城位于龙岗区西部，紧邻龙华区，在《分区（组团）规划（2005—2020）》中与观澜、龙华共同组成中部综合组团。

1.2　基本情况

坂田北片区 01 控制单元位于环城北路(雪岗北路)以南，坂雪岗大道以西，冲之大道、居里夫人大道以东。项目研究范围占地面积 59.77 万平方米，法定图则范围面积 51.21 万平方米，现状建筑面积 109.54 万平方米，现状主要以私宅、村集体厂房为主。如图 1 所示。

研究范围为新围仔老围、禾坪岗村、中心围村和马蹄山村。村股民每人每年分红来自集体物业，约 2 万元。如表 1 所示。

表 1　人口总汇表

总居住人口	流动人口	户籍人口
62961	59961	3000（共 1036 户）

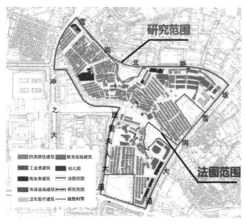

图 1　基本情况示意图

1.3　面临的机遇

（1）坂田北是特区一体化后拓展城市发展空间和延伸发展中轴的重要区域。

（2）产业转型的示范区域，DY01 单元毗邻华为、富士康高科技企业，并与城市综合功能区天安云谷、佳兆业城市广场相接壤。东南部是具有完善配套的大型别墅区万科城。华为、富士康等企业的生产功能迁出，本区域向研发性产业和高新技术及国际企业总部基地功能转化的趋势明显。

（3）地铁 10 号线、坂银通道的建成将拉近坂田与原特区内距离。地铁 10 号线（福田口岸－平湖）：2020 年建成通车，途经坂田坂雪岗、华为新城，其中坂田街道内的 9 站均已经开工实施；坂银通道（坂田－银湖）：2017 年建成后，从龙岗坂田片区到福田的上步、北环大道等，只需 12 分钟。

1.4　存在的劣势

一是现状用地权属相对复杂，合法用地指标不符合政策门槛。合法用地比例 25.3%，未达到城市更新门槛；二是高密度建成区，二次开发难度较大；三是规划开发量低于现状建筑量，加大二次开发难度。在控制指标中的主导用地功能为研发办公、商业、居住和公共绿地；单元建筑规模：总建筑面积 94.4 万平方米（＜现状 109.54 万平方米）；四是公共配套缺乏；五是内部交通有待完善；六是环境品质差：存在排水不畅、消防不畅、垃圾收集难、停车难和岗头河污染问题；七是利益主体多、层次复杂，沟通协调难度大。

1.5　结论

（1）工作与生活不匹配——城市服务与配套功能需要提升。

（2）大规模的拆除重建不可行，需要新思路——政策、规划不支持。

2　思路与对策

2.1　当前城市更新的转变趋势

在深圳市"十三五"城市更新专项规划中更新思路的大转变，以低碳发展为目标，限制拆除重建类更新项目范围，鼓励旧工业区复合式更新、城中村综合整治等有机更新模式，减少不必要的拆建行为。

2.2　趣城理念

在大拆大建不可行的情况下，趣城理念应运而生。采用针灸式的疗法，通过对局部点的激活，激发整个片区的活力。

旨在以城市公共空间为突破口，营造一个个有意思、有生命的城市独特地点，形成人性化、生态化、特色化的公共空间环境，通过"点"的力量，创造有活力有趣味的岗头。

2.3 规划目标

为片区产业升级和研发产业集聚提供高端的生产性服务和高品质的生活服务，实现"两大融合、三大提升"：

产城融合：从公共服务设施匮乏、环境品质差的单调城中村到"多元生活"的舒适的居住配套区。为华为、富士康等企业提供良好的城市生活。

村城融合：激活城中村，成为与城市良好衔接的复合功能区。

（1）提升城市功能，提供高品质的城市公共服务。

（2）提升居住环境，提供多样化的居住空间，服务片区职居平衡。

（3）提升公共开放空间，打造促进交流的城市公共空间环境。

2.4 发展策略

（1）"针灸—激活—优化"的片区功能提升策略。

（2）多政策联动：土地整备＋城市更新政策联动的实施策略。土地整备的留用地落在更新范围内，提高合法用地比例。土地整备带来的拆迁安置在城市更新项目统筹解决。

2.5 改造适宜性分析

1）理性选择发展空间

由现状的用地权属、建筑质量、现状道路、土地利用现状和现有公共空间与规划的规划路网、功能分区及开敞空间和创意点相结合，得出政策解读与比对多方协同的改造范围。如图2所示。

2）优先拆除重建范围划定原则

如图3所示。

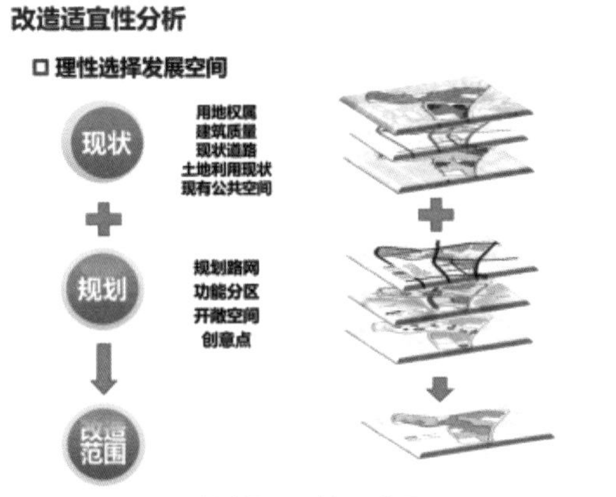

图2 理性选择发展空间示意图

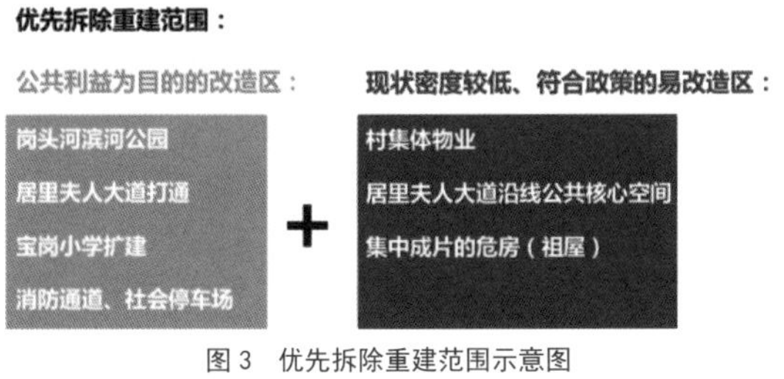

图3 优先拆除重建范围示意图

3 方案与行动

3.1 方案：土地整备与城市更新联动

1）土地利用规划

总用地面积为15.42万平方米，建筑面积为72.17万平方米。

2）交通规划

a. 张衡路改道的可行性研究；b. 主要道路和轨道交通；c. 内部机动车可达通道（包括消防通道）；d. 慢行系统——增加共享单车热点，提高节点凝聚力。

3）公共设施规划

规划人口为5.12万人。方案中规划6、9、18班幼儿园各一个，54班九年制学校一所。

4）实施方案：土地整备＋城市更新＋趣城微更新

拆迁范围总面积：22.78万平方米，城市更新面积14.18万平方米，土地整备面积8.60万平方米，趣城微更新面积28.43万平方米。城市更新范围合法用地比例45.92%，未达到60%的城市更新门槛。

采用城市更新与土地整备政策联动的方式。留用地指标落在更新范围内，转为合法用地。城市更新合法用地比例上升为67%。土地整备和城市更新总建筑面积现状为42.45万平方米，总回迁量为41.60万平方米。

5）经济测算

将剩余法的公式演变为求取项目利润率的公式。通过预测房价、取得成本、税费等相关参数，测算出项目利润率水平，进而判断项目利润率是否达到市场平均水平。本方案利润率达到市场平均水平。

3.2 专项提升行动：趣城·社区微更新行动

通过"针灸式疗法"的城市设计手段改善片区城市面貌。推进看得见、摸得着的民生实事的落实，如社区中的小广场、老村屋、铺地、小公园、候车厅及电话亭等微小地点的更新。通过每个社区若干小地点高品质的更新实践，在规划区范围内形成微更新的大系统，提升片区整体形象。微更新特色功能分区：形成文化创意、商业服务、创业孵化为主的特色功能分区（图4）。

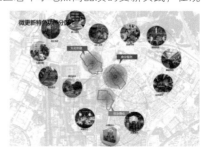

图4 微更新特色功能分区示意图

4 实施与建议

（1）城市更新地价收益提取一定比例作为趣城微更新的启动基金。

（2）列入区财政投资计划或街道办相关计划，将趣城微更新项目形成一个项目库。

代码之余生活所需

刘亚微
上海同济城市规划设计研究院

1 以人为本，建设 life style 科创中心

1）以人为本，关注需求

建设成为具有全球影响力的科技创新中心是上海 2040 的核心发展目标之一，张江科学城将作为全球科技创新中心的核心承载区和综合性的国家科学中心。

"张江男"所代表的创新创意人群，是提升城市科创水平的核心要素，除了建设更现代化的生产办公空间，更多的是要关注他们的生活需求和精神需求。

2）学习纽约，建设 life style place

硅谷一直是国内科创基地或者高新技术产业园学习和借鉴的对象，但年过 50 的硅谷正面临"中年危机"。2004 至 2014 年，全球达到 10 亿美元估值的 134 家公司，其中超过 60% 在硅谷以外创立，越来越多优秀的科技初创企业出现在加州湾以外的地区。其次，虽然硅谷仍是美国拥有最多身家 10 亿美元以上科技初创企业的地区，但纽约、波士顿、洛杉矶等城市正以更快的增长速度威胁着硅谷的垄断地位。另外，硅谷的生活成本尤其是住房成本不断增长，并且文化单一，对人才的吸引力下降。

相反，纽约开始逐渐追赶硅谷，向科技创业"聚集地"转型。一些硅谷名流开始将纽约视为创建科技创新企业的更佳场所，2015 至 2016 年，准备离开硅谷的科技从业者中希望到纽约发展的占比从 38% 上升至 47%。其次，根据德勤发布的《联通全球金融科技：2017 金融科技中心报告》，2016 年纽约和硅谷的全球科技中心排名分列第三和第四。

从硅谷到纽约，是 work style 到 life style 的转变。张江更需要学习的是纽约，未来应当建设成为 life style place，从而吸引更为高端的人才。高端的人才是因为喜欢这里的生活而来，相反，普通的人才却仅仅是因为能找到工作才来的。

2 需求特征：就近、夜行、多类型

通过新浪微博的签到数据，获取张江人的游憩活动信息，并以热力图（图 1）的形式反映活动强度，从而试图了解这些特定人群工作之余的游憩活动状况。

其中，有三个基本特征：

（1）就近：热力图显示游憩活动集聚度最高的地区是张江高科半径 1 公里的范围，大约 80% 的游憩活动都集中于此。其次，同比全国 20 个高新区的出行大数据，创新人群存在着以 30 分钟为极限的活动规律，这些人群更偏好短

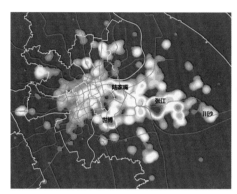

图 1 全部游憩活动集聚热力图
数据来源：新浪微博

距离和小范围的活动。

（2）夜行：热力图显示游憩集聚强度第二位是世博 – 昌里路片区，昌里路是上海著名的美食夜市。进一步而言，这个热点区域并非来源于高大上的世博展馆，更多的来自于昌里路夜市的贡献。

（3）多类型：从全部游憩签到信息中，进一步筛选出具有文化属性的信息，可以发现张江人在工作之余，还会去电影院、图书馆、展览中心、剧场以及博物馆科技馆等文化场所。其次，张江 35 岁以下的年轻人比例明显高于其他地区，而通过问卷调查发现，张江年轻人偏好电影、话剧、展览和音乐节等文化活动。再者，问卷调查显示张江的就业者和居住者共同的文化需求是演出、影视以及阅读，而张江就业者更偏好于展览、艺术欣赏、自我表达及文化交流创造等活动。如图 2、图 3 所示。

图 2 文化活动集聚热力图
数据来源：新浪微博

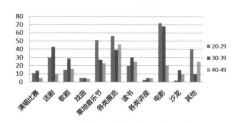

图 3 张江不同年龄文化活动偏好

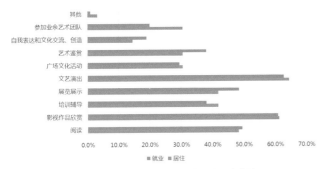

 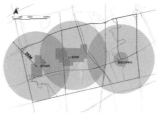

图6 张江公共游憩中心　　　　图7 公共中心服务覆盖情况
数据来源：钮心毅老师团队

图4 张江就业和居住者希望参加的活动类型
数据来源：问卷调查

3 张江困境：科技高地，文化洼地

（1）违背"就近"：分类统计签到信息之后，可以发现张江人的文化活动（图5）虽然丰富，但丰富的活动中却仅有看电影是可在张江就近实现，其他活动都需要去相对较远的陆家嘴或者市中心。其中，图书馆、会展和剧场的就近实现率接近于0。举例而言，热爱阅读的张江人，却只能选择距离10公里的浦东图书馆，甚至是杨浦区上理工图书馆。有着强烈"就近"活动特征的张江人，却仅仅只有40%的文化活动可以在张江本地实现。换言之，张江人为了满足多样的文化活动需求，被迫违背了"就近"的原则。

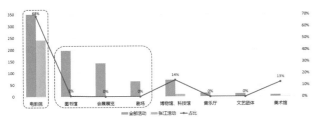

图5 张江文化活动占比情况

（2）难以"夜行"：工作之后，张江人在本地可以参与的文化活动只有看电影，而他们希望的话剧表演、音乐会等活动，只能去市区等其他地方实现。

（3）文化洼地：张江现状文化设施缺乏，仅有2处博物馆（动漫、中医药）、2处美术馆（1处在建）、5处科普馆、1处200座的附属小剧场（动漫博物馆剧场，开放时间10:00–17:00，周一闭馆）和4处影院，以及张江镇图书馆。其中，专业性的博物馆和科普馆无法对应张江年轻人的日常文化需求，而街镇级图书馆更多的是服务于退休的中老年人。

4 结合公共中心，弥补文化设施

张江亟需弥补文化设施，扭转文化洼地的困境。

通过案例分析，发现纽约、巴黎、伦敦这些国际文化大都市，他们的文化场所有一定集聚性，并且与其他城市功能的融合度较高。比起独立占地功能单一的高等级文化设施，张江更需要的是类似K11和喜马拉雅这种既有商业功能又有文化功能的活动场所，应当鼓励融合开发，结合公共中心建设文化设施。通过增补这样的文化场所，从而满足张江创新

人群希望就近获得丰富文化活动的需求，使得他们工作和生活的小圈子，文化氛围更为浓郁。

首先，通过手机信令数据，识别张江地区现状的公共游憩活动中心。人工校对舍弃错误信息（驾校）后，张江现有的公共游憩活动中心有两处，分别围绕张江高科以及金科路轨交站点（图6）。以30分钟出行范围来看，现有的两处公共中心无法覆盖张江的全部区域，东边存在明显的盲区（图7）。因此，可以结合现有的家乐福和高科商业广场，新增一处公共中心，以满足张江人就近活动需求。

其次，叠合现状文化设施和现状公共中心地区，发现两者的耦合度较低。张江高科公共中心仅有一处电影院和当代艺术馆，金科路公共中心仅有两处电影院。因此，在现状文化设施的基础上，应对需求，应当结合公共中心，增补演出类和图书类等文化设施，并鼓励商业空间与文化艺术空间融合建设。如图8所示。

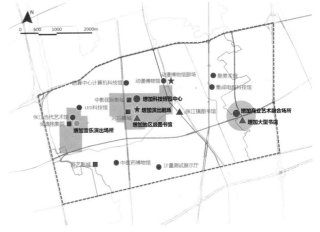

图8 结合公共中心增补文化设施

5 几点思考

科创中心建设除了关注生产效率之外，更要关注创新创意人群的生活需求和精神需求，更丰富多彩的生活才能吸引人才，留住人才，激发人才。

每个地区都存在差异和个性化，不同人群的文化需求不尽相同，文化设施规划不能按照标准一概而论。针对不同的使用人群，进行本土化研究，更好更细致地去了解需求，补人民之所需，提生活之品质。

产权地块作为历史城镇空间形态的研究对象与空间形态管理工具

——以同里古镇为例

董 征

上海同济城市规划设计研究院

1 地块在国内城镇空间形态研究与管理中的应用及分类

地块作为城镇空间形态的重要组成部分，被广泛得应用于城镇空间形态的研究与管理之中。但在诸多研究及应用中，"地块"这一概念的内涵并不统一，集中体现在划分方式上，主要分为以下几类：

第一类是按照现状建筑肌理对地块进行划分，例如里弄型、院落型、多层行列式和无序组合型等。

第二类是按照现状功能或结合现状功能与建筑肌理对地块进行划分，例如居住地块、行列式居住地块等类型。

第三类是按照土地产权对地块进行划分，划分所得的地块被称为产权地块。

2 产权地块与其他类型地块在城镇空间形态层面的不同

根据土地产权进行划分的地块因为与土地使用权以及土地上的房屋产权息息相关、直接影响居民的财产及生活，从而具有了其他类型地块没有的特质。

2.1 产权地块具有明晰的利益个体

每个产权地块都具有明确对应的利益主体。利益主体作为财产的所有者或使用者，必然会对其利益进行维护。而按照建筑肌理以及现状功能等要素进行划分的地块，往往包含多个产权单位，利益群体中的各产权单位难以形成统一整体。

2.2 产权地块最有排他性

产权的最一般、也最直观的特征是排他性，产权地块排他性主要体现对产权地块边界改动的阻力以及防止周边产权地块对自身生产生活的妨害。一旦相邻产权地块的空间形态变动对其生产、生活造成影响或不符合相关法律法规规定，产权地块业主便会通过协商、申报等方式解决，从而起到监督、管理的作用。

2.3 产权地块是城镇空间形态变化之时的地块边界

在我国的土地批租等制度约束下，在开发建设、更新改造带来城镇空间形态变化之时，对其进行边界限定的是产权地块，而非功能或建筑肌理地块。

3 应用产权地块研究、管理历史城镇空间形态的意义

产权地块自身的特征与特质，与历史城镇空间形态的特殊性相契合。利用产权地块研究、管理历史城镇空间形态能够解决保护发展中的面临诸多问题与挑战。

3.1 历史城镇保护与发展需要社会治理

首先，"小规模、渐进式"的历史城镇更新与发展模式得到广泛认同，但诸多研究及实例说明，该模式已经超出了政府的有限财政能力，并且让开发商望而却步。因此，依据社会治理的理念，发挥社会各界力量，协调多元主体，就成为了"小规模、渐进式"模式实现的重要途径。

其次，"生活的延续性"是判断历史街区价值的重要依据，历史街区的复杂性和多样性也来自于其中的自主更新。而以原住居民、社会组织等为主体的"自主更新"是公众参与的重要内容，是社会治理的重要内涵。

最后，在我国历史城镇空间形态的管理中，常常出现执法力量单薄，监督力度不够的情况。将社会力量纳入空间形态管理中，可以弥补执法力量不足的问题。如图 1 所示。

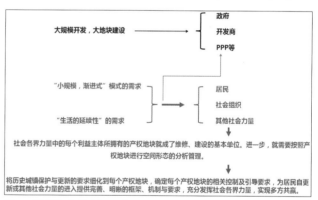

图1 "小规模、渐进式"的历史城镇保护与发展模式需要按照产权地块来管理

3.2 发挥社会治理的作用应以产权地块为基本单位

在社会治理理念下，不论是"小规模、渐进式"的模式还是"自主更新"，其对应的主体都不再单单是政府或开发商，占主导地位的是以居民为代表的社会各界力量。因此，社会各界力量中的每个利益主体所拥有的产权地块就成了维修、建设的基本单位。进一步，就需要按照产权地块进行空间形态的分析管理。

另外，因为产权地块所具有的排他性，当某一产权地块内空间形态变化时，其周边的利益主体会对自身利益进行维护。因此，在产权地块内空间形态变动前，将该地块空间形态管理要求告知相邻产权地块业主，可以将社会各主体共同纳入到空间形态的管理之中，实现社会治理的理念。而且，由于涉及到自身利益，相邻产权地块业主的公众参与积极性以及监督管理力度、反应速度均可得到保障。如图 2 所示。

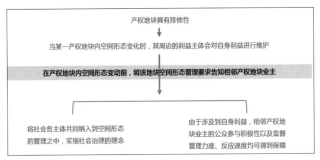

图2 发挥社会治理的作用应以产权地块为基本单位

4 实证研究——同里古镇基于产权地块发挥社会治理作用的管理制度

4.1 为私人翻建、维修、整治提供完善可行的制度体系

同里基于《江苏省吴江市同里历史文化名镇保护规划》的要求，为古镇区内私人建房、维修及立面改造制定了一套较为完善的管理制度体系（图3），为发挥居民等社会各界力量提供明晰的机制与框架。主要包括提供相关材料、部门联审、提供方案图纸、办理手续费用及施工过程管理等步骤。更重要的是，该制度根据古镇自身特征做出了有针对性的要求，包括历史镇区内房屋翻建需要D级危房鉴定报告，部门联审保证各部门管理要求的落实，房屋翻建需要领取对因为保护要求而无法满足消防间距、日照间距的两份声明，四邻签字保证周边产权地块业主的权益等。

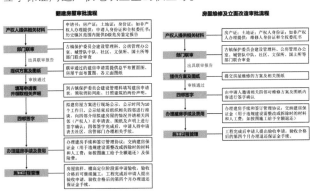

图3 同里古镇区私人建房、维修及立面改造流程

4.2 "四邻签字"充分体现社会治理的作用与意义

除了提供完善可行的管理制度体系发挥居民等社会各界力量外，四邻签字作为整个流程中重要的一环，在社会治理方面具有更丰富、重要的意义。通过向四邻介绍拟建房屋的情况并请四邻进行签字确认，一方面将相邻产权地块业主共同纳入到空间形态变化管理中；另一方面，由于涉及到自身权益，相邻产权地块业主对方案实施的监督管理将成为工程按图纸施工的重要保障。更重要的是，在四邻签字过程里，无形之中增加了邻里之间的交往，稳固了社区邻里关系，同时使业主学习了古镇保护及其他相关要求，培育了社区能力，为社区参与古镇保护与发展提供支撑。

4.3 实施效果

同里历史镇区内2008年至2016年完成私人房屋翻建

39处，私人房屋翻建具有一定数量，分布较为广泛，以居民为主要代表的社会各界力量已经成为古镇更新与发展的重要参与者。翻建的房屋绝大多数与古镇空间形态相协调，尤其是建筑高度、建筑体量等得到了较好的控制（图4、图5）。但对于建筑风貌（特别是房屋的粉刷），部分没有按照图纸施工，对古镇风貌造成了一定影响（图6）。加深古镇产权地块业主对传统建筑风貌重要性的认识，将社会治理的力量延伸到风貌领域，是同里接下来空间形态管理的重点。另外，通过对私房翻建业主的访谈，可知四邻的要求及监督对其房屋建设制约作用明显，并且业主对古镇高度、立面、屋面结构等具有认同感，证实了四邻签字的社会治理作用与意义。

图4 2008年至2016年完成私人房屋翻建建成状况

图5 同里古镇区大部分私人建房与古镇风貌相协调

图6 部分私人建房风貌问题突出

城市历史地段声景特征及其在遗产环境保护中的发展对策

李会娟　许熙巍
天津大学建筑学院

声景（ Soundscape ）即声音景观，是"地景"（ Landscape ）一词的类推，意指用"耳朵捕捉的风景"或者"听觉的风景"，也是一种强调个体或社会感知理解方式的声音环境。研究发现，人对环境的认知 10% 来自听觉，可知"观"占据环境认知的主要地位，但"听"在环境认知中，一方面是独立的景资源，另一方面对遗产环境品质产生增进或贬损重要作用。

声景三要素包括声音、听者和环境，不同于孤立要素，它鲜活存在于其整体氛围中。前些年，声景概念被移植进了风景园林领域，产生了一批理论与实践成果。在城市规划方面，也开始注重对不同空间的声景观探索，但将声景与规划相结合，通过规划手段对区域声景进行保护设计、利用声景营造手段加强遗产环境的场所感和文化归属感的相关研究还少。

1　城市历史地段的声景价值

历史地段的声景是城市规划学在传统视觉空间之外，对人文文化全方位发展的重要补充。在更新规划中，还可通过声景传承历史街区的文化及空间特色。同时，历史街区的新旧声景不断演化，新的融入及旧的削弱，优秀的声景需要在辨别的基础上，以规划保护的方式进行传承与发展。

2　天津五大道历史街区的历史声景研究

声景的一个关键状态是"静"，静是一切声景的基础和条件。研究选择原天津英租界，曾经的英国文化输出地，清朝遗老遗少和民国政要的政治避风港，现今的五大道历史文化旅游街区为研究对象。作为一些低调隐士的高档居住区，五大道一开始便奠定了大隐于市的清幽和鸟鸣琴瑟的声景氛围。

研究分析五大道的历史文献记载，将五大道的历史声景特征总结为：

（1）大隐于市的生活作风奠定了其清幽雅致的整体声景特征。低容量、低密度的独院洋房、联排洋房、里弄式住宅和种植园等，使其深处闹市依旧清幽独立。较低的背景音使得具有美感及文化的声景更易识别及营造完善。

（2）王宫贵族、文人雅士喜好附庸风雅，曲乐之声就是五大道的文化代表。古典音乐、传统戏曲融汇在五大道，绕梁的余音名满天津。

（3）隔离市井的清幽大院里，遗老遗少们与蝈蝈、天鹅、野鸭、虎皮鹦鹉、热带鱼及金鱼等厮混在一起，尽享自然之声。

（4）马蹄声、送报声、吆喝声是英租界时期赛马文化、天津市井文化在五大道街区的特殊体现。

3　天津五大道历史街区的现状声景研究

研究在五大道历史街区的 6 条东西向道路上选择了 18 个不同功能的空间作为测点（图1）。观测点涵盖曾经的名人旧居、教会、职工居住区、餐厅、种植园和体育场等，现在的行政办公、零售商业、餐饮、旅馆、体育场、居住及公园（图2、表1）。

图1　各测点平面分布图（自绘）　　图2　各测点主要声音类型（自绘）

表1　五大道现存的主要声音类型（自绘）

五大道现存的主要声音类型	
与精神或宗教相关	钢琴声、管弦乐声、缥缈的音乐声、马蹄声、讲经声
与自然相关	风声、雨声、鸟鸣声、马蹄声、狗吠声
与生活相关	交通声、交谈声、学校铃声、跑步声、打球声、邮差送报声、叫卖声、孩子嬉闹声、公交报站声

3.1　声景构成要素解析及空间分布规律

对声景观测数据进行构成要素解析及等效 A 声级分析，五大道内的平均声级分布于 53–75 dBA 区间，部分地块声级高变化无序（图3）。但部分地块声音幽静有趣，与现状功能相得益彰，能较好提升空间文化品质，如部分名人旧宅们曾深居的院落内曾有的"声乐之乐"与"自然之乐"也还存在，在安静的街区环境下形成了独特的风景。

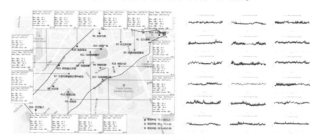

图3　各测点声级区间及等效 A 声级（自绘）

3.2　声景空间特征与空间影响因素分析

（1）交通空间——交通声是现状的主要噪声声源。越接近街区边缘（城市干道）声级越高，道路交口、地铁口、公交站点和慢行空间噪声等级逐渐降低。

（2）居住空间——交通相对方便，交通噪音是主要声源。内部声级与其临街建筑高度、贴线率、院落围墙形式、建筑空间肌理及小区绿化等息息相关。

（3）公共及商业服务空间——受外部交通声的影响程度取决于其道路宽度、院落布局、空间尺度等因素，内部声源多以活动声、优雅的音乐声及自然声为主，能较好体现历史文化特色。

（4）公共活动场地——分布在片区及街区核心位置，交通集中、功能复合，声源随功能增加而变得更加复合。

4　声景在遗产环境保护中的发展策略

基于历史文化体现及声音舒适度，提出针对五大道历史街区声景分区控制、交通线路优化、沿街界面指导和建筑肌理组合等发展策略。

4.1　进行五大道声景分区控制

在历史文化体现及舒适度方面，以名人故居、公司改建的公共及商业服务项目基本能保留原声景氛围。如天津基督教女青年教会，上培训课儿童的优雅的学琴声、嬉戏声、交谈声，洋溢着低调的古典文艺生活气息。此类历史院落，声景能反映原有文化生态，规划保持声景原状，即"零设计"。

部分名人故居、公司，简化了历史要素，对文化的体现较为单薄，此类院落需规划添加能唤醒文化记忆的、积极的声音要素，进行声景"正设计"。如原英国驻天津领事馆的纳森旧居，声景可延续其英式庭院田园特色，营造春有鸟声，夏有蝉声，秋有虫声，冬有雪声的声景，增加生机活力。

最后，受交通噪音、商业噪音污染较严重的区域需要去除或屏蔽听觉景观中不必要的、消极的声音的区域，进行"负设计"（表2）。

表2　观测点的声景控制策略（自绘）

4.2　优化专项交通路线及街巷空间

基于交通噪音是影响居住区、商业区声环境的主要因素，在现有道路格局、交通管控的基础上，增加动态交通管理。

4.3　编制沿街界面指导、推敲建筑肌理组合

尊重街区内文化及空间多样性，控制建筑后退红线、建筑沿街贴线率、建筑高度、围墙等，灵活运用历史街区内与

表3　院落肌理与声景特征（自绘）

声景密切相关的规划、建筑等空间"语言"，使其对外部、内部声音的传播、阻隔发挥相宜的作用（表3）。

5　启示及意义

声景，作为一种无形非物质要素，是对传统文化要素进行更全面的补充还原，历史街区的遗产环境保护中应设立相应对策，一方面是对声景文化的传承，另一方面也提升历史街区的环境品质。研究希望打破以往规划保护单纯对物质和空间要素的重视，从精神层面、无形之中弥补历史街区的文化缺失，进一步落实在规划的保护控制之中。

推进城市屋顶面更新利用的方法研究

胡　斌

深圳市城市空间规划建筑设计有限公司

1　研究的原因与内容

屋顶面是城市重要的潜力空间资源，可以拓展城市绿化活动空间、改善城市生态，但过去普遍被忽视。在新的城市发展阶段，"提升城市品质"、"开展城市双修"和"建设海绵城市"等新的发展理念对屋顶面建设提出了新的要求。

因此，我们开展了本项研究，研究的核心问题是探究如何促进屋顶面更新利用的方法，希望通过完善屋顶功能，修复屋顶景观，并进一步引导生态化和活动化利用，最终让城市更加美观、生态、富有活力。具体研究内容包括了现状研究、规划研究、政策研究和实施研究四大部分。

2　研究思路

2.1　现状研究部分

不同于传统的踏勘，屋顶面现状调查要求抬高视野，另外还存在因调查范围过大而带来的困难。我们则通过无人机航拍、与宁波市测绘中心合作共享建筑普查资料、GIS分析等手段，最终形成了定性与定量结合，兼顾全局概况与局部重点的现状分析。

2.2　规划研究部分

城市屋顶面的深层特征是"从属性"，从属于不同建筑，管理上从属于不同部门，改造上从属于不同项目，因而屋顶面规划需要综合考虑不同层次的因素，具有极强的复杂性。我们无法在宁波三江片范围内明确每个屋顶面的具体利用策略。针对这一难点，我们提出建构由横向空间与纵向分类引导相结合，嵌入与补充至现有规划的编制体系。

2.3　政策研究部分

该部分既需借鉴已有经验，又能结合宁波实际。为此，我们通过案例研究总结政策经验，同时与宁波市多个相关部门和专家进行座谈，建立信息衔接，保障政策建议的适用性。

2.4　实施研究部分

为促进研究能够得以实施，我们通过开展多部门座谈，对接实施计划，选出典型片区或建筑作为近期实施抓手。

3　研究成果介绍

3.1　借助无人机航拍，定性分析与评价了屋顶面的建设状况

存量屋顶面普遍缺乏利用，具体包括：老旧住宅屋顶面呈现出老化杂乱的景象；以天一广场为典型代表的商业建筑

屋顶面除了少量绿化种植外，以设备存放和空置为主；高校园区以多层平屋顶为主，但现状基本空置，缺乏利用；产业区低多层大面积平屋顶普遍缺乏利用。如图1所示。

新建区域积极尝试屋顶面的利用。比如，东部新城积极探索屋顶面利用的法定化，将利用要求纳入城市设计导则与土地出让条件。以太阳能利用政策为典型的上位政策直接推进屋顶面的利用，在新建项目中得到较好的推行。部分市场力量也自发主动尝试屋顶面利用，如超市屋顶上开辟停车场、办公楼自发建设屋顶花园、酒店利用屋顶作为运动场地等。但新城区仍有较多屋顶面欠缺利用与景观处理，以文化广场为典型代表。如图2所示。

图1　宁波三江片典型存量屋顶面航拍照片

图2　宁波三江片典型新建屋顶面航拍照片

3.2　借助建筑普查资料与GIS定量分析

进一步量化分析得出，规划范围内共有屋顶面4518万平方米，现状已利用的屋顶面面积约69万平方米，占比1.5%，利用率低；且主要利用方式中以铺设光伏发电板为主，

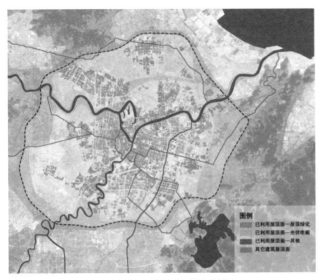

图 3　宁波三江片屋顶面利用现状图

占比 60% 以上，实施屋顶绿化、设置运动场地等其他多样化的方式较少。如图 3 所示。

3.3　构建屋顶面规划框架与引导体系

我们建构了较为合理的城市屋顶面规划框架与引导体系，首先在宏观与中观层面对三江片的屋顶面进行横向空间引导。基于"风貌"和"利用"两个维度，通过叠合不同因素，形成不同层级的重点管控区（图 4）。

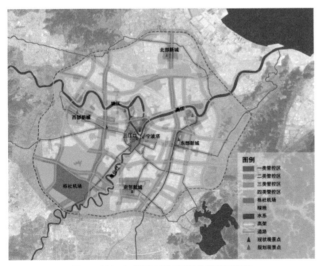

图 4　宁波三江片城市屋顶面重点管控区划定

其次，在微观层面我们进行了屋顶面的纵向分类引导。即，根据城市屋顶面的多样性，以及不同屋顶面对应的具体修补策略不同而进行的类型化与微观层面的引导。本研究主要考虑住宅、公共建筑、商业办公建筑、工业建筑和市政类建筑等五大类型，以及每类均考虑存量和增量两种屋顶面，

并按照提出问题、分析问题和解决问题的路径予以指引

最后，提出将屋顶面规划内容嵌入与补充至规划编制体系的各个层次，从宏观的城市总体规划中的屋顶面建设引导，到微观的建筑设计中的屋顶面利用要求。

3.4　提出适用的政策建议

政策建议一：由政府主动推行，包括成立项目、实施组织、推进计划三部分，并建立财政和法规支持制度提供保障。

政策建议二：定强制性政策，建议将高度低于 50 米的公共建筑以及位于高层密集区的商业办公平屋顶面，纳入强制性利用范畴。

政策建议三：鼓励屋顶绿化折算配套绿地面积，对宁波现行规范进行修订。

政策建议四：制定更多其他鼓励政策，如直接现金补贴、间接减免税收或其他费用等。

3.5　实施抓手建议

研究提出以三江口和文化广场为实施抓手提高研究可落实性。三江口是宁波的城市中心，现有在建的宁波塔建筑，高度超过 250 米，建成后将成为城市新地标和观景中心。

文化广场位于宁波东部新城，是重要的城市公共中心。针对其风貌杂乱的现状问题，我们提出了改造和利用的初步建议（图 5）。

图 5　宁波文化广场屋顶利用改造示意

从"绿地塔楼"到"可负担品质住宅"

——纽约区划条例与住宅形态演变

李　甜
同济大学建筑与城市规划学院

1　1961 年区划与绿地塔楼模式

1961 年纽约颁布新版区划条例，废除 1916 年版本，其中："第三章住宅分区建筑体量规范"的基本框架延续至今，也是目前纽约城市与住宅建设的蓝本。基于绿地塔楼模式在公共住宅建设中取得的成功，倡导阳光和空气的生活方式改变了纽约的城市设计理念，开放空间受到空前重视，现状街区中过高建筑密度也得到改善。因此，纽约开始将绿地塔楼嫁接于传统街区的实践历程，开放空间随着城市住宅更新建设逐渐渗透。如图 1 所示。

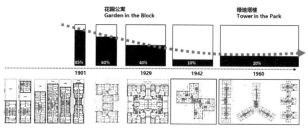

图 1　绿地塔楼模式极大降低住宅建筑密度

1.1　引入容积率及奖励机制

新版区划条例首次引入容积率及"开放空间率"（OSR: Open Space Ratio）两个指标，在中高密度住宅区，针对不同住宅层数用 FAR 和 OSR 控制建筑形态。在此标准下，住宅可以不贴近道路，有了多种布局可能。为了鼓励开发商在该原则下尽量采用少占地、多楼层的开放空间方案，政府进一步推出了开放空间奖励（incentive zoning）制度：如果开发商采纳更少的占地方案，并且将场地作为公共空间使用，那么可以给予上限为 20% 的额外容积以及"容积率合并"（lot merger），从而推动"传统街区 + 绿地塔楼"模式推广。

1.2　街区塔楼特征

"绿地塔楼"模式在不同街区规模中的建设实践使开放空间得到了更广泛运用及思考，基于未来急剧提高的私人汽车使用也提供了足够的停车场地。即使在很多城市公共住宅建设都饱受争议且被认为是一种错误选择，但对纽约来说，绿地塔楼是孕育出至今仍发挥重要作用的区划控制工具的重要原型（图 2）。容量标准的引入建立了住宅开发规模与形

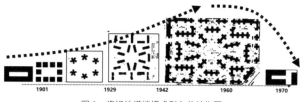

图 2　将绿地塔楼模式引入传统街区

态的关联，以达到合理控制住宅建设的目的，之前依赖对建筑密度或高度的进行限制手段由于缺乏容量基础，造成脱离实际的城市发展形态。

2　1987—2015：文脉区划与包容住宅

2.1　现状问题

对开放空间的追求使纽约在高速建设时期形成了两种截然不同且彼此冲突的城市肌理并延续至今。在下东区表现得最为明显：超大街区绿地塔楼与出租住宅为主的传统街区肌理的对抗性。在街区层面上，塔楼模式虽然有效的引入开放空间，降低了建筑密度，但也生硬的干预了原有的街道风貌，使沿街环境变得杂乱无章（图 3）。相较而言，虽然出租住宅居住舒适度不佳，但其营造的街道氛围和步行友好环境使城市变得宜人且充满活力。虽然建造质量和居住品质尚佳，但公共住宅"均质"且"朴素"的立面在各个社区中普遍存在。由于丧失设计品质，这类住宅外观千篇一律，其巨大的体量和冰冷外观带有工业时代的烙印。

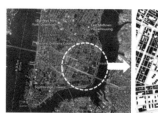

图 3　绿地塔楼模式引发的文脉冲突与街道界面无序问题

2.2　引入文脉区与包容区

1970 年代，纽约着手对区划条例进行修改并于 1984 年提出"文脉区"（contextural zone）条例，对城市现状特定范围内具有特定典型建筑风格和统一街道肌理的地区进行保护，防止破坏性建筑形态的出现，这类区域的新建住宅应按照现有文脉特征进行开发；在建筑风格或形态各异、无主导性样式或街区肌理的地区，视作非文脉地区（non-contextural zone），这类地区开发并必须遵守的现状形态，因此开发商可自愿选择文脉标准或容量标准进行开发。如图 4 所示。

1987 年，纽约还引入包容开发政策：在 R10 区（主要分布在曼哈顿的中城部分区域、布鲁克林中心区、长岛及布朗克斯南部）及具有相似开发强度的商业区，如果开发商提供一定比例的可负担住宅，可以提供为 20% 到 33% 容积率奖励。2005 年，包容区进行拓展，增加了一系列特别容许包容住宅开发的地区，称为"指定区"（DAP: Designated

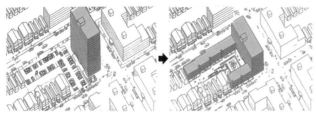

图 4 从街区塔楼向文脉塔楼的形态转变

包容程度	完全隔离	部分隔离		相对融合
项目名称	Northside Piers	40 Riverside Boulevard	505 west 37th street	The Edge
建设形式	形态隔离 社会隔离	形态融合 楼层隔离	形态融合 楼层隔离	形态融合 设施隔离
图例				

图 5 包容住宅形态特征

Area Program），和 R10 包容区相比，DAP 提高了目标家庭收入标准并取消了不可申请政府住房项目补贴的限制，提高了对开发商的鼓励力度。如图 5 所示。

3 面向未来的可负担品质住宅

3.1 现状问题

纽约贫困人口比重从 1999 年的 24.5% 下降到 2014 年的 21.1%，但住房负担却明显加重。1980 年代纽约开始出现住房短缺、价格上涨的问题。至 2010 年，纽约中等住房租金水平较 1970 年代已上涨一倍，而中等收入水平却没有太大变化。纽约虽然拥有全国最多的公共住宅项目，但房源极其紧张；住房开发部（HPD：Department of Housing Preserving and Development）持有的用地及住房数量也持续减少。随着城市开发与用地消耗，可建设土地持续减少：空地数量从 1995 年的约 5.7 万块减少到 2006 年的 3.6 万块；与此同时，土地价格也大幅度提高。品质住宅政策极大促进了居住区建成环境品质，但是对建筑形态的严格控制对室内空间倒起了相反作用。通常情况下，开发商会以最简单的建筑体量达到容积率准许的上限，可能与品质住宅标准的初衷背道而驰。如图 6 所示。

3.2 可负担品质住宅

历经两年的研究论证，纽约于 2017 年初正式颁布最新区划条例，其中"第三章：住宅设计规范"进行了全面调整

私密性差　　　入口简陋/层高太低　　　体量怪异/立面呆板

图 6 品质住宅政策对住宅形态的影响

并纳入"可负担品质住宅"标准（ZQA：Zoning for Quality and Affordability），旨在进一步提高住宅品质及可负担性。ZQA 的推出对纽约乃至美国住宅未来发展均具有重大影响，其修订内容主要包括以下几方面：

1）强制包容区

ZQA 将自愿性包容开发改为强制性包容项目（MIH：Mandatary Inclusive Housing），提高对包容住宅的支持力度。此外，增加了同地建设应避免区别建设对待的典型问题，比如可负担住宅如果同楼建设必须覆盖至一半比例以上的楼层，允许异楼建设但在规格和品质上不能有显著差异，避免可负担住宅居民受到污名化等不公困扰。

2）降低面积与提高层高

修改最小面积及密度控制标准：中高密度住宅区住宅套面积最低 30.2m2（325ft2），这是自 1879 年以来，纽约首次对居住面积做出降低的调整，目的是套密度满足要求的基础上，容许小微住宅建设。此外，为了提高室内空间品质，杜绝 QH 标准执行以来部分地区层高过低的问题，ZQA 提高了住宅的基准限高及总限高，使文脉区住宅开发都能达到层高不低于 4m 的"品质底商"（QGF：Quality Ground Floor）标准。此外，规定沿街界墙不再完全平直，允许建筑立面在纵向上的进退变化，从而丰富街道界面，也可以形成出挑门廊或内凹庭院等活跃的入口形式。

3）降低停车标准

纽约区划规范对住宅项目的停车有强制要求，而停车设施建设是住宅项目的重大支出。2014 年，规划局开始着手对纽约的交通区进行修订，目的是通过减少公交沿线范围的可负担住宅停车要求降低住宅造价，进一步住宅开发量以及土地利用效率。区划对公交站点辐射范围的集合住宅且汽车自有率较低的地区进行界定，作为新的交通区。更新后，纽约交通区从曼哈顿中、下城大幅扩展，几乎包含城市所有地铁线周边的地块。

4 结论与启示

从纽约住宅建设形态发展过程来看：工业化勃发时代，住房水平提高是以较低的价格为基础，居住水平限于满足基本生活需求；公共住宅时代，住房价格与建设水平有了长足发展，住房品质也有大幅度提升；品质住宅阶段，住房价格大幅增长，居住水平提高速度放缓，并侧重于城市风貌协调；直至住房价格超出可负担水平，纽约住房建设体现出品质与价格均衡发展的方向。

随着住宅区划条例的多次修订，纽约住宅建设体现出更加丰富的形态及社会多样性。包容住宅建设量虽然有限，但对居住融合行之有效，鉴于开发规模日益降低，包容居住也拓展至更小的地块及更深的层面。自品质住宅实施以来，纽约住宅形态的丰富性进一步得到提升，大量社区都基于文脉标准进行更新建设，使纽约街道肌理和城市风貌得到了修复与延续。

嘉兴市小城镇环境综合整治浅谈

脱斌锋　苏　亮

嘉兴市城市发展研究中心

1　研究背景

浙江省于 2016 年 9 月份下发《浙江省小城镇环境综合整治行动实施方案》，在全省范围内全面推动小城镇环境综合整治工作。为进一步贯彻落实省里的要求，嘉兴市以"四个全面"战略布局为引领，牢固树立创新、协调、绿色、开放和共享的发展理念，深入实施新型城市化战略，统筹规划、建设、管理二大环节，全面开展市域内 70 个小城镇环境综合整治行动。

2　嘉兴市小城镇环境综合整治行动特点

嘉兴市小城镇环境综合整治围绕"一加强三整治"和"六大专项行动"在全市域 70 个镇全面铺开。提出了"走在前列、勇当标尖"的目标，从打造具有国际化品质的现代化网络型田园城市的定位出发，推进小城镇环境综合整治。

规划引领，整体谋划。

按照多规合一的要求，依据镇规划和《浙江省小城镇环境综合整治技术导则》，以镇（街道）为编制主体，科学编制环境综合整治规划，整治规划以镇总体规划为依据，并与相关规划有效衔接。规划应以环境卫生整治、城镇秩序整治、乡容镇貌整治为重点，提升设施配套水平，并应纳入镇规划，贯穿整治工作全过程。

2.1　市长领衔，专家指导

市长亲自担任市领导小组组长，市委、市政府分管领导具体负责，市整治办和六大专项组集中办公、实体化运作，建立十项工作制度，做到组织领导到位、机构场地到位、人员落实到位、工作职责到位、运作制度到位和经费保障到位，全市上下联动、统筹推进。如图 1 所示。

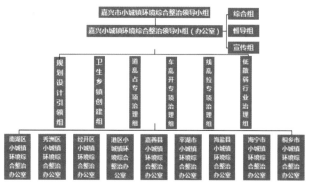

图 1　嘉兴市小城镇环境综合整治组织机构图

成立嘉兴小城镇环境综合整治技术指导服务中心，抽调城市规划、建筑、交通、市政、园林和景观等方面的专家常驻技术服务指导中心，定期对镇里整治工作进行技术指导和服务。邀请江浙沪 30 家规划设计单位和 60 名专家，组成规划设计服务团为基层提供技术咨询和指导服务

2.2　驻镇规划师制度

公开选聘懂技术、有经验、接地气的专业人才担任驻镇规划师，为小城镇坏境综合整治保驾护航。目前，全市已选聘驻镇规划师 53 名，争取尽快实现 70 个小城镇全覆盖。

3　嘉兴市小城镇环境存在的问题

3.1　卫生乡镇创建方面，水体污染，垃圾乱堆

工业区内垃圾收集点为粗放型管理模式；范围内部分水域垃圾乱堆严重，且河道沿线基本没有绿化种植。存在占道经营、垃圾随意丢弃的现象，垃圾运输设备比较缺乏，市场污水随意排放；环卫设施缺乏，路面、屋顶和楼道存在堆放杂物、积水现象，蚊蝇滋生严重。

3.2　"道乱占"方面，车辆违规停放

机动车、非机动车违规停放，占用非机动车道和人行道，影响行人、非机动车正常通行。违规堆放，影响道路两侧环境。

3.3　"车乱开"方面，交通标志、标识不明，行车秩序混乱

部分道路坑洼且积水比较严重，缺乏交通隔离带，因而随意停车严重影响行人、非机动车正常通行，相关停车场、信号等设施未建设到位。

3.4　"线乱拉"方面，架空电力线较多，线路随意搭接，空中蜘蛛网

现状架空电力线线较多，架空管线架设比较随意，局部区域影响严重影响城镇景观风貌。工业企业、老街道、镇郊居民区和农村居民点都属于"线乱拉"的重灾区。

3.5　"低小散"企业方面，产业类型低端，有一定污染，企业形象破败。

粗放的生产模式，使得大部分小城镇的产业分布空间分布"低、小、散"，没有形成具有竞争力的产业发展平台。产业重构现象严重，缺少县域内的产业管理协调机制，造成资源浪费。污染严重，环境治理困难，工业企业形象破败，严重影响城镇景观。

4 嘉兴市小城镇环境综合整治"六大专项行动"

4.1 规划设计引领专项行动，编制环境综合整治规划

依据《浙江省小城镇环境综合整治技术导则》，以镇（街道）为编制主体，科学编制环境综合整治规划。通过小城镇环境综合整治规划，健全了镇村规划编制体系，加强了整体风貌规划管控，强化了整治项目设计引导，完善了小城镇规划设计实施制度。

4.2 卫生乡镇创建专项行动，加强路面保洁、水体清洁、街巷环境整洁。

健全地面保洁机制建设，严格执行生活垃圾"户集、村收、镇运、县（市）处理"工作机制，大力开展垃圾减量化、无害化、资源化处理，实现镇村生活垃圾集中收集、分类处理全覆盖。

加强河流、湖泊、池塘及沟渠等各类水域保洁，逐步恢复坑塘、河湖、湿地等各类水体的自然连通，推进清淤疏浚，保持水体洁净。

大力实施植树增绿、见缝插绿、拆违补绿和拆墙透绿行动，多植乔木和珍贵、乡土、彩色树种，做好庭院绿化、道路绿化、公园绿化，提升园林绿化水平和绿化景观。

4.3 "道乱占"治理专项行动，提升道路、街巷管理水平

加强道路路域环境综合治理，改善道路交通功能，取缔占道经营、堆物、违建等现象，全面整治公路桥下空间违法堆物、违法施工和违法建筑等。通过加强联合执法，规范经营秩序，合理设置经营疏导点，划定摊贩设置点，全面取缔违规经营、乱设摊点等行为。通过老旧小区提档整治，积极推进镇中村、镇郊村和棚户区改造，优化住宅功能布局，改善居住环境。

4.4 "车乱开"治理专项行动，规范行车、停车秩序

加强道路交通违法行为查处，整治车辆不按规定停放、车辆和行人不按交通信号灯规定通行、车辆逆向行驶、机动车占用非机动车道行驶、车辆违反规定载人、酒后驾驶机动车、无证驾驶机动车、驾驶无牌无证机动车、骑乘摩托车不按规定戴头盔以及机动车非法运营和出租车拒载等行为。整治乱停车，加强车行道与人行道的管理，合理划定路内停车区域及泊位标线，严查违规停车，实现非机动车辆停放秩序明显好转。如图2所示。

4.5 "线乱拉"治理专项行动，有序梳理小城镇供电网络

重点解决乱接乱牵、乱拉乱挂的"空中蜘蛛网"现象。有条件的地方要借鉴城市地下综合管廊建设的做法，积极实施架空线入地改造。加强电网改造升级，建成结构合理、技术先进、供电可靠和节能高效的供电网络。

图2 道乱占、车乱开专项整治行动

图3 退散进集专项行动

4.6 "低小散"块状行业治理专项行动，推进工业企业资源整合

淘汰落后产能，深入实施低小散块状行业整治提升"十百千万"计划，全面排查整治安全生产、环境保护、产品质量、节能降耗不达标以及其他违法生产的低小散、脏乱差企业（作坊）。加强小微企业园和标准厂房的规范管理。全面摸清现状行业家底，提出整治措施、工作任务及要求。如图3所示。

5 结语

国家宏观经济社会发展进入新常态，过去外延粗放式的扩张将被注重内涵、注重质量、注重品质提升的新型发展模式所取代。新型城镇化是以人的城镇化为核心，加快转变城镇化发展方式，小城镇发展要走特色化、品质化发展道路，体现智慧、绿色、人文的建设理念，提高小城镇发展的宜居性。嘉兴小城镇环境综合整治需要我们所有的参与者不浮不殆，不急不躁，筚路蓝缕，久久为功。

提升城区品质与民生设施保障水平

——天津城市近期建设指引

吴　娟
天津市城市规划设计研究院

十二五期间，天津每年以"年度 20 件民心工程"方式，将提升民进民生水平作为市政府工作重点，切实改善居民居住生活品质，使城市品质大幅提升。为进一步落实十三五规划，编制了《天津市近期建设指引（2016—2020 年）》，民进民生作为其中一个重要篇章。按照"着力保障和改善民生"的要求，通过提升城区品质、完善公共服务、建设特色镇村三个方面，为城乡居民提供丰富多元的社区服务、无微不至的邻里关怀、便捷宜居的社区环境和舒适趣味的公共空间，切实提升城乡居民的居住生活品质。如图 1 所示。

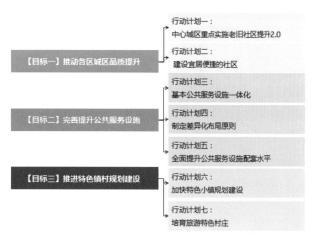

图 1　目标与行动计划纲要

1　推动各区城区品质提升

2014—2015 年，《天津市中心城区就楼宁居住功能综合提升改造实施方案》对中心城区 560 个老旧社区进行了改造工程，累计 2592 万平方米，涉及 41.9 万居民。该工程具体涉及绿化、道路、线路及设施等方面的改造更新。该项工作具有快速、高效、统一的特点，切实改善了老旧社区居住环境水平，提升居民居住质量。

实施后的问题逐步凸显：一是缺少因地制宜的社区改造规划，缺少与居民生活结合的定制化改造设计；二是缺少管理体系构建，改造后的社区设施谁来维护，谁来管理，仍然存在管理空缺问题；三是缺少社区居民的参与，在具体用地使用功能设计与变更方面缺少与居民的沟通，造成居民认可度低，以及后期损坏严重。

1.1　中心城区重点实施老旧社区提升 2.0

增强社区空间的可体验性和可识别性。在中心城区 560 个老旧社区改造的基础上，计划在各区各选取 2~3 片老旧社区进行试点，实施老旧社区提升 2.0 计划。试行新的规划思

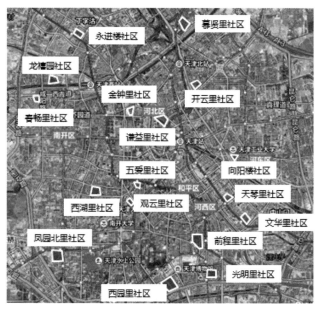

图 2　拟进行老旧社区 2.0 计划社区分布

路和方法，更有针对性的对老旧社区进行个性化定制，强调"社区规划师"的作用，以及社区居民的公众参与过程。有针对性地提升社区的开敞空间、公共设施、景观环境，增强小区空间的可体验性和可识别性，提升居民居住质量。如图 2 所示。

培育"街道创生空间"。为了让城市街道更有趣味，针对成熟社区周边人流密集的生活性道路，各街道选取 2~3 条 200~300 米的道路，对围墙、座椅、窨井盖、街头雕塑和绿化小品等经过创意改造，与日常生活联系起来，增加共享空间，提升城市活力。

1.2　建设宜居便捷的社区

一是根据我市目前各类社区公共服务设施建设情况，以及居民切实需求情况，近期重点加强居家养老服务、社区婴幼儿早教、社区文体活动室三类设施建设。居家养老服务中心设施重点建设日间照料服务中心、老年配餐服务中心等社区养老服务设施。

二是增强社区配套基础设施，结合社区环境整治，近期建议采用斜坡停车、立体式停车等新技术手段，缓解老旧小区停车难问题；提高垃圾收集和转运的管理和监督水平。

三是提升社区公共空间环境，近期规划新建提升 100 个街心和社区公园，力争做到城市任意点出发 500 米可达街头心绿地，1 公里可达街心公园或集中绿地。鼓励健康、休闲设施与绿地融合布局。

2 完善提升公共服务设施

目前，我市社区公共服务配套设施不足现象明显。据测绘院最新摸底调查，对全市街道单元进行公共服务设施排查，其中有将近一半街道单元缺少社区商业、幼儿园等公共服务配套设施。而"十三五"期间，公共服务设施项目占总项目的20%，但其中没有街道级设施。另一方面，新建社区公共服务配套建设滞后问题严重，大量新建大规模社区缺乏公立幼儿园等相关设施。

3 基本公共服务设施一体化

通过便民行政超市、老旧社区便民设施补建工程等工作，进一步完善方便群众办事及日常生活而集中设置的居住组团公共服务用房根据《天津市组团级社区便民行政超市规划设计指引》，社区便民行政超市是指为方便群众办事及日常生活而集中设置的居住组团公共服务用房，主要内容包括居委会、物业管理用房、警务室、公厕和商业服务网点（早点铺、便利店等）五项内容，并对建筑布局、高度、标识等内容统一规范。

4 制定差异化布局原则

人口结构变化对公共服务设施具有差异化要求。人口快速老龄化（图3），对养老设施要求越来越大；随着"二孩"政策的全面放开，即将迎来对幼儿园等设施的大量需求。

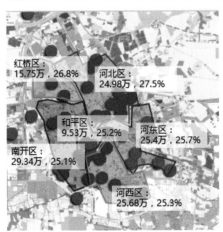

红桥区：
15.75万，26.8%

河北区：
24.98万，27.5%

和平区：
9.53万，25.2%

河东区：
25.4万，25.7%

南开区：
29.34万，25.1%

河西区：
25.68万，25.3%

图3 天津市市内六区老龄人口规模与老龄化率

5 全面提升公共服务设施配套水平

积极推进文化设施、教育设施、体育设施和医疗卫生设施等城市公共服务设施的整体配套水平，有效提升居民的生活品质。

6 加快特色小镇规划建设

特色小镇是农村居民就近就地城镇化的重要载体，是辐射带动周边乡村地区的就业中心和公共服务中心。特色小镇建设要坚持"政府引导、企业主体、市场运作、开放共享"的原则，积极引入市场机制。编制特色小镇建设导则，指导特色小镇规划编制工作，推进首批14个特色小镇规划建设，强化空间特色，提升文化内涵，培育特色产业，全面增强小城镇核心竞争力和人口吸附能力；同时，做好特色小镇规划储备，有潜力的镇超前开展特色小镇建设规划编制工作。

7 培育旅游特色村庄

培育一批旅游特色村，村内从事乡村旅游的经营户数占村总户数20%以上。村容村貌整洁，村内基础设施完善。村内主干道硬化率达80%以上且有照明设施，有稳定的供水供电系统，经营户垃圾集中收集率、污水处理率均达80%，村内有水冲式公共厕所，有相应的停车场所，并建有村卫生室。

8 小结

在本次城市近期规划建设指引中，高度关注民进民生设施，针对城市面临的突出问题制定相应方案。通过"目标–行动计划"的方式，逐层深入，形成可操作、可落实的具体行动计划，以指导近期规划建设。

塑造富有品质与特色的现代化小城镇

——安吉县梅溪小城镇环境综合整治规划的实践与思考

江慧强
浙江省建筑科学设计研究院建筑设计院

1 规划背景

1.1 整治背景

2016年作为国家"十三五"开局之年，是国家新型城镇化战略中"加快中小城镇发展、提升城镇治理水平"两项核心任务的楔入点。加快发展中小城市和特色镇，提升城镇治理水平。

为全面彻底落实中央城市工作会议和浙江省委城市工作会议精神，补齐小城镇发展短板，加快推进"两美"浙江建设，浙江在全省范围内开展小城镇环境综合整治行动。抓环境就是抓生产力，梅溪镇抓住小城镇环境综合整治为契机，构建特色鲜明、活力持续的小城镇发展环境。

安吉梅溪镇入选浙江省第三批小城市培育试点镇，浙江在全国率先作出开展小城市培育试点的战略决策，赋予经济强镇以现代小城市管理体制和管理权限，破除其成长烦恼和管理困惑，通过财政资金的引导，带动地方政府和民间资金投入，助推浙江新型城镇化战略取得实质性突破，这对于全国推进新型城镇化战略，都有很强的典型示范意义。

1.2 梅溪概况

梅溪镇位于安吉县域的东北部，地处杭嘉湖平原西部边缘，是以农业为基础、工业为主导、水上运输业为龙头的城镇。行政辖区范围由原梅溪镇与原昆铜乡于2012年6月合并而成，镇政府驻地晓墅，镇域总面积191.7平方公里。

梅溪因西苕溪沿线常有紫梅盛开而得名，历来商贸发达，水陆交通便利。她曾经是唐宋的商贸名镇，民国之后，一直拥有安吉"小上海"之称。梅溪镇是安吉县的水上门户和陆上门户，是安吉通往湖州、上海等地的东大门，地理位置十分优越。如图1所示。

图1 梅溪在安吉的区位

2 核心问题导向

通过调研分析，梅溪镇现阶段存在以下问题：

第一：梅溪缺乏品牌，特色不突出，缺乏城镇形象代表。

第二：镇区多片区整改建设联动难度较大，管理协调不易。

第三：渔米之乡的自然肌理明显，自然条件较好，但城镇面貌与其不相称。

第四：具有一定的文化底蕴和人文特色，但缺乏展现。

第五：城镇化技术薄弱，基础设施与现代城市服务体系整体不足，急需整治样板；城镇业态模式较传统，由小城镇向小城市转变需培育新的增长极，引领城镇建设。

3 整治重点与探索

3.1 整治目标

计划用三年时间，对梅溪镇开展环境综合整治行动，近期环境整治，应与"三改一拆、五水共治、四边三化"等相结合，针对交通混乱、镇中村混杂、城镇风貌不佳等问题，以环境卫生、道路交通、沿街沿水景观整治为重点，形成路洁、河清、岸绿、景美及人和的城镇特色风貌，彰显梅溪山水田城的特色城镇空间肌理。

3.2 整治策略

策略一：提升城镇品质、完善城镇功能，以建促改，建改结合。

对镇区内的西苕溪、晓墅港、东河浜等主要河道水系，结合环境综合整治，对滨水资源综合开发利用，营造梅溪春张、水乡画境的浙北水乡特色。

通过环境综合整治，对镇区空间环境进行重塑，成为展示梅溪城镇形象的核心载体。补全完善城镇公共服务设施配套，旧镇老区采取有机更新，考虑生态嵌入、凝聚核心，以改促建、建改结合、多区协同、平衡发展。

策略二：打造印象梅溪、唱响城镇品牌

充分挖掘梅溪历史文化、民俗风情等自然资源禀赋要素，根据传统的镇、港、市、工、农的格局，以"渔、米、茶、丝、梅"五个元素为代表，打造梅溪十景，形成梅溪"立得住、看得见、叫得响、传的开"的城镇品牌和金名片。

策略三：植入多元增长极，点亮小城市培育

以梅溪镇入选浙江省第三批小城市培育试点镇为契机，通过"以港兴镇、港镇互促"的发展思路，植入多元产业形成增长极，引领梅溪由小城镇向小城市的蜕变，实现跨越式发展。

3.3 整治规划

1）整治范围

《浙江省小城镇环境综合整治行动实施方案》提出整治范围"以乡镇政府（包括独立于城区的接到办事处）驻地建成区为主要对象，兼顾驻地行政村（居委会）的行政区域范围和仍具备集镇功能的原乡镇政府驻地"。梅溪镇整治范围分为一般整治范围和重点整治范围。

一般整治范围主要为梅溪镇建成区、周边近两年有开发建设需求和管控区块，包括老梅溪片区，晓墅片区，独山头片区，荆湾村片区以及梅晓路沿线两侧，面积约 2.86 平方公里。

重点整治范围主要为老梅溪组团和晓墅组团。如图 2 所示。

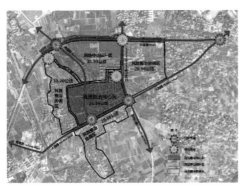

图 2　晓墅片区风貌整治引导

2）整治重点

一加强

全面实施以"一加强三整治"为主要内容的小城镇环境综合整治行动，一加强是指加强规划设计的引领，组织编制小城镇环境综合整治规划，加强整体风貌规划管控、强化整治项目设计引导、完善规划设计实施制度，同时加强与其他相关规划的衔接。

三整治

三整治主要是指整治环境卫生、整治城镇秩序、整治乡容镇貌。

整治环境卫生主要工作内容是加强地面保洁、保持水体

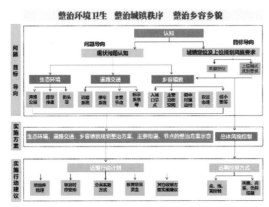

图 3　整治规划技术路线

清洁、争创卫生乡镇。

整治城镇秩序主要工作内容是治理道乱占、治理车乱开、治理摊乱摆、治理房乱建、治理线乱拉。

整治乡容镇貌主要工作内容是加强沿街立面整治、推进可再生能源建筑一体化、整治低小散块状行业、完善配套设施、提升园林绿化和提高管理水平。

三整治的具体整治细则和要求，严格按照《浙江省小城镇环境综合整治技术导则》来执行和细化。

如图 4 ～图 6 所示。

图 4　东河浜滨水景观环境综合整治　　图 5　建筑立面改造

图 6　节点整治效果图

4 整治实施

4.1 项目管理

建立长效管理机制、完善政策保障机制、建立综合监督机制。构建综合参与机制、构建现代城镇治理体系、采取常态化联合执法等多种有效形式，建立健全以综合行政执法、市场监管等为基础的基层执法监管体制，切实维护人民群众生产生活秩序。开展智慧城镇建设、提升信息化水平、建立数字城管平台。

4.2 编制三年行动计划表

编制梅溪小城镇环境综合整治行动三年行动计划表，用以指导后续项目的实施及验收。如图 7 所示。

图 7　梅溪三年行动计划表

基于信息熵的铁西区土地利用结构系统演变特征研究

侯　莹
沈阳市规划设计研究院

1 研究背景

铁西老工业区自 2002 年借鉴了德国鲁尔工业区改造经验，提出"东搬西建"的发展思路。历经 10 多年创新发展，成为了东北老工业基地振兴的先行者和示范区。如图 1 所示。

然而多年来我国对于这一典型老工业区的研究多在宏观政策、空间形态及遗产保护等方面，缺少量化研究。

本文的研究对象是铁西老工业区，范围界定为位于主城区的老区范围，面积为 39.48km²。本文旨在利用信息熵概念研究其土地利用结构在"东搬西建"的过程中的动态变化。

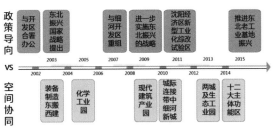

图 1　铁西区发展时间轴线图

2 研究方法

2.1 研究方法的确定

（1）信息熵的引入

本文引入信息熵的概念，采用土地利用结构信息熵测算模型来反映铁西老工业区一定时间段内各种土地利用类型的动态变化及转换程度，分析铁西老工业区土地利用结构信息熵动态变化。

土地利用结构信息熵可以较好的反映区域各种土地利用类型的动态演变规律。信息熵和均衡度作为衡量城市土地利用有序度和集中度的指标，成为描述城市空间结构变化的特征量。一般而言，土地利用程度越高，土地功能越完善，信息熵越大；社会和经济发展越成熟，土地结构差异性越小，均衡度越大。

土地利用系统有序度与信息熵的关系为：信息熵越大，系统就越无序，结构性就越差；相反，信息熵小，系统就越有序。

（2）研究区域可行性

对于信息熵研究对象的选择，借鉴已有研究，可总结为结构功能完善的完整性较强的区域。

铁西老工业区位于主城区西侧，与主城区之间被铁路分割，四周被铁路线包围，形成了一个相对完整独立的区域（后期在改造过程中通过对贯穿东西的沈辽路的处理，改善了其

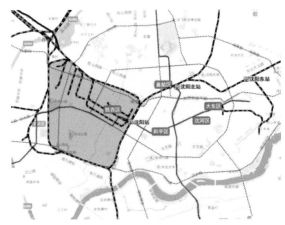

图 2　铁西老工业区与周边关系区位图

路网与中心区联系薄弱的问题）（图 2）。且铁西老工业区历史上"南宅北厂"的空间布局都表明该区域是一个独立的工业老城区，具备作为研究对象的条件。

2.2 研究模型与测算

本文首先利用信息熵模型对 2000—2015 年四期土地利用结构的时间演变进行计算分析。

（1）信息熵计算模型

信息熵可表示土地利用的混合指数，不同类型用地占总面积的比例计算式为：

$$P_i = \frac{S_i}{S} = \frac{S_i}{\sum_{i=1}^{n} S_i}$$

根据信息论原理，定义土地利用结构信息熵为：

$$H = -\sum_{i=1}^{n} P_i \times \ln P_i$$

（2）均衡度与优势度计算模型

均衡度描述了土地利用类型之间的面积关系以及土地利用的均质程度，表达式为：

$$E = \frac{H}{H_{max}} = -\sum_{i=1}^{n} (P_i \times \ln P_i) / \ln n$$

基于均衡度的概念，构建出优势度公式：

$$D = 1 - E$$

3 研究结果与分析

3.1 标准信息熵的构建

由于不同的研究区域都因自身特点而具有符合自身发展的最优土地利用结构配比。本文将符合铁西老工业区规划价值标准的土地利用类型构成的信息熵值定义为"标准信息熵"。

表1 铁西老工业区土地利用结构（预判）

类别名称	占城市建设用地的比例 %
居住用地	40.0
工业用地	15.0
商业用地	8.0
公服用地	7.0
物流仓储用地	0.1
绿地	10.0
公用设施用地	2.0
道路用地	12.0
空闲地/在建用地	5.9

结合上表1的用地构成比例，代入上文计算模型，得出铁西老工业区土地利用结构标准信息熵值、均衡度值和优势度值如下表2。

表2 标准值计算结果

	信息熵	均衡度	优势度
标准值	1.640	0.746	0.254

3.2 信息熵时空综合演化分析

根据上文计算公式，计算铁西老工业区2000—2015年土地利用结构信息熵、均衡度和优势度的数值，结果见表3。

表3 铁西老工业区信息熵与均衡度的变化情况

	2000	2005	2010	2015
信息熵 H	1.606	1.721	1.710	1.583
均衡度 E	0.731	0.783	0.778	0.720
优势度 D	0.269	0.217	0.222	0.280

由计算结果分析：从总体上看，在15年间，铁西老工业区的土地利用结构信息熵变化较大，总体呈先上升后下降趋势。信息熵在四期数据中最高值1.721，最低值1.583，平均值1.652，接近于最大值2.197；这一趋势符合铁西老工业区自2002年以来用地大规模置换的历史过程，但到研究后期，其信息熵向低于标准信息熵值方向发展。

根据有序度与信息熵的关系，则在研究期内，铁西老工业区的土地利用系统有序度经历有序—无序—有序—过度有序的过程。

铁西老工业区由原有专业性城区（以工业为主导）通过"退二进三"又再次向专业性城区（以居住为主导）发展，这也在一定程度上表明铁西老工业区未来发展成为综合性城区的隐患障碍是置换后的用地专一性过强。

3.3 信息熵时空分片区演化分析

由于铁西老工业区在历史上独特的空间格局，南、北用地差异很大，铁西老工业区被以建设大路为界分割成了两个片区。

根据上文计算公式，计算结果如表4所示。

表4 铁西老工业区分片区信息熵与均衡度的变化情况

	2000			2005			2010			2015		
	信息熵 H	均衡度 E	优势度 D	信息熵 H	均衡度 E	优势度 D	信息熵 H	均衡度 E	优势度 D	信息熵 H	均衡度 E	优势度 D
北	1.233	0.561	0.439	1.531	0.697	0.303	1.696	0.772	0.228	1.676	0.763	0.237
南	1.593	0.725	0.275	1.634	0.744	0.256	1.501	0.683	0.317	1.348	0.614	0.386
合	1.606	0.731	0.269	1.721	0.783	0.217	1.71	0.778	0.222	1.583	0.720	0.280

由计算结果分析：

（1）建设大路以北片区：信息熵在15年间变化较大，信息熵最大值为1.696，最小值为1.233，平均值为1.4645，较接近于信息熵的最大值2.197，信息熵总体呈先上升后下降趋势。到研究期末，北片区整体综合性和均衡性都处于较高水平，且各项指标都逐渐向标准值接近，发展态势良好。

（2）建设大路以南片区：信息熵变化较北片区小，信息熵最大值为1.634，最小值为1.501，平均值为1.5675，平均值较高，更加接近于信息熵的最大值2.197，信息熵呈先上升后下降趋势。到研究期末南片区的居住用地呈现明显的主导地位，区域有序度相对较高，说明该片区的综合性和均质性较弱。

两片区信息熵变化在时空上存在明显先后顺序，北片区在研究前期置换进程较快，到研究期末逐渐接近标准值；南片区则在研究前期进程较慢，后期进程加快，但逐渐向偏离标准值方向发展，有序度过高，均衡性较弱，成为该区发展的隐患问题。

4 特征总结

4.1 总体特征规律总结

（1）铁西老工业区的土地利用结构系统有序度经历有序—无序—有序—过度有序的过程。在研究后期逐渐偏离标准熵向熵减方向发展，即发展过度有序。

（2）北片区总体上是熵值增加、有序逐渐降低的过程，南片区是熵值减少、有序度逐渐升高的。北片区在改造过程中逐渐发展成为了比南片区更加综合性强的城市区域，南片区存在居住主导地位过强的隐患问题。

4.2 基于信息熵分析存在隐患

（1）以房地产开发为引导的改造方式潜伏着较大隐患

铁西老工业区的改造基本上是以房地产开发为引导的土地置换方式。由有序度的分析可以发现，在发展过程中逐渐出现了受房地产过度开发所带来的居住用地主导地位过强并导致区域过度有序的问题，影响区域均衡健康发展。

（2）规划工作相对落后

由铁西区改造过程中土地利用系统的信息熵变化特征及用地空间结构演化特征都可以发现，在铁西工业区改造中的规划研究工作是相对落后的，并不能完全跟上改造实践的需求，必然为区域的持续健康发展留下隐患。

4.3 进一步发展建议

（1）统筹发展新区中的两个分支区域，在区域改造相关战略规划的指导下继续有序的推进城区改造。

（2）完善以南片区为主的城区的社会服务功能。

（3）继续推进好区域土地的集约利用工作，高效使用土地资源。

（4）推进优化产业结构和第三产业内部结构，结合土地集约利用，促进区域就业增长。

（5）做好全区生态网络的构建及工业遗产的保护和再利用，助力城区可持续发展。

皮划艇视角

——水岸重塑复兴的创新系统构建

陈竞姝
上海同济城市规划设计研究院

1 水上休闲运动与水上绿道建设

1.1 休闲运动兴起对城市空间的影响

中国近年来健康运动潮流的兴起，不仅催生了很多的运动产业，也对城市空间和城市设施提出了新的发展要求。如马拉松、城市夜跑、共享自行车等成为推动城市绿道系统建设的关键。在这个过程中，水上休闲运动的发展也呈现出一种勃然之态。以上海为例，在过去的几年时间内，以淀山湖、滴水湖两大湖泊为中心发展出数十家帆船和皮划艇运动俱乐部，其中相对帆船游艇等受水域限制较大的休闲形式，皮划艇的灵活机动和较低的参与成本使其以极快的速度拓展到松江、苏州河、迪士尼以及周边的苏州、杭州等地，并从少数爱好者走向大众休闲。如图1所示。

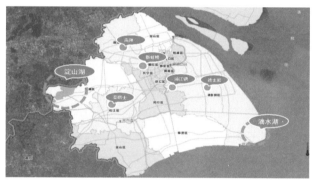

图1 上海的水上运动发展地图

1.2 水上绿道的建设可能性

作为平原水网密集地区，上海拥有26 600条各类河道，而上海的道路才有6千多条，然而这么密集的河网在城市中的识别度却很低。一方面是由于中心区反而是河道密度最低的区域，另一方面也是由于今天城市河道承载的功能大幅度退化，即使进行了景观生态治理，也已成为了一种"盆景"型的城市景观，缺乏活力。对于皮划艇等小型水上运动而言，城市河道是其天然的载体。在水网纵横、河道密布的地区，河道水系应当考虑作为水上绿道纳入总体规划的特色篇章。越来越多的城市也开始进行与水岸结合的休闲运动项目的开展，但由于缺乏包括相关专业经验而难以取得行之有效的成果。

2 皮划艇标准的建立

以"皮划艇标准"作为城市河道水网系统更新的切入点，并非简单的指所有的河道都要能划皮划艇，而是因为这一种

水上运动是最直接的亲水方式。它将观察者的视点迁移到水面，且观察角度从河岸的180°扩展到360°，对河流本身和周边环境的感知度深度提升。无论是对城市设计者还是公众参与者，视点和视角、行进方式的转变都将影响其对城市滨水空间的认知。因此，笔者提出"皮划艇视角"用以更加形象的指导城市生态河道的复兴和发展，其系统包含以下几项内容。

2.1 水生态性

水质的洁净当然是河湖生态建设和修复的首要考量，国家近期出台了多项政策，如河长制等，将中国城市河道水污染治理放到了当前政府工作的重点。河道治污工程是一项长期且复杂的工作。皮划艇等水上活动的开展对于促进地方政府投入整治和选择重点治理区域有着积极的作用。以松江泰晤士小镇为例，2013年泰晤士小镇管理方同意开展皮划艇运动，随后几年随着划艇参与人群的增加，小镇也不断提升区域内水质条件并且扩大可划艇范围，如今穿梭在小镇中的皮划艇已成为泰晤士小镇的一个特色景观（图2）。当地的皮划艇俱乐部还定期举行清理河道垃圾的公益活动，将生态教育向大众普及。在这里，界定"可划艇的河湖水质"将使用Touchable（可触碰的）作为标准，其水质将适当高于普通景观用水，但不提倡耗资巨大的水质净化和景观工程。

图2 松江泰晤士小镇河道景观

2.2 景观的丰富性

传统的滨水地区设计，通常是从上往下的二维平面视角，引入"皮划艇视角"则是强调了从下往上的三维空间视角。从划艇者角度观察河道，通常会形成4个层次的景观。第一层次是水面和水下，这个层次通常在岸上观察是无法注意到的。具有较好生态性的河道其底部通常是水草丰茂，不仅丰富了景观，也是水体自然净化的重要依托。在山东某地的河流生态廊道项目中，我们就尝试了把河底和河滩地纳入水岸景观设计的内容。第二个层次是生态河堤。"三面光"的河道一直被人所诟病，在近几年的河道建设中生态河堤被放到了重要位置，有大量的河岸进入改造过程。在这个过程中应当注意到岸上观水、水上观岸以及两者对望的空间。第三个

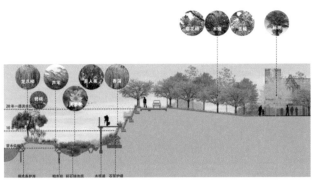

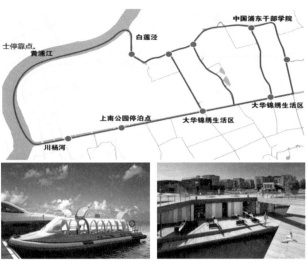

图3 河岸的生态景观设计

图4 河网毛细血管层的缺失

图5 上海世博地区水上巴士线路设计和共享皮划艇站点

层次是河岸绿化。通常河湖岸边都会有较多的绿化种植。皮划艇的速度与自行车速度相似，对于河岸景观的变化节点和长度，可参考这两者的行进速度和观感来进行设计。第四个层次为滨水建筑，优美的滨水界面能够给划艇者带来愉悦的感受。发展出皮划艇运动的河道通常也是具有丰富的滨水功能和良好的建筑风貌的地段。如图3所示。

2.3 网络性

皮划艇等水上运动对河道的连通性、网络性和细节具有很高的要求，而这一点通常是传统的河网水系规划缺少关注的（图4）。河道断头、局部填埋、暗管连接等现象常常将河道切割得支离破碎，无法形成可以流动流通的网络，也成为水质降低的重要原因。我们曾参与迪士尼附近的一个皮划艇基地设计，在设计之初首先做的是探勘区域内所有的水系，找到断点并想办法连接成一个可供皮划艇游玩2小时以上的水网。其中重要的一些改造，包括将原有的跨河平路改为拱桥、将暗管恢复为河道、丰富重要节点的滨水景观，这些改动也使得这个区域的环境得到很大提升。

2.4 公共服务性

河道作为交通运输通道使用具有很长的历史，虽然今天很多河道还具备运输功能，但大多只是货运航道，而中小型水系则已丧失河上功能。有一位工作在张江的皮划艇爱好者曾尝试每天划艇穿越多条浦东的河道上下班，其交通时间在上下班高峰比开车还要快，验证了水系作为新型交通工具的可能性。受此启发，我们在一个针对白莲泾河道功能开发的课题研究中提出开辟水上巴士线路，将白莲泾等多条河道连通包括世博央企总部、张江、世纪公园等区域的一条水上交通和游览线路。并提出选择合适的节点建设皮划艇小码头，创新"水上摩摆"模式，人们可租赁皮划艇通过水上绿道上下班和游玩（图5）。国外有一个app叫做boating map，可看到所有适合划船的水系信息和线路。我们认为这一模式在华东平原这样的水网密布区域也具有很大的发展潜力。

2.5 功能对接与设施配备

在很多和水域有关的规划设计中，常见在设计的核心滨水区规划有游艇游船码头等设施，然而在我们的调研中发现很多并不具备实施可能。水域条件、水深、淤沙、潮汐、消落、水底生态圈、水岸环境以及当地消费环境、客群取向等多方面的因素对水上活动形式、线路、码头岸点都会发生影响，进而影响到未来水岸开发的实际功能布局。而码头也并非只是一个简单的单项设施，观景、休闲、服务、商店、餐饮、加油及废弃物处理等都需要综合考虑。通常情况下针对水域河流的等级规模不同应划定50~200米左右的陆域作为协同研究范围。

3 皮划艇视角与城市双修

在国家提倡生态修复、城市修补的大势之下，各级城市都将河道生态整治以及滨水区域的城市更新作为当前重要的工作之一。在这一过程更需要强调"人"的参与，人不仅是水岸空间的观看者，更应当是体验者和参与者，如果有一天人们可以像骑自行车一样划着皮划艇去上班，那么首先可以想见的是①这个城市一定拥有一个通达的河网；②一定有着洁净的河道水质；③一定有着完善的水岸配套服务；④一定有着优美的滨河环境。我们提出"皮划艇视角"河道体系的建立，从生态到人文、从景观环境到健康运动、从城市设施到开发建设，改变盆景般的城市河道状态，推动一个具有更高可操作性和可持续发展性的城市双修方式的建立。

基于风貌分类的街道规划设计实践
——以上海崇明岛陈家镇街道设计为例

刘　冰　同济大学建筑与城市规划学院
殷雨婷　上海同济城市规划设计研究院

1　研究背景

城镇的街道总体格局以及街道自身所展现出的特性构成了城镇街道的整体风貌特色，是城乡风貌的重要组成部分。街道风貌以街道空间为载体，对于美化城乡环境、提升人居环境品质具有重要作用。它不仅有利于促进本地居民的交往活动，也有利于改善旅游者对于城镇历史文化与自然特色的体验。因此，小城镇的街道风貌对提高地方特色和生活幸福感具有重要意义，在规划建设中必须引起足够的重视。

街道分类是街道规划设计的基本依据和首要环节，是确定街道规划设计方向的一个重要前提。在常规的道路设计中，习惯单纯依赖于交通功能分类及其相关技术规范，以工程性的技术解决方案为主，事关空间特色和美学的街道风貌设计却处于从属地位，也缺乏较为系统的理论指导。实际上，影响街道风貌的因素很多，不同街道的风貌设计要求也有所不同。因此，为综合地考虑街道交通需求、沿线行为活动以及特色价值提升等方面因素，从风貌维度构建街道分类体系对于科学指导街道的规划设计、提升城镇风貌品质具有重要意义。

2　基于风貌的街道分类体系创新

2.1　传统街道分类方法

长久以来，街道的定义大都围绕着它在城市中的功能而产生。一方面，街道作为城市公共空间存在，发挥其作为场所的功能；另一方面，街道承担其作为道路的交通职能，进而被定义为小径（path）、小道（track）、步行道、主干路和高速公路等等（Rykwert，1978）。目前，以交通功能为主的分类方式仍为主导，但渐渐受到了许多机构和学者的质疑，提出应将街道的多重功能（如：土地使用、服务对象、环境、人文及景观等）纳入考虑，赋予街道更加完整的意义，因而形成了道路多重功能分类方法。表1总结了几种代表性的街道分类方式：

虽然林荫大道（boulevard）、干路（avenue）和街道*这些类别中反映了对街道环境的表达，考虑了两侧的建筑限定和以行道树为主的简单绿化形式。但是，一条街道的具体风貌塑造涉及诸多复杂的因素，并不仅限于道路绿化，而是包括建筑立面、空间尺度、天际线和绿化等多方面多层次的设计过程，实现的技术手段也十分多样。国内现行道路分类侧重于交通等级与通达功能，对从风貌视角切入的分类方法尚没有深入的研究，难以有效地指导街道风貌的建设。

表 1　街道类型及其对应等级

	Ebenezer Howard (1904)	Lynch(1981)	Calthorpe (1993)	Marshall, 2002	Quito, Ecuador (2003)	Stephen Marshall, Treelike (2005)	Lima, Peru (2010)	Calgary (2011)	Bogota, Colombia (2014)
	快速路	M2. 快速路		1. 高速公路	快速路		快速路	骨架路	
	大道	M3. 大道							
	（城市）主干路			2. 主干路 3. 集散路	主干路 次干路	主要集散道路 区域集散道路	主干路	主干路, 工业园区道路	
	林荫大道	林荫大道	M1. 林荫大道, 重要道路	主十路, 重要道路				林荫大道、大道	
	林荫路	林荫路			辅路		支路		
	街道	街道	m4. 步行长廊、街道、拱廊		城市道路	其他集散道路	其他道路	支路、街道	地方公路、生活性道路
	其他城市道路	m1. 弯曲的狭边街道 m2. 独头小巷	城市道路, 商业街道	4. 城市道路	步行街	支路			乡村道路
	自行车道		自行车道		自行车道				
	人行道	m4. 广场	行人路						
	小巷		小巷					小巷	

来源：Hidalgo，2014。

上海崇明岛陈家镇总用地面积约224平方公里，是由于长江下泄泥沙在崇明岛周围堆积形成广阔的滩涂，是一个具有丰富自然景观和人文内涵的地域。针对风貌规划的整体要求，尝试从风貌角度对镇域的街道进行分类定义，用于指导未来街道设计工作，以打造陈家镇街道体系的特色风貌。

2.2　基于风貌的街道分类体系构建

街道是具有多重属性的带状公共空间，对街道的定位需综合考虑区位特征、沿线用地、交通功能等多重维度。过去有学者提出了综合考虑通行等级、沿线功能、方式优先的三维道路分类体系（刘冰等，2014），但尚不适用于街道风貌类型的划分。本文基于风貌塑造的特定意图，在方式等级 - 沿街功能的二维分类基础上，进一步引入风貌维度的特征类型要素，形成由风貌（L：Landscape）、功能（U：Frontage Use）以及方式等级维度（H:Hierarchy）构成的三维街道分类体系（图1）。

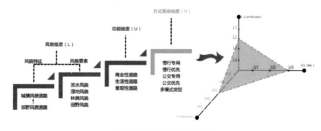

图 1　三维分类系统示意
（来源：作者自绘）

其中，每一个维度中的子项都依据城镇本身的特征而产生，城镇中的每一条街道都落在由这三个维度构成的分类系统之中，获得其确切的特征定位，以指导后续街道设计。

3 陈家镇街道风貌规划创新实践

3.1 强化风貌管控的街道三维分类体系构建

1）风貌类型分析

根据陈家镇整体风貌由沿海向内陆的渐变特征，将其街道风貌类型划分为城镇风貌街道和郊野风貌街道两类。进一步结合陈家镇水、滩、林、田四大典型自然风貌要素，将街道风貌类型划分为：滨水风貌类、林荫风貌类、湿地风貌类以及田野风貌类，形成一个基于城－郊谱系的街道风貌分类框架（图2）。

图2 基于城－郊谱系的街道风貌分类
（来源：作者自绘）

2）街道功能及方式等级类型分析

在陈家镇的城镇地区，街道功能主要依据街道两侧的临街用地类型和界面用途来划定，并结合交通组织确定各条街道的方式优先要求。以优化后的用地方案为依据，对其细类进行梳理后，主要分为居住用地、商业商办用地、公共服务设施用地（包括教育、文体、医疗和社区服务等）、混合用地以及绿地、水域等。根据上述用地的构成，将城镇地区的街道大致归纳为商业性街道、生活性街道以及景观性街道三类。

郊野范围内的道路主要以景观性为主，两侧分布林地、田野、湿地或滨水景观，主要承担支撑区域联系的交通功能，少有停留活动。在绿色出行的理念下，环境敏感地区的特殊郊野道路建议采用公交＋慢行的道路类型。

陈家镇全域的街道功能分类及特点见下表2。

3）三维街道分类的综合结果

综上，陈家镇地区的街道风貌类型有城镇和郊野的滨水型、湿地型、林荫型及田野型街道等八类；功能维度上，分为商业性、生活性以及景观性街道三类；方式等级维度上归

表2 陈家镇全域的街道功能、方式类型及活动特征

区位	用地	功能类型	方式类型	活动特征	
				交通（movement）	场所（Place）
城镇	居住	生活性	慢行优先 公交优先 多模式混合	社区内部交通，限制车速；行人和自行车交通优先	日常的邻里活动，场所功能较商业性弱
	公共服务设施				
	商业用地 混合用地（底层为临街商业）	商业性	慢行优先 慢行优先	限制或禁止机动车通行；步行为主要活动方式，自行车其次	以步行功能较强，大量停留活动发生地
	绿地	景观性	公交专用 公交优先 多模式混合 慢行优先	区域内与区域间交通联系；停留活动较少，绿道型公共交通使用者；较多的交叉口以提高可达性；或为专门的绿道	停留活动较少，多为运动型活动，如跑步等
	水域				
郊野	绿地	景观性	公交专用 公交优先 多模式混合 慢行优先	支撑区域间交通联系，主要为交通活动；公共交通，客运及货运通道；速度较高的自行车出行	两侧人行空间较小；少有停留行为
	水域				
	田野				
	湿地				

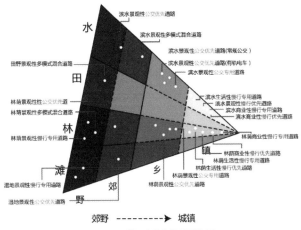

图3 三维组合的街道类型体系
（来源：作者自绘）

纳为慢行专用、慢行优先、公交专用、公交优先以及多模式交通等五种类型。对上述细化的类型组合可以得出陈家镇地区可能出现的街道类型，根据相关规划要求，将不可能出现的组合形式过滤，图3展示了全域基本的街道风貌类型。

3.2 街道风貌组合式设计方法

不同类型街道的设计应契合其本身的"性格"特征，因而在对陈家镇的街道提出具体的设计策略和指引之前，本文详细阐述了定义街道类别的思路与方法，将街道的多重特征加以整合与提炼，形成了面向风貌管控的三维分类体系。

这一分类体系有利于在具体街道设计中采用组合式设计方法，综合考虑风貌特征、交通功能、建筑界面以及周边背景等对街道的要求，将设计要素进行灵活组合与提升，形成针对各种街道类型的差异化设计指引（图4）。

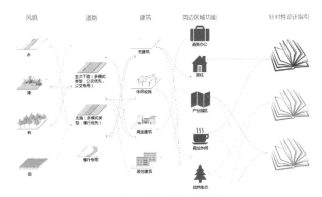

图4 街道组合设计方法概念示意
（作者改绘）

4 总结

对于街道设计来说，街道分类是其中最为基本的一个环节。但传统的分类方法并不完全适用于指导街道风貌设计。本文单独将风貌作为分类的一个维度，弥补了传统分类方法对风貌因素考虑的不足。同时，将陈家镇地域的特色风貌与街道本身的个性相糅合，形成了针对性的设计方法，以促进环境风貌要素在街道空间上的"嫁接"设计，这对城乡风貌建设和环境整治具有实际参考价值。

共享单车时代，我们准备好了吗

韩云月
上海同济城市规划设计研究院

选择这个题目，是因为我本人作为一个共享单车的忠实拥护者，又同时作为一位城市规划师，在单车使用过程中，碰到了很多问题，这些问题引发了我的思考，在共享单车渐热的今天，我们的城市已经准备好了吗？

1 共享单车时代背景

共享单车这个名词，应该是 2015 年才逐渐出现在我们的视野中的，一台手机，一个 APP，轻松扫一扫，就能将漂亮时尚的单车给骑走，无需担心丢失，价格又低廉。所以很快，共享单车如一阵旋风，风靡了大江南北，成为各个城市一道靓丽的风景线，也成为了中国又一张创新的名片。

由于如此受到公众的欢迎，共享单车市场也随之引爆，许多资本也关注到了这个行业，单车公司都在加大车辆的投放力度，以期分到更大的市场蛋糕，截至到去年年底，全国共享单车投放量已逾 25 万辆。

共享单车的出现，很多人多了一种出行方式的选择，尤其是解决了最后一公里的出行难题，使人们可以从小汽车、公交车甚至是黑摩的、黑三轮转移到自行车上来。这种出行行为的变化，不仅对出行者自身，同时也对于城市交通已经城市环境，都带来了积极的影响。

当然，共享单车甫一问世，就受到了政府的肯定和支持，比如去年全国两会期间，上海市委书记韩正，交通部长李小鹏，都非常明确且清晰地表达了对共享单车的支持。

2 共享单车的问题

所以，有了人们的青睐，有了资本的支持，又有了政府的撑腰，共享单车前途似乎一片光明。但是，事情真的如此美好吗？随着时间的推移，很多不满与反对的声音似乎也从各处冒了出来。

首先是影响行人通行的问题，很多共享单车由于缺少停车的场地，或者为了方便，就直接停在了人行道上，有的甚至把人行道全部都占用了，行人几乎无法通行，更有甚者直接在人行道上骑行，对行人形成很大的干扰，安全隐患大增，这种现象在一些老城区、医院或者大型公共设施附近，尤为明显。

另外，上海市的很多小区已经禁止共享单车进入，小区管理者将矛盾直指共享单车乱停放。而表示支持态度的政府，也对单车实行了控制管理，开始大规模地清理共享单车。

其实归根结底，主要是两大问题：

图 1　共享单车无序停放

（1）交通问题，主要是自行车对于机动车以及对行人的影响，从自行车占用机动车的路权和行人的路权（图 1）。

（2）停车问题，主要是停放的无序与随意，共享单车最大的优势就在于没有固定的停车桩，但是过于随意的停放，有时候严重占用了其他交通参与者的交通空间，这个也是现在对共享单车最大的诟病所在。

显然，人们大都将以上问题都归咎于共享单车的无序投放和骑车者的自身素质上，但是这完全是共享单车自身的问题？还是我们城市的问题？面对共享单车时代的来临，我们真的准备好了吗？我们的城市，是一个对单车友好的城市吗？

从历史回顾，在 20 世纪 90 年代以前，我国一直是一个自行车大国，但是随着人民生活水平的提高，小轿车逐渐成为了人们出行的主流选择，随着小轿车的快速增长，道路资源愈发稀缺，而我们的选择是保证机动车的路权，而非机动车的路权被挤压（图 2），非机动车又去挤压更弱势的行人的路权，形成了恶性循环。

另外，我们长期在城市的规划和设计中，忽略了非机动车停车设施的规划建设，造成非机动车常常无处可停。比如，

图 2　机动车对非机动车路权的挤压

在重要的地铁站、火车站附近，重大的商业中心附近、旅游景点附近，往往机动车停车设施很充足，而非机动车的停车设施却很匮乏。

从居住小区的设计方面，在我们的控制性详细规划和修建性详细规划中，所给指标也很少对于非机动车停车位的考虑。

3 建设单车友好的城市

那么，我们该如何来解决这一问题，其实，在上海2040规划中，我们看到了一些很好的思路：

（1）路权更新，将道路分给更多的人。新一轮规划提出，在新城和主城区之间预控快速通道，构建近沪地区一体化路网；在新城与周边城镇，建立以新城为核心的城镇圈快速路系统；在新城内部发展适宜公交和慢行出行的高密度路网。但相对于新增加的道路数量，更主要的是既有道路的使用管理，即路权的重新配置。能不能把路更多的让'人'来使用。例如摩拜单车，它已经成为上海绿色出行的名片之一，有了采用新技术的公共自行车辆，那有没有足够安全、舒适的步行和骑行空间？这就要对现有道路重新来分配路权。"

主城区在完善道路网络功能的过程中，要把公交优先、慢行改善作为根本原则来重新分配道路空间资源。"我们会全面优化公交专用道的网络建设。慢行设施的总量将只增不减，绝对不会牺牲行人和骑行人的空间来满足更多机动车的通行要求。"

（2）慢行交通，把绿色带给更多的人。新一轮规划将建设2000公里以上的绿道系统，这些绿道系统要真正融入市民的生活当中，需要和交通系统紧密衔接甚至叠合在一起。一是提高步行和自行车慢行网络的连续性和功能性。二是营造高品质慢行交通环境，完善"B+R"（Bicycle & Ride，自行车停车和轨道、地面公交交通相衔接）和共享自行车系统。三是进一步优化生活圈慢行交通组织，鼓励以轨道交通站点为核心、慢行交通优先的低碳舒适的交通环境。类似黄浦江两岸滨江行人与骑行为主体、集休闲和健身为一体的专用通道，以及小陆家嘴地区的步行高架，将会加以推广。

另外，荷兰和比利时等自行车交通发达的国家有很多经验，也值得我们借鉴。

加强规划，优化非机动车到的网络。

在城市中规划多条非机动车专用主干道路和次干道路，并连接成网，归入城市综合交通规划中。如图3所示。

（3）对于现有的道路重新分配路权，尤其是明确划分自行车道，用显目的标示，明确非机动车道的路权（如图4所示）。

（4）营造高品质慢行交通环境，完善非机动车与交通枢纽换乘系统（B+R）。

在大型广场、公共设施、交通枢纽附近配置足够的公共自行车停车设施。

图3 专用非机动车道

图4 用显目的标示显示非机动道

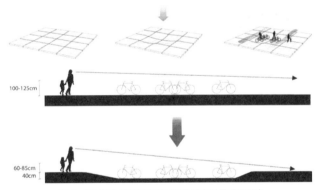

图5 通过设计手段减少非机动车停车对景观的影响

在小区规划里重视非机动车停车设施的配置。

可以用设计的手段，减少自行车对景观的影响（图5）。

加强政府的管理手段，通过一些行政手段，抑制机动车的过度使用，充分保证非机动车的发展。

最后，希望通过以上的思路和先进经验的借鉴，我们的城市能转变道路的发展思路，变机动车优先为慢行交通优先，出行方式中增加非机动车的比例，让我们的城市更加的美好。

基于建筑负荷平稳化的用地布局优化研究

周 梅
上海同济城市规划设计研究院

1 引言

能源供应及能源使用方式是影响城市发展的重要因素，也是用地布局规划时需考虑的因素之一，但往往被忽视。而合理的用地布局及配比，可使负荷趋于平稳、降低峰值负荷，从而减少能源供应设备装机容量、提升系统整体能效。本文将结合具体案例，从降低建筑负荷波动的角度出发，研究考虑能源因素的用地布局优化方法。

2 建筑逐时负荷特性

案例所在地为苏州，总用地面积86公顷，主要用能用地对应的建筑类型有居住、商业、旅馆、办公、娱乐康体和文化设施六种，为本次负荷特性分析的对象。

建筑负荷主要包括炊事负荷、热水负荷、空调冷（热）负荷、照明及日常电器负荷，考虑到炊事负荷、热水负荷相对较小且不同类型建筑负荷互补性不明显，且一般由电力及燃气两种系统解决，因此暂不列入本次分析对象。本文建筑负荷主要指空调（冷）热负荷、照明及日常电器负荷。

以相关规范为基础，运用模拟软件，调用当地气象参数，结合居民用能习惯，可得到空调、照明及日常电器全年逐时负荷，通过折算、叠加可得到各类建筑全年及典型日逐时建筑负荷如下图1、图2所示。

为量化负荷波动程度，定义波动指数为表征负荷波动程度的无量纲常数。波动指数如下式所示，其值越小表示负荷越平稳，反之则表示负荷波动越大。

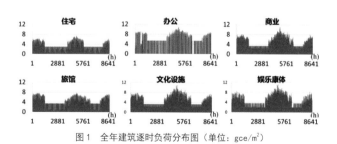

图1 全年建筑逐时负荷分布图（单位：gce/m²）

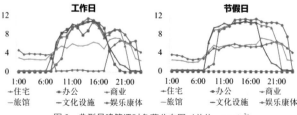

图2 典型日建筑逐时负荷分布图（单位：gce/m²）

$$f = \frac{\sqrt{\frac{1}{n}\sum_{i=1}^{n}(x_i - u)^2}}{u}$$

式中：

f——负荷波动指数；

x_i——i时建筑单位面积逐时负荷；

u——n小时内单位面积逐时负荷平均值。

根据全年逐时建筑负荷可计算得波动指数，建筑负荷波动性由小至大依次为：旅馆、娱乐康体、商业、住宅、文化设施和办公（图3）。

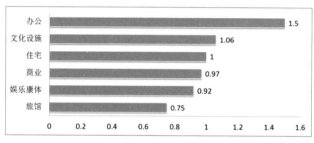

图3 建筑负荷波动指数

由图1可以看出，建筑逐时负荷曲线季节性波动明显，高峰出现在制冷季及采暖季，过渡季较为平稳，办公建筑相对其他建筑负荷持续时间较短，办公、商业、文化设施和娱乐康体负荷较大。

由图2可知，负荷高峰出现时间有一定的差别，工作日尤为明显，因此通过建筑功能混合可消减峰值负荷。旅馆、娱乐康体、商业负荷持续时间较长，日负荷曲线较为平稳，因此波动较小；办公建筑仅工作日运行，且日运行时间较短，因此波动较大。从负荷出现时间来看，住宅与办公、文化设施、商业和娱乐康体具有一定的互补性；办公、文化设施、商业和娱乐康体之间互补性不明显；旅馆因本身负荷较为平稳，与其他建筑互补性也不明显。通过建筑功能混合，减小负荷波动的关键为具有负荷互补性的建筑之间最优组合。

为进一步分析住宅与办公、商业、文化设施和娱乐康体的互补程度及最优组合比例，计算住宅与其他建筑两两组合时，不同建筑面积配比时的波动指数。由图3可知，建筑配比在一定区间范围内时，负荷波动较为平稳，负荷波动在住宅与办公建筑最优组合时达到最小值0.63。从各类建筑与住宅最优组合时的波动指数，可以看出住宅与办公建筑负荷互补性最明显，其次是文化设施、娱乐康体、商业，可见住宅及办公的比例对负荷波动性的影响较大。如图4、表1所示。

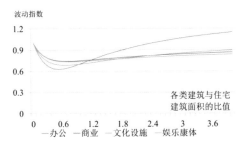

图4 其他建筑与住宅不同配比时负荷波动曲线图

表1 住宅与其他建筑建筑面积最优配比区间

建筑类型	最优配比区间	波动指数
住宅：办公	1:0.4~0.6	0.63~0.64
住宅：商业	1:0.5~0.9	0.74~0.75
住宅：旅馆	1:1.6~无穷大	0.75~0.76
住宅：文化设施	1:0.5~0.8	0.68~0.69
住宅：娱乐康体	1:0.5~1.0	0.73~0.74

3 用地布局优化

（1）用地评估

根据案例的原有规划用地平衡表及相应的容积率控制范围，可计算得优化前的主要用能用地混合后负荷波动指数在0.78~0.92之间，错峰消减峰值负荷11%~18%，最大负荷是平均负荷的4.2倍；容积率变化对负荷波动指数影响较大的用地类型有居住、旅馆、商务，居住、旅馆容积率与负荷波动指数呈负相关关系；商务、科研容积率与负荷波动指数呈正相关关系。简而言之，住宅、旅馆容积率越高，商务、科研容积率越低，越有利于负荷平稳。

（2）用地布局优化

用地布局优化的原则是在尽量减少用地调整及不影响规划主要功能的前提下，通过调整各类建筑比例最大限度减少建筑负荷波动指数。

由计算结果可知，优化前用地的波动指数与最小值0.63有一定的差距，可见用地结构仍有优化空间。案例的核心功能为会展，围绕该功能配置的用地类型主要包括文化设施、旅馆、娱乐康体用地，为不影响核心功能，用地结构优化时维持上述用地比例不变。用地比例调整主要对象为其他对主要功能影响较小的用地，即居住、商业、商务和科研用地。为尽量减少用地调整，本次用地布局优化分析时尽量保持原商务、科研用地及商业用地之间的比例不变，并选取有利于负荷平稳的最优容积率进行分析计算。通过计算，当居住用地面积在18.88~24.74公顷，商务及科研用地在4.40~7.66公顷之间，商业用地在3.44~5.99公顷之间，其他用地维持原面积时，该区域负荷波动指数在0.64~0.65之间，错峰消减峰值负荷28%~32%，最大负荷是平均负荷的2倍左右，与调整前相比调峰量大幅减小，混合建筑负荷特性较优。结合上文分析结果及和区域的功能定位调整用地平衡表如表2所示。

表2 用地平衡表对比

用地类型	优化前		优化后	
	用地面积（公顷）	占城市建设用地百分比	用地面积（公顷）	占城市建设用地百分比
居住	7.94	9.24%	18.88	21.97%
商业	10.81	12.58%	5.96	6.94%
旅馆	8.51	9.90%	8.51	9.90%
商务、科研	13.83	16.09%	7.74	9.01%
娱乐康体	1.66	1.93%	1.66	1.93%
文化设施用地	8.33	9.69%	8.33	9.69%
市政设施	0.61	0.71%	0.61	0.71%
城市道路用地	19.52	22.71%	19.52	22.71%
交通枢纽用地	0.2	0.23%	0.2	0.23%
公园绿地	6.64	0.23%	6.64	7.73%
防护绿地	7.69	7.73%	7.69	8.95%
广场用地	0.2	8.95%	0.2	0.23%
规划建设用地	85.94	100%	85.94	100%

大城小爱，洱海之源
——生态保护下的小城镇开发

胡佳蓬
上海同济城市规划设计研究院

1 生态保护背景

2017年3月，大理州政府召开新闻发布会，自4月1日起，洱海流域水生态保护区域核心区内，所有餐饮、客栈经营户一律自行暂停营业，接受核查。其中就包括著名舞蹈家杨丽萍的太阳宫。

洱海位于云南大理郊区，为云南省第二大淡水湖，其水质优良，水产资源丰富，是迤逦风光的著名风景区。由于洱海的重要性，以及滇池污染的惨痛教训，大理州政府开启洱海保护治理抢救模式实施"七大行动"。

2 项目简介

右所镇位于洱海上游，其境内有弥苴河、永安江、罗时江三条河流由北向南经邓川、江尾归入洱海，属澜沧江流域。三条河流均为洱海主要的入湖河流，入湖水量约占洱海总水量的57%，约占洱海年补充水量的70%。由于洱海生态环境状况直接关系到洱海地区的生态安全，右洱海水源地右所镇的生态保护直接关乎洱海入水水质，是洱海生态保护的重中之重。

3 右所镇生态规划

3.1 生态规划理念与目标——正生态景区、零碳开发

通过清洁能源选择、绿色产业、绿色建筑、绿色交通、废物回用等系统规划，实现"一河三湖"地区真正成为一个具有示范作用的"正生态景区、零碳开发"示范。正生态理念由吴志强在上海世博会设计提出，其旨在"和谐城市"的理念下，构建正生态（E-CITY）城市概念。其由四方面构成

（1）净水：净化水质，清洁环境。

（2）产能：多元利用水，以水利产能。

（3）增绿：强化生态景观,集水处理与景观功能为一体。

（4）降温：利用水、绿综合降低城市开发热岛效应。

3.2 生态规划策略

1）镇域生态保护

策略一：集约发展、总量缩减

规划对整个镇域范围内的建设用地进行集约式发展，引导周边村庄逐步向镇区集中，实现建设总量缩减，保护生态环境，本次规划镇域建设总量缩减约165.01公顷。同时，

图1 右所镇与洱海区位关系

生态敏感区建设量缩减，对弥苴河两侧的建设用地进行拆除搬迁，减少对弥苴河的污染和破坏。对东湖、西湖等生态敏感区域内的村庄进行逐步搬迁，减少对生态环境的破坏。

策略二：全流域保护

规划从局部保护和生态恢复，迈向全流域生态保护。将弥苴河水体从上游注入东、西湖湿地系统中，利用广阔的湿地生态系统净化全流域的水体。在东西湖通过湿地提升自身水质的前提下，分出部分弥苴河水系资源。按照湿地5%的净化能力估算。西湖湿地目前仅能保证净化自身的能力，无法净化新引入的水量，不建议西湖分担弥苴河的净化压力。东湖湿地在保证自身净化前提下，可在弥苴河处引入9

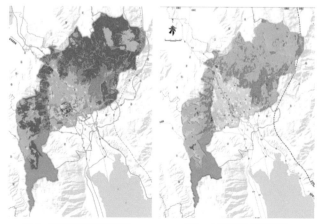

图2 右所镇镇域现状用地 图3 右所镇镇域规划用地

万立方米/天。

策略三：主动保护

在人类活动区与自然涵养区之间设置生态安全控制带，从"被动保护"到"主动保护"。同时利用生态景观手段，将保护措施融入景观设计中。

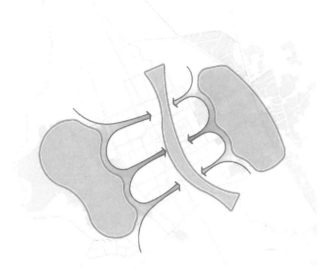

图4 东西湖联动

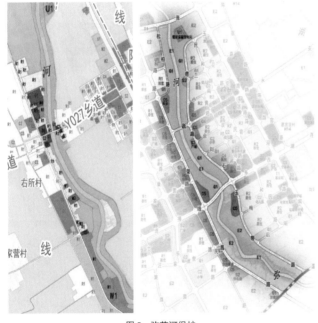

图5 弥苴河保护

策略四：正生态策略

通过清洁能源、绿色产业、绿色建筑、绿色交通、废物回用等系统规划，打造"正生态景区、零碳开发"，把景区开发纳入区域生态系统、环境保护和促进生物多样性；低生态足迹，减少能源需求；综合利用水资源，实现循环用水；采用一体化、高效的资源利用与废弃物管理方式；土地利用规划和交通规划的可持续模式；改善交通可达性，倡导健康的交通出行文化，实现碳平衡；提供充分的、多样化的就业机会，促进社会和谐。

策略五：生态开发控制

通过一序列可以落实到空间上的生态控制指标体系，为未来景区的保护性开发提供技术指标保证。指标体系作为生态型景区开发管理的重要工具，在整个景区开发体系中占有重要地位，它通过建立整个生态景区管理目标，使开发体系有相应的目标。"只有可测量，才能可操作"对总体规划布局、交通组织、生态修复、能源供应、社区体制、水系以及绿化提出了量化要求。

2）镇区生态保护

策略一：生态为本，主动保护

对东湖、西湖的生态湿地恢复和生态保护，保护洱海源头水质。划定保护范围和合理利用区保护的同时合理利用湖泊湿地的价值。

图6 主动保护

策略二：绿楔渗透，东西湖联动

镇区东侧为东湖湿地，西侧为西湖湿地，中间为弥苴河，生态条件良好，规划依托现状水系、景观，形成楔形绿地和开放空间，构建三条生态廊道，链接东西湖和弥苴河，使东西湖和弥苴河景观联动，形成城镇的生态绿肺。

策略三：水系串联、城景交融

规划以田园为底、以水系为脉，营造水绿交织的生态网络。在水岸周边布局城市旅游、休闲、游憩、文化等设施，形成网络化绿地休闲体系。塑造"田园环绕、水网渗透，绿在城中、城在绿中"的生态格局。

养老领域建设运营 ppp 模式浅探

黄　勇
上海同济城市规划设计研究院

1　我国养老现状和 ppp 模式发展背景

当前，中国正处于市场化、工业化和城镇化多重转型期，近年来伴随着人口快速老龄化的进程。国家统计局预计，到 2050 年，中国 60 岁及以上的老年人口将达到 4.37 亿左右，"何以养老"问题成为社会各界关注的焦点。

国家十三五指出，要积极开展应对人口老龄化行动，形成"政府做保障、企业做市场"的养老格局，建设"以居家为基础、社区为依托、机构为补充"的多层次养老服务体系。上海和北京分别提出"9073"和"9064"的养老体系建设目标，即 90% 的老年人通过自我照料和社区服务实现居家养老，6% 或 7% 的老年人通过社区提供的各种专业服务实现社区照料养老，4% 或 3% 的老年人入住养老机构集中养老。

随着中国经济增速放缓，养老等公共服务设施很大程度上要依靠市场的介入，政府会留给社会大量的发展空间。但是，ppp 模式在我国公共服务供给领域的应用仍然处于发展初期，需要从国内现实出发，积极探索和实践。

2　养老领域市场规则的建立

2013 年以来，以《国务院关于加快发展养老服务业的若干意见》（国发〔2013〕35 号）为纲领性文件，一系列新政策陆续出台，包括国土资源部《养老服务设施用地指导意见》以及民政部《关于推进城镇养老服务设施建设工作的通知》等，成为养老领域市场规则建立的基础。主要包括以下要点。

2.1　完善养老设施用地细则，防止变相房地产开发和圈地

明确界定养老服务设施用地是"为老年人提供生活照料、康复护理、托管等服务设施的用地，不包括老年酒店、宾馆、会所、商场和俱乐部等商业性设施"，从而防止专项用地开发成以养老为名义的商业设施，且用地的主导功能是服务设施，而不是单纯的居住；明确专项用地"不得改变规划确定的土地用途"，用途改变为住宅、商业等的，将被依法收回，从而防止先圈地、后改变用途的开发行为；明确专项用地"使用权不得分割转让和转租"，从而阻止用地转为房地产开发；明确宗地规模控制在 3hm² 以下，集中配建医卫设施的也不超过 5hm²。用地适度分宗，可防止一次性占用大面积土地、圈地开发的行为。用地上住宅的套型面积限制在 40m² 以下，防止大户型、类别墅等非养老产品的开发。

2.2　在低价供地上提出租赁供地、设定低起拍价、产品层面准入限制等措施

新政还提出"营利性养老服务设施用地原则上以租赁方式为主"，其目的是"为降低营利性养老服务机构的建设成本"。另外，低价供地的途径更多元化。面向民非机构的"划拨转协议"供地，规避了竞价环节，可实现低成本拿地，也满足了企业对地块产权保障的诉求。营利性机构的"先租后让"供地，当企业已建设、运营养老设施，用地再从租赁转出让，出让时不再适用竞价规定，有助低价拿地。

2.3　增加对营利性养老机构税费优惠

多年来，仅非营利养老机构享受养老服务产业的各项扶持和优惠政策，营利性养老机构并非全部纳入社会养老的管理体系，受扶持优惠较少。新政中，营利性养老机构则受到新政眷顾，包括可减免养老服务的营业税，享受用水、用电等基本收费的价格优惠，减半征收有关行政事业性收费。

3　养老服务 ppp 项目的合作机制

逐步深入市场化的养老地产，需明确其市场定位，形成可持续发展的商业盈利模式。同时，既能解决政府公共福利建设，又能关注民生、就业、医疗和养老行业问题，促进多方共赢。

ppp 模式应用于养老服务领域，涉及到项目建设、运营的各个环节，需要科学合理地设置公私各方参与人的合作方式，实现收益共享、风险分担，发挥各自的优势和资源，更好地提供高质量的养老服务。因此必须完善养老服务 ppp 项目的合作机制。

3.1　公建民营、公办民营等 ppp 合作项目

该类合作项目中，养老服务设施的投资人、设立人均为国家或集体，国家或集体享有设施的所有权；私人部门则

图 1　北京万科嘉园

承担着运营、维护、管理等义务,享有经营权和管理权。承包、租赁等方式的合作项目,项目运营过程中的收益均归属于运营方。而托管方式下的合作项目,项目运营的收益均归属于委托方所有。合同期限届满后,运营方需将项目的管理权转移给项目所有权方。

位于北京万科长阳社区内的嘉园项目,是北京万科首个社区嵌入式养老中心,是政府将公有资产,委托于万科以市场化的方式提供服务。如图 1 所示。

3.2　合资建设类 PPP 项目

在政府与社会资本合资建设养老服务项目的 PPP 合作中,各方根据其出资额设立特殊目的的公司,负责建设和运营。为保证项目实施的公益性,设施所有权仍然归属于国家,只是将设施的运营管理权交给项目公司,或者由项目公司委托给其他专业性的运营商。在特许经营期限内,项目公司享有设施的收益权。在特许经营期限届满后,项目公司仍需将设施的管理权转移给公共部门。

3.3　民办公助类 PPP 项目

在民办公助类养老服务 PPP 项目中,项目建设的资金主要由私人资本投资,项目的所有权应归属于建设该项目的民办机构。在我国目前养老服务市场中,民办养老机构分为营利性和非营利性两种。

北京市民政局等部门联合印发了《共有产权养老服务设施试点方案》,支持乐成公司利用位于朝阳区双桥的自有

用地进行试点(即"双桥恭和家园项目"),试水建设北京首个共有产权养老社区(图 2)。40%～50% 的公共部分由企业自持,住宅部分产权按照企业持有 5%、购房人持有 95 % 的形式分配,购房人可以获得具有 50 年产权的产权证,可以正常出租和转让。

图 2　北京双桥恭和家园

此外,PPP 项目的实施,必须充分考虑私人资本的投资回报,这是养老服务 PPP 项目能够持续实施的关键。养老服务领域的公私合作项目应根据项目实施的具体情况,选择合理的收益模式,包括政府付费模式、使用者付费模式和缺口补助模式等。

4　我国养老产业发展趋势与展望

准确把握养老产业的发展趋势尤为关键,目前来看,养老产业的核心逐渐由以老年为主题的房地产转向提供持续的适老化服务;由过去短平快的地产开发转向长线的建设和运营;依托"住宅地产"延伸拓展养老产业生态链,成为可持续发展方向(万科等);精准化的客户和产品市场定位,以及精细化的复合型社区养老服务体系,成为发展的引领方向(美国 CCRC、"太阳城"等);传统行政主导性养老事业面临产业化转型。

养老产业是朝阳产业,但必须认识到,未来的发展机遇与挑战并存,如何充分利用巨大银发市场需求及产业化拓展潜力,化解传统养老事业发展矛盾并突破体制性困境,是值得深入探究的重要课题。

旅游服务型小城镇公共服务设施配置探索
——以长白山保护开发区为例

雍　翎
上海同济城市规划设计研究院

随着全球化、知识经济的发展以及国民经济水平的提高，人们的生活方式发生了巨大变化，人们对高品质精神生活的追求愈发强烈。在此背景下，涵盖文化体验、观光疗养及游憩休闲在内的旅游产业的发展显得尤为迫切。旅游业的快速发展又对旅游小城镇的公共服务设施的数量和质量均提出了更高的要求。

《城市用地分类与规划建设用地标准（GB50137-2011）》（以下简称国标）及《城市公共设施规划规范（GB50442-2008）》对全国各城市包括小城镇的公共设施配套提出了普适性的指导意义，但对旅游小城镇这一特殊城镇却缺少直接的指导。而当前关于旅游城镇公共服务设施的研究，主要集中在旅游服务设施影响因素及旅游指标体系构建等方面，对于旅游城镇公共服务设施配置的标准缺乏相应的关注和思考。因此，探索全域旅游背景下旅游服务型小城镇公共服务设施的配置方式和配置标准，具有重要的实践意义。

1　概念界定

1.1　旅游城镇

对于旅游小城镇的分类，国内目前尚未形成一个统一的标准。大多数研究基本上从城镇区域位置、旅游资源类型、对游客吸引力程度或是旅游产品的角度对旅游小城镇进行分类，例如平原旅游小城镇、山区旅游小城镇、混合型旅游小城镇的分类；还有观光型旅游小城镇，旅游服务型小城镇和综合型旅游小城镇的分类方式。

1.2　旅游服务型城镇

旅游服务型小城镇其本身的旅游资源并不一定丰富（可能根本没有或者未被发掘），它之所以得以发展，是在它周围旅游景点的推动下实现的。比如萨斯费小镇（Saas-Fee）（位于阿尔卑斯山脚下），它依靠为游客们提供在山上滑雪和观光的服务而发展起来；再如汤口镇，位于安徽黄山南部，到黄山景区旅游的人90%以上是从汤口镇进入的，汤口镇即是旅游服务型城镇。

1.3　旅游公共服务设施

本文认为，根据游客对旅游地城市公共服务设施的不同需求，旅游公共服务设施可分为旅游服务设施和旅游基础设施（图1）。

2　旅游城镇对城镇设施的特殊要求

相对于普通小城镇，旅游小城镇有着特殊的服务对象构

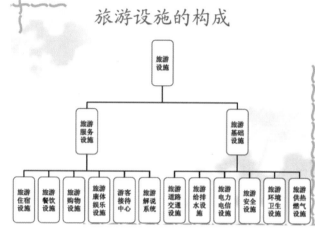

图1　旅游设施构成

成，面对着本地居民和外来游客双重对象，既要满足本地居民的日常生活需求，也要服务于外来游客；而针对不同的服务对象，公共服务设施所需要提供的服务程度也有着较大差别。因此，公共服务设施的功能类型、规模等都有别于其他类型小城镇。

2.1　旅游业发展对城镇设施类型的需求

旅游城镇以旅游业为主导产业，食、住、行、游、购、娱"六要素"共同构成了旅游城镇的重要职能，要实现这些职能，城镇必须提供相应的旅游服务设施，包括住宿、餐饮、购物、娱乐和旅游交通等。

2.2　设施配置需重视游客的规模和需求

由于目前各地出台的城镇设施配置标准多是基于城镇常住人口的需求制定，对游客（特别是过夜游客）的规模缺乏考虑，或没有对各类游客的需求进行细致分析，因此，传统城镇规划的设施配置标准难以适应旅游城镇的要求，特别是设施规模往往不能满足游客的需求。这一问题在旅游住宿、餐饮、停车等设施的配置方面表现得尤为突出。

因此，针对游客带来的公共设施需求，首先需科学预测游客规模（包括住宿游客和非住宿游客），充分满足不同旅游者的需求。在原有公共设施配置标准的基础上，针对不同游客的不同需求，设置不同的人均公共设施配置标准。

3　案例研究：长白山保护开发区三个旅游小城镇

3.1　背景及概况

长白山保护开发区指位于吉林省东南部，以长白山天池为核心的主要地带，是中国和朝鲜边境的界山，同时，长白

山是松花江、图们江和鸭绿江三条江的发源地。长期以来长白山作为吉林省的旅游龙头地位坚不可摧，长白山管委会提出"打造世界名山、建设文化名城、繁荣带动周边、服务全省发展"战略目标。以天池为核心的长白山景区有三条通道（北坡、西坡、南坡）进入景区，三坡旅游服务基地分别为池北、池西、池南（三个旅游服务型小城镇）。

3.2 旅游人口特征及现状问题

（1）季节性问题突出

从长白山历年各月到访的游客人数来看，长白山的旅游季节性非常突出（图2）。在全年中，占压倒性比例的游客是在一年中短短几个月集中到访，7、8两月占全年65%的游客量。以2014年为例，8月的游客数量接近70万人，占2014年到访长白山游客总数的36%（图3）。极端的季节性模式给长白山的旅游发展造成了众多挑战。

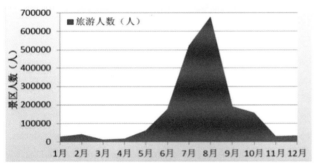

图2 2012-2015年三个分区游客量分布

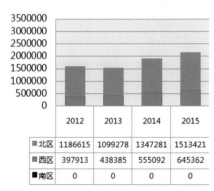

图3 2014年长白山景区月度旅游人数变化图

（2）旅游季节性模式给接待设施带来较大挑战

长白山现状主要旅游设施包括旅游道路、停车场、酒店、各种餐馆和娱乐场所等。长白山旅游基础设施的接待能力或是在某个集中的时段达到极限，在旺季，停车位不够、严重的交通拥堵时常发生；而另一方面，或在全年相当一部分时间里未得到有效利用。

3.3 公共服务设施规划

根据旅游使用者的活动内容，基于"旅游六要素"—食、住、行、游、购、娱的配置要求，旅游城镇须提供相应的旅游服务设施。本文研究内容主要包括旅游住宿设施、旅游购物设施、旅游餐饮设施、旅游娱乐康体设施、旅游集散中心及旅游道路与交通设施等。

3.3.1 人口规模

公共服务设施规模由其服务的人口规模决定。根据《长白山保护开发区总体规划修编（2016-2030年）纲要》，2030年池北区本地常住人口8万人，高峰期日均接待旅游人口4.8万人，其中住宿游客2.4万人，非住宿游客2.4万人；池西区本地常住人口3万人，高峰期日均接待旅游人口3.8万人，其中住宿游客1.9万人，非住宿游客1.9万人；池南区常住人口1.0万人，高峰期日均接待旅游人口1.2万人，其中住宿游客0.6万人，非住宿游客0.6万人。

因此，规划对住宿游客和非住宿游客不同的需求分别配套不同的设施。住宿游客较之本地常住人口，住宿、餐饮、娱乐、康体及市政公用设施等多数设施均同样享受，只是不需要在旅游地享受教育服务、部分行政办公等设施。以池北为例，教育设施按本地人口8.0万人来核算，餐饮、娱乐、康体及市政公用设施等多数设施按12.8万人（本地常住人口与旅游人口之和）来预测，旅游住宿设施按2.4万人预测。

3.3.2 人均公共设施用地指标

根据《城市公共设施规划规范（GB50442-2008）》规定，小城市人均公共设施用地$8.8\sim12.0m^2$/人，人均教育科研设施用地为$2.5\sim3.2m^2$/人；根据《城市用地分类与规划建设用地标准》，人均公共管理与公共服务设施用地不小于$5.5m^2$/人，假定游客享受$3.5m^2$/人的设施，不享受$2m^2$/人的设施。因此，住宿游客较之本地常住人口，人均公共设施进行相应扣减，即住宿游客人均公共设施用地为$3.6\sim7.5m^2$/人。

3.3.3 高弹性的旅游服务基础设施配置

针对季节波动性这一市场特征，公共设施配置时要有一定的弹性以与之对应。如以住宿为例，设施配置时推出多样化的旅游住宿产品，包括民宿、农家乐、房车营地和私家旅舍等。

4 结论

以往谈及旅游城镇公共服务设施，往往是从其影响因素及旅游指标体系构建等角度，本文的创新点在于通过游城镇公共服务设施配置的人口规模和人均标准来思考旅游服务型小城镇发展遇到的问题。

基于公交服务水平和公交优先的工业遗址再开发规划设计

王博

上海同济城市规划设计研究院

1 背景

新时期，上海市的城市开发建设将从"增量扩张"模式转变为"存量提升"，新一轮城市总体规划编制率全国风气之先，提出城市建设用地"零增长"的规划理念。在此背景下，中心城区工业遗址的更新和再开发对落实规划理念意义重大。然而，工业遗址开发效果存在很大分异，除了工业遗址本身的区位和基础条件外，其更新的进程和效果是否和公交服务水平的改善程度相关呢？

本设计希望通过研究证明公交服务水平对于工业遗址再开发效果的影响，进而通过公交系统的升级，来推动杨浦区滨江工业遗址的更新。最后选择一处规划站点，进行以公交优先为导向的城市设计，来充分发挥规划公交系统的潜力。

2 研究

本设计研究首先对工业遗址更新和公交服务水平之间的相关性进行验证。

通过对上海市 2000—2014 年间实施更新再开发的 53 个工业遗址进行调研（图 1），笔者进行了两个角度的分析。

首先是空间关系分析：第一个方面计算每一年新开发的工业遗址与最近的地铁站点之间的距离，求得每一年的平均值，总结发现，这个距离有下降的趋势。第二个方面计算每年新开发遗址周边的地铁站点配置比例，研究发现越来越多新开发遗址周边会配有地铁站点，这个比例逐年提升。

第二项分析是开发效果分析：笔者选取了两个工业遗址转型成为创意产业园的例子，X2 创意空间和西郊·鑫桥产业园，它们都是在建造之初并没有很好的地铁资源，建造几年后地铁的建设使得园区的公交服务水平大幅提升。通过网络资料和具体访谈，了解到两个园区在地铁开通后，办公出租明显增多，租金也开始上升，园区内的服务型商业的营业额也有所增加。

通过空间分析，证明工业遗址开发选址越来越靠近地铁站点；通过开发效果分析，证明地铁建设使再开发遗址的运营情况有所提升。并且由这一正一反两个角度推导出研究结论：公交服务水平的提高可以使工业遗址自开发效果提升。在这个研究结论基础上上，进行第一个方面的具体设计。

3 DOT 设计

上海杨浦区黄浦江北岸工业遗址具有丰富的工业遗存和良好的滨江景观资源，但其再开发进程相对滞后，其中一个重要原因经分析就是公交可达性不高。其具体问题通过对于现状公共交通的分析总结为：①大运量公交服务水平低下；②大运量公交站点之间的接驳公交运能不足。

为此，本设计研究结合上海关于中运量公交系统的相关规划，提出在杨树浦路规划现代有轨电车，补充地铁网络，并激活黄浦江北岸工业遗址的更新开发。如图 2 所示。

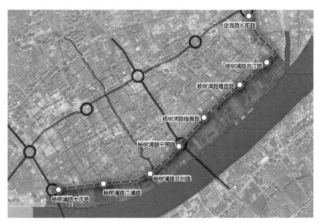

图 2　DOT 设计：中运量现代有轨电车线路和站点规划

4 TOD 设计

最后本设计研究选取了其中一个规划站点，探索以公交优先发展为导向的城市开发（即 TOD 模式）在工业遗址地区的应用。

TOD 模式一般有三个维度的策略，分别是高强度的开发（Density）、多元性的融合（Diversity）以及优质的设计（Design），这种模式在新区开发中比较容易实现。而在工业遗址周边，由于历史建筑的保护、历史环境的维护、滨江

图 1　上海市 2000-2014 年地铁与工业遗址空间关系分析图

高度的控制等原因，使得高的开发密度难以实现。在这样的限制下，重新梳理策略逻辑，笔者提出通过建筑环境、道路空间的优质设计来实现人群活动的多元性、建筑功能的多元性以及道路交通的多元性，从而进一步的实现公交优先的技术路线。如图 3 所示。

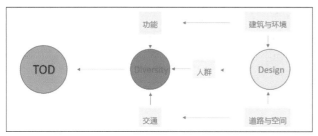

图3　TOD 设计技术路线

（1）人群多样性：工业遗址改造后以游客和工作者为主要目标人群，再加上当地居民，就会有三类人群在站点周边活动。为了使各类人群有机协调的混合活动，笔者先分析他们各自的出行特征与空间需求。

首先分析游客，游客注重旅行体验，需要从站点出发后有较为完整的游览路径，并形成网路；对应的空间需求是从站点周边的公共活动中心出发，结合沿街棚户的拆除重建、工业遗址的空间改造和功能置换、滨江景观的重新塑造以及历史建筑周边环境的更新提升，形成覆盖站点周边地区的游览轴线。工作者的出行目的性非常强，需要临近站点的工作地点，并且有非常便捷的通达路径。其空间需求是从站点周边的公共活动中心出发，沿杨树浦路和内江路这两条商务轴线到达闲置厂房改造的 LOFT 办公区以及已在建设的高层办公楼。居民出行多以生活性消费和散步休闲为主，到达站点的路径需要结合生活性服务功能，站点周边要形成公共活动中心。其空间需求是结合凉州路沿街棚户的拆除重建，形成生活型服务轴线，连接站点周边的公共活动中心。

（2）建筑功能的多元性：首先体现在具体功能的确定上。结合站点进行多元性程度的圈层分区，再结合规划结构确定的主导功能，对整个地区进行建筑层面的具体功能定位。同时在具体的建筑设计层面，也要体现其功能的多元性。

（3）道路交通的多元性：体现在对于多种出行方式的包容和鼓励。首先是对于步行环境的改善具体措施是：①步行网络的形成；②多变的街道断面来容纳不同类型的街道活动；③空中廊道连接公共服务中心个部分建筑，改善步行便捷性与安全性。然后通过公共停车场、公共自行车租赁点等设施的设置来体现对于其他出行方式的鼓励。

如图 4 所示。

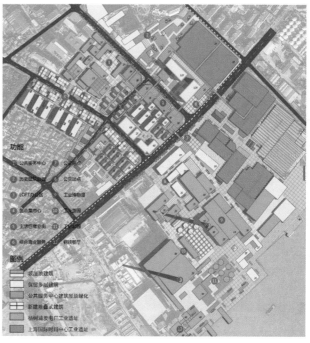

图4　TOD 设计总平面图

5　总结

通过建筑空间与街道环境的优质设计，实现人群、建筑、交通多样并行的规划结构，也能在一定程度实现公交优先的目标。由此笔者对于如何在旧城更新中实现 TOD 模式有了一定的认识和实践。

创新
论坛 研究方法与技术创新

[主要观点]

1　江苏省城市规划研究院韦胜的《高铁网络化与区域城镇网络格局》以中国高铁快速网络化为背景，研究城镇群发展的形态特征、网络效应、区域协作和发展趋势。基于复杂网络理论，通过选取全国高铁站点及其班次信息，从拓扑结构、联系强度、聚集程度、枢纽体系、社团结构、城际线路等视角做出分析。一是基于拓扑连接视角，高铁网络双峰状正态分布特点，表明主干网络和局域网络两个层次关系，东部长三角与珠三角网络化特征明显，西部与东北区域则需大大加强。二是高铁网络发展集聚效应显著，沿海地区多核模式与省会城市单核模式并存。高铁网络促进了边缘区新节点城市的产生。三是多尺度区域视角下理解一城多站点定位差异。需要进一步强化高铁网络的空间效应和时序变化分析，加强次级站点间的直接关联，加强局部区域环状连接，促进整体网络优化。

2　同济大学建筑与城市规划学院程鹏的《上海中心城区的职住空间匹配及其演化特征研究》围绕职住空间匹配这个关于发展效率和社会公平正义的主题，以上海中心城区通勤范围内街道单元为研究对象，对就业岗位与常住人口分布进行数据分析，研究职住空间的匹配状况、动态测度与维持机制。分析两项指标空间基尼系数、职住比变异系数和区位熵，可以看到，一方面两者的空间密度均有所提高，空间分布都更趋均衡。呈现为内高外低的特征，而增长率则为内低外高。二是两者空间匹配程度下降，就业岗位内环内集聚程度更高，城市产业结构退二进三带来的三产就业岗位更加集中。住房发展也导致中心城区常住人口向外围扩散。需要加强城市规划对职住空间极端不匹配的空间的时空协同。

3　清华大学建筑学院曹哲静的《数据自适应城市设计的方法与实践——以上海衡复历史街区慢行系统设计为例》针对社会演变的过程性、多主体参与的开放性、多因素影响的不确定性和注重体验感知的人本性的新挑战，数据自适应城市设计就是通过后置式数据、多尺度的数据的精细化反馈形成设计的自我修正机制，从而形成方案生成，空间干预，空间测度，方案修正的可持续循环。一是数据分析和空间干预类型选择，进行现状分析；二是根据空间可塑性和可变性的判断，进行中短周期下的空间测度和空间优化，形成方案设计；三是根据长周期下空间划分和干预措施，形成往复循环的螺旋式优化。以上海衡复历史街区慢行系统优化设计为例，就是结合多种数据和实地调研进行了街道的分类设计，形成基准方案和设计导则。

4　天津大学建筑学院张赫的《基于水工实验模拟的填海造地空间布局研究》是一个跨海洋空间与城市空间的形态布局设计研究，基于海洋生态约束的填海空间的定量化研究。决定因素中，经济性因素包括填海成本和建设运营成本，生态性因素包括近岸生态环境与生态系统因素。研究以不同填海造地方案对近海海域环境生态影响为核心进行评价，引入环境流体动力学模型EFDC，对不同工况进行了定量化模拟，从而实现对填海造地的平面设计的科学管控和引导。模拟特征潮汐环境下，不同形状、湖口、水道和间距的优劣情况，归纳填海造地形态设计准则，如尽量避免尖锐突出形状，减少半封闭区域数量，湖口宜小，内部分隔水道应尽量平行于海岸并加大宽度，内部间距尽量缩小使得水流。多岛组合应优先采用串联式布局，避免放射式布局。

5　深圳市蕾奥规划设计咨询股份有限公司曾祥坤的《关于新形势下规划评估的四个转变》针对城市规划评估面临时效性和针对性的挑战，作为法定规划修改或者维护的前置性程序重点监督规划实施情况的特征，提出进一步统筹规划、建设、管理，形成环式反馈、动态维护的全链条的规划评估过程。结合青岛案例，提出规划评估四个转变：一是评估目的由总结规划实施向服务未来发展转变，兼顾成果评估、实施评估和应用评估；二是评估重点由规划落实情况向城市运行状态转变，透过指标深入考察社会经济发展情况；三是评估方法由指标监督考核向规律机制研究转变，关注区域空间和社会经济发展规律；四是评估机制由单次行业评估向常态机制转变，改变单向链条式规划管理模式，建立5年周期的"评估—修编—计划实施"的动态机制。

6　深圳市规划国土发展研究中心胡盈盈的《信息化视角下城市规划编制在线模式研究》，以互联网作为依托提出了规划编制改革议题，以规划管理业务数据为核心，构建多技术手段综合支持下的在线式规划编制和管理信息系统和工作模式。一是基于共享的规划编制信息云平台，标准统一，数据共享，实现与规划业务一体化集成。二是实时规划编制和管理协同，通过有限专网的电子化办公系统与规划辅助系统实现规划数据、阶段性成果的及时沟通与反馈。三是基于智慧的辅助决策支持，通过专项分析模型与工具的智能化运用进行方案比选。四是基于开放的全过程多维度的公众参与。如"多规合一"在线规划，包含了数据共享、业务协同、智能决策、规划决策余系统管理5大功能模块。

7　武汉市规划编制研究和展示中心刘媛的《基于互联网＋的规划编制组织模式探索》围绕传统规划编制组织模式面临的程序性、低效性、目标局限性和组织封闭性问题，结合互联网的扁平化、快速化、类聚性、互动性和平台思维优势，对常规规划组织模式提出精简架构、压缩程序、搭建平台、众筹智慧和加强互动的创新思考。"众规武汉"平台以"众智，众创，众享"为行动纲领，运用互联网思维，以双创为手段，积极推动城市的双公供给。以人、组织和城市为平台要素，形成参与主体多元化、组织结构扁平化、编制项目产品化和组织模式定制化的服务平台。以"东湖绿道规划"项目为例，探索公众参与规划众筹；以"寻找规划合伙人"项目为例，探索人才库建设的模式创新。

[分析与点评]

1 南京大学城市与区域规划系崔功豪教授肯定了各位演讲者的创新，点评道：韦胜的研究，从整体效益角度，如何衡量高铁网络化的合理性？在区域城镇发展过程中，如何应对高铁的负效应？程鹏提到的职住平衡很重要，什么程度的职住比才是合适的？职住比并不是局限于一个街道单元，反映到通勤时间上，多少时间是合理的，怎么来调整？常住人口和户籍人口的居住境遇差别非常大，15分钟社区生活圈需求是否一样？张赫的海洋研究很重要，水的特点决定了问题的复杂性。安全性是经济性、生态性约束的前提条件，是否考虑过海平面上升对于填海的影响？曾祥坤提出的规划评估很重要。我国最早进行城市规划评估的就是深圳规划院，80年代初做了一个《深圳市总体规划检讨》也获了奖。日本评审先有程序性评审，然后才能技术性评审。这个环节以后纳入我国规划编制规范中。要注意几点：一是规划评估要有正确的态度，立足于总结过去，做面向未来的全面分析。二是规划评估要分析现象后面的原因，对规划成果也是一种提高。三是规划评估难点在于什么是好的规划，需要深入研究。同样是规划编制组织模式改革的问题，胡盈盈的在线编制，要考虑如何将这么多的参与者的思想活动与数据有机结合起来？规划编制其实是一个思想和人的工作，不能简单理解为数据的技术性过程。刘媛则要研究一卜传统组织方式优点如何吸取和发扬？真正的调查交流不是大数据能够涵盖的，面对面的调研，在对方的回答中深化提问，可能更深入问题实质。真正公众的参与是把公众看做城市的住人。

2 同济大学建筑与城市规划学院戴慎志教授提出，张赫的填海造地问题建议进一步探讨2个问题，一是有没有考虑到不同时期的流速，如果是受到台风的影响？二是采用类似于工程领域已成熟的桩基悬浮方式，下面仍是水流，对水流和生态环境的影响有什么不同？（张赫：桩基悬浮方式对生态和长远发展更好，但防腐是瓶颈。目前技术能实现，但成本过高，推广实施有难度。）韦胜的研究中，一是高铁网络化的两个过程，高铁建设时，是不是根据区域城镇的分布来选择它的线路？二是高铁网络已经建成，那么区域城镇网络如何适应，形成新的发展动力？如不发达地区对高铁站的抽血作用有无对策？三是"一城多站"对于城市内部交通有什么影响？（韦胜：多个站点具有分流作用，不同城市规模能级、功能需求不同，有待于多尺度层面的进一步研究。）

3 同济大学建筑与城市规划学院钮心毅教授肯定了大数据在区域、城市、街区及专项层面的应用探索，韦胜的高铁网络与城市网络研究其实用传统腹地理论也可以解释，要讲清楚这种网络产生的条件。如用社会网络方法研究城市问题，是因为人和人的联系可以超越时空，互联网就是一个社会网络。但城市和城市的联系是有时空限制的，虽然航空高铁缩短了时空距离，但上海和苏州还是不同的，采用新方法研究要和传统方法有比较。程鹏的职住比研究受制于数据条件，应增加通勤数据研究，但遗憾的是上海交通调查数据并不公开。现在的新的大数据信息和传统数据结合，能够解决很多问题。曹哲静提出的数据去验证规划思想，再看方案反馈，是这个阶段数字城市设计共识。但城市设计还是应该有个愿景，是问题导向，而不是数据导向的。进一步，建成区的存量规划最需要的还是人的活动数据，才能深入预测人的行为模式，创新城市设计方法。张赫的填海造地研究是历年研究的不断深化，坚持在一个小领域里值得肯定。可以进一步研究海洋主权、海洋利益、生态环境、防灾安全等主题。曾祥坤提出了规划实施的状态评估、过程评估、成果评估和发展评估。我也在尝试用大数据进行规划评估，明确什么样的评估，怎么样做评估的问题，数据支持才能跟的上。胡莹莹在互联网基础上对传统规划编制和决策提供技术支持，可以思考编制方法会产生怎样的变化？目前大多数的信息化思路就是把原来模式搬到线，那有没有颠覆性、创新性的思路？方案智能决策是如何进行的？刘媛的东湖绿道案例中一千多个方案，如何分析和处理差异性和相似性的？是否存在公众与专业的判断不一致情况，如何处理？

4 上海同济城市规划设计研究院李继军所长认为，要感谢这些进行基础研究工作的同仁，这是专业发展必不可少的基石。一是静态研究显然已经不适合下一步中国的城市治理、治国理政的要求。城市规划是一门学科，但似乎不是科学，也没有自己的方法论。数据起到什么作用，研究方法起到什么作用，解决从经验到理性的过程，验证和判断。城市规划发挥什么作用？应是供给改变需求，填海造地真的是土地不够用才产生的需求吗？大数据不是更复杂的方法，或意味着更多的数学公式。数据意味着一种新型建材，数据是有意义的，人处在一个大量数据的场所。职居配比和人口收入、家庭结构是有关系的，通勤时间和交通模式、汽车产业也有关系，只有各种数据叠加一起才有意义，二是规划评估其实一直存在，任何一个专家系统介入一个新的城市，都有一个先期判断。同济参与武汉2040规划评估，包含了实施评估和目标的评估。新目标下，原来不是问题的，也许就变成了问题。如住房规划就多了职住平衡的要求，公共服务设施就增加了就业岗位的要求。仅仅对空间做评估是不科学的，也是不公平的。未来的城市规划更像一个施政纲领，事权划分和协调背后，规划逻辑也有所不同。规划有义务、有责任推动公众参与，公众参与的关键是制度设计，远比形式更重要。制度设计是一个非常智慧的事，不同阶段、性别、就业、族裔如何组织，涉及国家整个机制体制转变。规划更加关注时间维度下的实时响应机制。规划不应是部门规划，而是一个城市的规划，是一个以首长的规划？能够从专业领域来推动社会进步是我们考虑的。

5 东南大学建筑学院城市规划系杨俊宴教授总结道，今天的基础性研究、应用型探索，从多领域、多角度提出了规划创新的种种尝试。青年意味着创新，也代表着叛逆。我写博士论文时，到这些年扎根到中国城镇化实践工作中，能够深刻感受到创新的难。首先是数据缺乏，有数据则深，无数据则死。而更难的是方法。面对海量数据怎么分析。而最困难的就是价值导向，就是方向和选择。这么多数据和这么多方法，怎么选才是最难的。我发现正走过了一个从定性到定量，又从定量回归到定性的轮回。创新不是完全否定过去，不是为创新而创新，所有的创新都只为了指向问题，解决中国城镇化实践中问题，才是研究方法和技术创新的真正未来走向。

高铁网络化视角下区域城镇网络特征初探

韦　胜　袁锦富　梁印龙
江苏省城市规划设计研究院

1　背景分析

①在区域层面：未来不仅对于大城市、节点城市的发展起到重要推动作用，还会对中小城市，甚至是重要镇产生深远影响。同时，城市群成为我国城镇化的主体形态。②城市层面："一城多站"现象较为普遍，正在改变或影响着城市空间结构和城市片区的发展。③政策解读：对我国城市群和城际铁路，2016新修订的《中长期铁路网规划》提出更高的网络化建设要求。④网络化下高铁效应可能区别于传统单线或者多线情景（如马太效应），需要更加注重城市群协作、区域资源配置优化以及市场作用。节点可能存在多样化发展趋势，且影响时效性更长。

2　研究数据与方法

1）研究数据

基于全国高铁站点和班次（G、C、D班次）。数据采集时间点为2017年3月。

2）研究方法

主要基于复杂网络理论指标的空间可视化。①度中心性：是指与该节点有直接联系的节点数。②加权度中心性：以某种节点间联系的指标为权重，如高铁站点之间班次数。③介中心性：某节点处于其他节点之间最短路径中的次数与节点对之间所有最短路径数目的比值，衡量了一个点的连通潜力，反映了该节点对网络信息流动的影响能力。④聚集系数：反映了网络中任意三个点互相认识的程度。⑤度分布：能够通过节点度分布规律刻画不同节点的重要性和判断网络空间拓扑结构特征。⑥复杂网络理论指标的核密度分布：将指标结果在空间上通过核密度进行展示。⑦社区检测：又被称为是社区发现，它是用来揭示网络聚集行为的一种技术。

3　分析结果

1）高铁网络的拓扑结构

现阶段，高铁网络拓扑结构为对数双峰状正态分布（图1（a）），区别与之前研究成果。直观解释（图1（b））：骨干网络功能重点是能够串联全国城市，故这些线路中高铁站点所能连接到的站点数较多，形成度值较高的"峰"。但是，局域网和次一级线路主要是解决局部城市之间的高铁出行需求，因此这些地区高铁站点所能连接到的站点数较少，形成了度值较低的"峰"。

2）区域联系强度与紧密度

①以省会为核心，与"四纵四横"规划网络基本一致，"青岛－石家庄－太原"轴不够明显。②高连接班次区域：东中部以及沿海地区。西部与东北区域：与高铁网络核心区的连接还有待加强。③长三角与珠三角：高铁区域联系的网络化特征较为突出。京津冀地区尽管已表现出网络化特征，但班次连接上弱于长三角和珠三角。④武汉与长沙为单核集聚状，形成"屏蔽效应"。⑤通过聚集系数指标，可以很容易发现区域内的联系紧密度，特别是对于班次数较少区域而言，如内蒙。此外，对区域结构的分析提供帮助：如海南岛的环岛高铁，明显具有2个组团。

3）枢纽结构体系

①以省会为核心枢纽体系：上海、广州、武汉、成都、南京及郑州等城市的枢纽地位较高。②相比较于传统普速铁路网，一些城市枢纽地位得到加强，如杭州、贵阳等，但徐州等传统铁路枢纽地位在下降，这可能与区域建设时序有关。③高铁交通模式区别传统普速铁路，"时空压缩"将远距离或边缘地带城市纳入到核心发展圈层中，进而利于区域新节点城市形成。

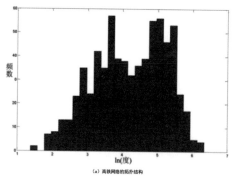

（a）高铁网络的拓扑结构　　（b）"双峰"在空间上的分布差异

图1　高铁网络的拓扑结构

（4）城际高铁分布

①功能上：承担高铁通勤、区域城市功能分工、旅游交通以及促进城市群内部一体化发展等。②与国外区别：主要联系现有城镇节点，而非用于新城开发（图2）。

（5）区域联系划分与网络视角下的站点功能划分

划分为17个高铁社区，即7个核心社区、4个依附型社区以及6个孤岛社区，可为高铁站点的功能定位确定提供理论基础（图3）。以"一城多站"为例，通过社区划分可反映出高铁站点节点功能的差异，进而判断站点对城市的影响差异（图4）。

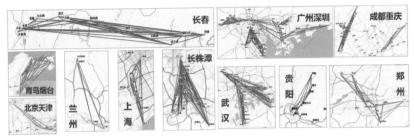

图2　c字头高铁站点及线路分布

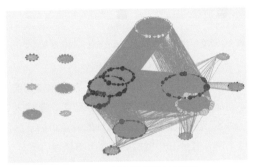

图3　高铁网络社区划分结果示意图

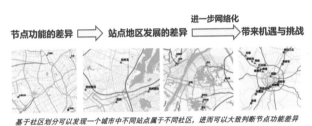

图4　区域网络视角下"一城多站"的功能差异

4　讨论

1）基于拓扑连接视角

当前高铁网络拓扑结构不仅反映了我国高铁站点之间连接的整体状态，还表明高铁资源不仅仅受重要站点掌控，还顾及多数站点停靠需求，即总体上站点选址考虑了绝大多数城市停靠需求，这对于中小城市发展具有一定意义，尽管存在站点在城市选址不尽合理问题。同时，拓扑结构是与国家政策和东西部高铁不同发展推动力相关的。此外，这项研究可能更有价值的地方是：结合一定历史时序数据和国内外相同和类似网络的发展演变，进行动态观察、模拟以及预测。

2）聚集是未来高铁发展主旋律？

度、加权度、介中心以及聚集系数的分布都证明了我国高铁网络既存在着以省会为核心网络化发育的多核模式，还存在着以省会为核心单核集聚模式，即在区域尺度上，高铁正在发挥着"集聚"作用，这特别是对那些后发城市而言意义更大。从区域竞争和区域城镇网络体系的角度来看，这一模式突出地反映了未来很长时间高铁的核心资源还会在很大程度上偏向于区域核心城市。从城市发展角度而言，这有利于在一定发展阶段下扩大城市自身影响力，特别是有效腹地范围的增大。在区域城市竞争关系中，这也是十分重要的，如长三角的合肥借助高铁机遇加强了自身对省内城市的集聚能力，进而提高了与区域内其他的竞争力。相反，如果将资源分散，则可能会导致城市甚至是所在区域在未来发展动力

的不足。

另外，根据经典"核心－边缘"理论，即核心区是社会地域组织的一个次系统，能产生和吸引大量的革新；边缘区是另一个次系统，与核心区相互依存，其发展方向主要取决于核心区。这对于那些处于进一步高铁网络化的区域，提供了一定建设时序思路，如上海是长三角核心城市，而南通在当前区域发展阶段下，作为"边缘区"已具备了成为新的区域增长极条件，因此在高铁资源的配置上也需要考虑如何发挥城市集聚作用。

3）新节点生成与多尺度效应

高铁网络利于区域新节点形成，如贵阳。高铁社区划分与"一城多站"现象为理解城市中不同站点的功能差异提供一个新的视角，对站点地区建设发展提供了较大尺度上的参考价值，但还需结合多源和多尺度数据做进一步探索。

上海中心城区的职住空间匹配及其演化特征研究

程 鹏
同济大学建筑与城市规划学院

1 选题背景

职住空间匹配是城市空间发展的重要理念，直接影响到城市通勤交通，职住空间失配被普遍认为是大城市交通拥堵的重要原因之一；不同社会群体的就业可达性存在差异，社会弱势群体更易受到职住空间关系的结构性变化影响。因而，对于城市职住空间结构的研究，不仅关乎城市发展效率，也是涉及社会公平正义的重要议题。

《上海市城市总体规划（2016—2040）》提出15分钟社区生活圈的概念，并制定了《上海市15分钟社区生活圈规划导则（试行）》，结合街道行政边界划定社区生活圈，提倡功能的混合布局和土地的复合利用，促进居住和就业适度平衡。为此，本文试图探讨职住空间匹配的动态测度方法和上海社区生活圈的职住空间匹配状况。

2 研究方法

时空范围。以2000—2004年和2010—2013年作为两个研究时段；研究的空间范围是上海中心城区，以街道（镇）作为空间分析单元，并结合上海中心城区外围的建成情况和相关学者对于上海中心城区的通勤区识别进行适当修正，研究范围的总面积约1 100平方公里，涉及135个空间单元（图1）。

图1 研究范围

分析方法。首先，采用空间基尼系数的分析方法，分别测度常住人口和就业岗位的空间集聚度；然后，采用常住人口密度和就业岗位密度的相关系数，以及职住比的变异系数测度职住空间匹配的总体水平；最后，采用区位熵的方法，分析职住空间匹配的具体分布格局。

3 职住空间分布与演化特征

3.1 常住人口空间分布与演化特征

2000—2010年，研究范围内常住人口密度从1.01万人/平方公里提高到1.26万人/平方公里，空间分布的基尼系数分别为0.40和0.26，表明常住人口在各空间单元的分

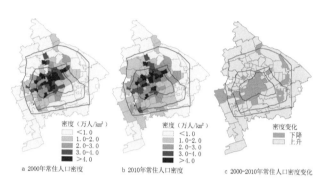

图2 2000年和2010年街道层面上常住人口密度及其变化

布更趋均衡（图2）。

从空间分布上看：①在地域维度，常住人口密度浦西高于浦东，两者差距趋于缩小；②在圈层维度，常住人口密度核心高于外围，整体上呈现内降外升的特点，内环内的常住人口密度下降，其他三个圈层的常住人口密度上升。

3.2 就业岗位空间分布与演化特征

2004—2013年，研究范围内就业岗位密度从0.51万人/平方公里提高到0.66万人/平方公里，空间分布的基尼系数分别为0.39和0.31，表明就业岗位在各空间单元的分布更趋均衡（图3）。

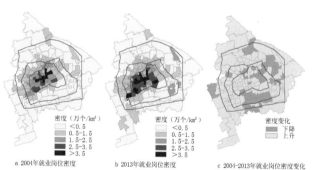

图3 2004年和2013年街道层面上就业岗位密度及其变化

从空间分布上看：①在地域维度，就业岗位密度浦西高于浦东，两者差距趋于缩小；②在圈层维度，就业岗位密度核心高于外围，整体上呈现内降外升的特点。

3.3 常住人口与就业岗位空间分布演化的异同

其一，常住人口密度和就业岗位密度的空间分布格局都呈现出浦西高于浦东的地域格局和核心高于外围的圈层格局，但增长率则是相反态势。其二，常住人口和就业岗位空间分布的基尼系数都是下降的，但常住人口空间分布的基尼系数下降幅度更为显著，表明其空间分布更趋均衡。其三，就业岗位在内环内的集聚程度始终高于常住人口，而且呈现加剧趋势。综上所述，尽管常住人口和就业岗位的空间分布都更趋均衡，但前者的变化幅度显著大于后者，可能导致常

住人口和就业岗位之间的空间匹配水平下降了。

4 职住空间匹配与演化特征

4.1 各个层面的总体演化趋势

在街道维度，常住人口密度和就业岗位密度的相关系数从 2000—2004 年的 0.606 下降到 2010—2013 年的 0.353，职住比的变异系数从 2000—2004 年的 1.04 上升到 2010—2013 年的 4.60，表明街道层面上职住空间匹配程度有所下降。

在地域维度，2000—2004 年浦东地区的职住比显著高于浦西地区，2010—2013 年浦东地区和浦西地区的职住比已经基本持平，表明地域维度上职住空间匹配程度显著上升。

在圈层维度，2000—2004 年内环内和外环外的职住比显著高于内中环和中外环，2010—2013 年内环内的职住比大幅上升，并且显著高于其他三个圈层，而外环外的职住比大幅下降了，各个圈层的职住比变化呈现从内到外的依次递减态势（内环内 > 内中环 > 中外环 > 外环外）。如图 4 所示。

图 4 基于职住比变化状况的空间单元分布

4.2 各类空间单元的演化特征

依据职住比的区位熵，将各个空间单元划分为 3 类 5 档。区位熵中等（0.8~1.2）的是职住平衡空间单元，区位熵较低（0.3~0.8）和极低（<0.3）的是居住主导空间单元，区位熵较高（1.2~2.5）和极高（>2.5）的是就业主导空间单元。如图 5、图 6 所示。

从职住空间匹配演化结果看，职住平衡空间单元数量从 2000—2004 年的 30 个下降到 2010—2013 年的 16 个，空间分布也从较为均匀分散到全部都在浦西地区。居住主导

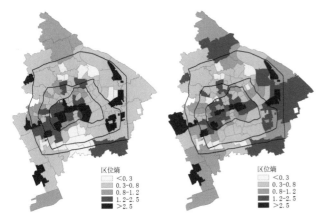

图 5 基于 2000—2004 年职住比区位熵分档的各类空间单元分布　图 6 基于 2010—2013 年职住比区位熵分档的各类空间单元分布

空间单元数量从 2000—2004 年的 58 个增加到 2010—2013 年的 72 个，区位熵极低的居住主导空间单元从 2000—2004 的 12 个增加到 2010—2013 年的 15 个。尽管就业主导空间单元的总量没有变化，但区位熵极高的空间单元数量从 12 个大幅增加到 25 个，包括内环内的传统公共活动中心、外围圈层的大型产业园区和虹桥综合交通枢纽所在空间单元等 3 种类型。

从职住空间匹配演化过程看，可以分为 4 种类型。职住格局稳定型空间单元共有 90 个，占比 66.7%，包括 50 个居住主导空间单元、34 个就业主导空间单元、6 个职住平衡空间单元。职住平衡演化型空间单元共有 10 个，包括 5 个从居住主导演化而来的空间单元和 5 个从就业主导演化而来的空间单元。居住主导演化型空间单元共有 22 个，包括 14 个从职住平衡演化而来的空间单元和 8 个从就业主导演化而来的空间单元。就业主导演化型空间单元共有 13 个包括 10 个从职住平衡演化而来的空间单元和 3 个从居住主导演化而来的空间单元。

从职住平衡演变成为就业主导的空间单元主要分布在中心地区，从职住平衡演变成为居住主导的空间单元主要分布在外围地区；从居住主导演变成为职住平衡的空间单元主要分布在内圈和中圈；从就业主导演变成为职住平衡的空间单元主要分布在中圈和外圈。如图 7 所示。

图 7 基于职住空间匹配演化类型的空间单元分布

5 讨论

常住人口和就业岗位的空间分布是职住空间匹配的核心变量，住房发展和产业发展分别影响到常住人口和就业岗位的空间分布，城市规划作为资源空间配置的公共政策，可以引导住房开发和产业转型的空间格局，由此影响到职住空间匹配关系。

对接《上海市城市总体规划（2016—2040）》提出的 15 分钟社区生活圈概念，提出职住空间匹配的总体水平评价和空间格局分析的研究方法体系，指出社区生活圈的职住比区位熵从较低到较高区间都是合理的，应重点关注职住比区位熵极低和极高的空间单元，引导居住发展和产业发展之间的时空协同，不断提升职住空间匹配水平。

数据自适应城市设计的方法与实践：以上海衡复历史街区慢行系统设计为例

曹哲静　龙　瀛
清华大学建筑学院

1　大数据在城市设计中的机会与挑战

在工业化过渡到信息化的城市发展和演进过程中，城市的区域空间结构、建筑肌理形态、社会经济结构发生了一系列的变化，也影响着人们对城市认识和改造的过程，进而推动了城市设计理论的变化。西方的城市设计从 18 到 21 世纪经历了礼制导向、美学导向、现代主义功能导向、多元价值融合的社会导向及景观和生态融合导向的流变（杨俊宴，史宜，2016）。如今，城市设计不再是单纯的空间形态与美学的设计，表现出伴随社会演变的过程性、多元主体参与的开放性、多元因素影响的不确定性，和注重体验感知的人本性。在城市的发展演化和人类活动过程中产生了丰富的高精度和快速更新的城市大数据，为满足城市设计时空动态更新的需求提供了契机。城市大数据一方面通过高精度的量化研究，辅助人们对城市现状精细化的认识。城市设计相关的大数据不断丰富，形成了土地利用、功能业态、社交网络、交通轨迹和建筑物理环境多维度的数据，不仅在城市片区、地块、街道和建筑层面展开分析运用，同时也在规划设计的现状调研、现状分析、规划设计及设计表现等各个环节形成了数据支撑技术体系。另一方面大数据催生了基于信息基础设施的智慧城市的设计与建设：利用信息设备将人与人、人与物、物与物良好地连接起来，通过信息数据的搜集、反馈、处理调整彼此的关系。在信息支撑的城市规划与设计中，大数据在城市设计的运用中面临着机会与挑战：一方面大数据的兴起使得未来规划设计后置式反馈成为可能；另一方面，虽然大数据由于空间覆盖地理边界广、数据精度高、数据更新周期短，对大尺度的规划评估和现状调研有独特的应用价值；但也面临着"精准分析"的诉求。

2　数据自适应城市设计内涵、流程和数据工具

在此背景下，本文提出了"数据自适应城市设计"理念。其核心一是在设计实施后期通过数据测度增加对设计的后置反馈环节；二是基于数据对设计的周期性反馈，未来将以中短期的空间干预为主，通过短周期和高强度的空间反馈提高空间干预的效率；三是方案生成、空间干预、空间测度等过程始终处于不断循环、动态的平衡和螺旋式前进的状态，不

存在终极规划设计完成后静止的状态；四是在传统空间干预中需要同时建设数据测度基础设施，搭建以人为本的精细化"订制大数据"空间测度平台。

"数据自适应城市设计"的关键为：在不同的阶段需有不同频率的空间测度周期，同时对于不同可变性和可塑性的空间，需要采取不同空间干预手段。对于等级较高、特色明显的城市中心、片区、廊道，以中长期的规划设计引导为主；对于等级较低、空间更新变化较快的城市节点、街区、街道，通过情景预测建立设计导则库，对其进行中短期的动态调控。数据自适应城市设计的基本流程主要分为三个阶段：阶段一为数据分析和空间干预类型选择；阶段二为方案设计、空间测度和空间优化的中短周期循环；阶段三为基于长周期现状评估的空间干预类型的再选择，从而回到下一个阶段一，如此往复循环并螺旋前进（图 1）。

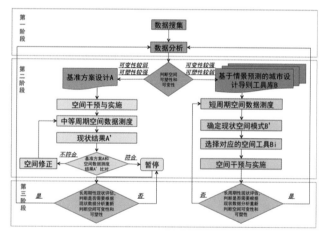

图 1　数据自适应城市设计的基本流程

"数据自适应城市设计"根据特定的规划设计方案提出针对性的空间测度，即以人为本"订制大数据"的"精准分析"，注重反馈数据的运用，其获取主要依赖粗精度的网络数据和高精度的空间传感器订制数据，包括人群特征类数据、空间功能与品质数据、物理建筑环境与健康数据（表 1）。此外一些即刻反馈的设计装置和应用程序以更迅时的周期促进了人和空间的交互，形成人的行为的自我诱导。空间测度反馈数据的本质是人对空间的改造对空间变化的自适应，手段包括提出城市设计方案与导则，并通过空间测度来调节设计方案与导则。而空间与人交互数据的本质是人对空间的使用对空间使用情况变化的自适应，侧重人群使用空间的即刻

注：本论文的案例是作者参加 2016 "上海城市设计挑战赛（衡复赛区）"专业组第二名的方案，同时感谢茅明睿、刘钊启、刘希宇、陈金留等对设计过程的参与

表1 空间反馈测度数据类型、方式和具体内容

空间测度数据类型	空间数据测度方式	空间数据测度与交互的具体内容
人群特征类数据	网络数据	微博心情、景区评价、消费点评、交通拥堵和出行OD路径等
	WIFI探针	人群画像、消费偏好、景区评价等
	人脸摄像头	情绪画像、人群行为识别、口音识别
	人流卡口数据或人迹地毯	可综合搜集行走于街道地毯上的人群和机动车流量、停留时间、路径和行人面貌特征，并通过交互装置进行互动
	交通APP	根据停车软件动态找寻停车位，利用市场化手段疏解高峰期停车问题，实现精细化管理。根据自行车租车软件促进绿色出行，追踪出行路线，辅助优化慢行交通体系设计
空间功能与品质数据	街景采集器	周期性更新街景采集照片，实现计算机自动化街景分析功能，对街道物质空间环境进行动态评价，包括沿街建筑色彩、材质、种植、屋顶、出挑及店招等
	GIS信息采集器	地块和街道主导功能、用地混合度、底商密度、路网形态、临近设施分布和街道空间几何形态（贴线率、高宽比、连续度）等
物理建筑环境与健康数据	PM2.5测度仪	监测建筑场地、街道和开放空间的空气质量。
	声光热测度仪	监测主要街道、绿地、公园的环境适宜性等。

行为，通过实体或者虚拟的空间交互装置，人们能迅速做出反应和判断，从而优化空间的使用状态。

3 应用案例：上海衡复历史街区慢行系统设计

本方案以上海衡复历史保护街区的开放空间与慢行系统为例，探讨"数据自适应城市设计"在存量更新中的运用，图2展示了本次方案的整体思路。

首先，基于多维数据的现状分析，本方案从功能组织方面归纳出基地的问题，进而提出规划引导方向。其次，本文以街道为串联开放空间的慢行载体，从吸引力、安全性、舒适性和历史性四个维度构建街道慢行指数进行量化评分，包括20个分项指标。各项指标的权重通过居民对不同街道空间偏好的调研结果统计而得。计算方法包括基于POI和路网的基础数据计算、基于自然语言处理的微博语义分析、高德地图图像识别、基于机器学习的街景图片分割及街景图片评分等。为了衡量慢行指数的结果，本文结合居民对于现状物

图2 方案的总体思路

质空间感知的评价、典型街道断面的交通调查、重点街道的微博词云图分析和微博语料典型意见分析、街道改造三年行动计划实施评估，进一步将街道整体引导为三种A类街道（无剧烈变化的核心街道）和四种B类街道（可动态调整的街区级街道）。

再者基于A/B类街道划分，本文针对7类街道空间特征进行了分析，提出了街道空间主要数据测度指标和街道设计导则。其中A类街道以基准方案为基础，注重长期规划功能引导；数据信息搜集以及时监控和现状优化为主要目的，并制定相对长期稳定的城市设计导则。而B类街道属于短期内功能变化可能性较高的街道，其街道导则并非制定具体的方案，而是通过情景预测进行动态干预；数据信息的搜集以促进街道功能动态调整和空间更新为主要目的，如B1类街道根据底商业态的变化动态调整其空间形态，B2类街道

周期性衡量其向B1类街道转变的可能性。同时本文针对A类街道提出一套基准设计方案，在重点设计范围内塑造了A1-A3类街道的三条轴带系统，并植入慢行、交通、创意空间三类节点。

最后为了实现基于"数据自适应城市设计"的历史街区更新模式，增进规划师与公众、政府之间的沟通，本方案实际搭建了衡复信息共享交互网络平台（http://shanghaihengfu.jimdo.com/），结合大数据分析，融合了规划信息展示、衡复街道慢行指数测度、衡复人群信息指标测度和公众参与多种模块功能。平台包括衡复人本观测平台、人际地图平台、规划展示宣传平台和公众参与平台四部分。

新形势下规划评估的四个转变

曾祥坤
深圳市蕾奥规划设计咨询股份有限公司

1 当前规划评估的问题

改革开放三十多年来，城市规划在中国的城市社会经济发展中发挥了巨大的作用。但是，作用大并不等同于作用好。与经常开展并相对"尖锐"的社会公众的评估相比，我们的行业自评似乎更没有直面城市规划发展的问题。首先，规划评估工作的法律地位不高，决定了它难以发挥作用。在9300余字的《城乡规划法》当中，"评估"一词只出现了3次，而且都是作为总规修改的前置性程序。其次，规划评估以监督为导向。不论是2009年住建部颁布的总规实施评估办法（试行），还是新近提出的"五个一"制度，都隐含着对规划落实情况进行监督考核的意图。

在上述两个因素的影响下，当前规划评估的工作框架（图1）存在三个显著的问题：

一是理想化的工作设计。将规划评估的对象与规划目标、规划编制、规划实施进行一一对照，用规划逻辑替代了现实城市运行规律。但事实上，城市本身是个复杂的巨系统，规划的作用又具有扩散性和广泛性，这就决定了现实中我们很难界定实施结果与规划作用的相关关系。

二是繁复化的内容体系。规划实施的复杂性导致我们不断拓展评估工作的广度和深度，在理论和实践中提出了围绕内容、实施、路径、绩效及公众参与等不断增加和细化评估内容。繁复的体系反而淹没了规划评估的重点，失去了评估工作的目标。

三是刻舟求剑式的结论。城市发展具有阶段性，如果规划评估只总结过去而不针对未来，则不少评估结论和发现就很可能会失去时效性和适应性。尤其是编制时间久远的规划，越是开展细致的对照评估，就越是陷入了"刻舟求剑"的怪圈。

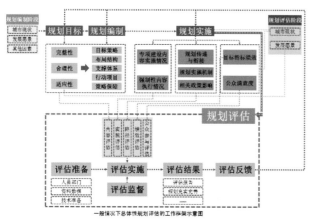

一般情况下总体性规划评估的工作框架示意图

图1 "规建管"全链条的规划管理体系示意图

2 新形势下规划评估的作用和意义

自2013年中央城镇化工作会议以来，国家对城市和规划工作提出了一系列的要求，如要强调规划的权威性、严肃性和连续性，要统筹城市规划、建设、管理三大环节，要推动评估工作常态化，等等。

在新形势下，我们亟需建立起环式反馈、动态维护的规划管理模式。将规划评估与规划研究、规划编制与规划修改、规划实施与管理和规划监督检查等规划管理四大环节组成闭环式的反馈循环，打破过去的单向链式结构。并以此为核心，结合空间分类管理机制、空间政策机制、三规合一工作机制和信息管理平台，逐渐形成"规建管"全链条的规划管理体系。如图2所示。

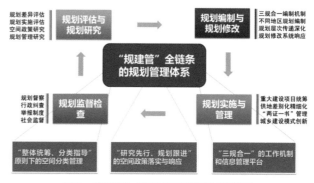

图2 "规建管"全链条的规划管理体系示意图

在这一体系下，我们将重新认识规划评估工作的作用和意义——

- 规划评估是规划维系规划权威严肃性的保障；
- 规划评估是规建管全链条管理的重要一环；
- 规划评估是多规合一工作的基础平台；
- 规划评估是规划修改调校和效用发挥的前提；
- 规划评估是城市治理大数据积累的准备。

3 规划评估的四个转变

基于上述认识，我们以青岛市李沧区分区规划实施评估为例，提出未来规划评估工作应有的四个转变。

3.1 评估目的由总结规划实施向服务下轮发展转变

规划评估的目的不再只是对过去规划实施情况的考核，而应更重为下一轮规划编制和调整提供决策服务。这一转变体现到规划评估的工作思路上，就是要兼顾规划实施评估和

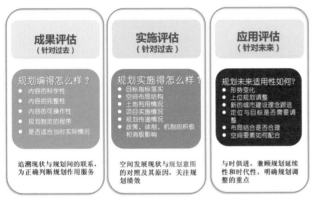

图3 面向未来发展的规划评估的工作框架示意图

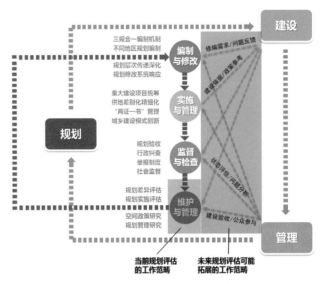

图4 规划评估工作机制和范畴的变化

城市发展战略思考的双重需要，为传统评估思路和战略思路的推进提供共同的研究分析素材。随着规划评估工作的推进，逐渐由针对过去转向针对未来，与时俱进，兼顾规划延续性和时代性，明确规划调整的重点（图3）。

3.2 评估重点由规划落实情况向城市运行状态转变

规划目标指标、管控要素等的落实情况是规划实施评估的重点内容，但并非全部内容，尤其要透过指标达成，深入考察城市运行状态。

如通过评估规模结构落实情况，考察城市社会经济发展水平。通过评估用地落实情况，考察城市社会经济发展趋势。通过评估设施落实情况，考察城市各系统服务能力。

3.3 评估方法由指标监督考核向规律机制研究转变

中央城市工作会议将"尊重城市发展规律"作为第一工作原则。规划评估也要从"知其然"到"知其所以然"，不能停留在对规划指标的监督考核上，要从规律和机制层面认识规划实施结果出现的原因，方能为下阶段的规划发展决策提供更有力的支持。

如从区域空间发展规律认识李沧区发展的阶段性变化。在评估中我们发现并首次提出了青岛市区发展的"三公里现象"，对比不同历史时期青岛和李沧的发展，指出与市级战略方向及空间建设重心的匹配度极大地影响着李沧的发展这一重要规律，从而为李沧下阶段发展战略的提出奠定基础。

3.4 评估机制由单次行业评估向常态制度工作转变

在过去单向链条式的规划管理模式下，规划评估多是一次性的，且囿于规划行业自评。在规划动态式管理模式下，规划评估是规划维护管理的重要前置条件，必须成为常态化

的工作环节。在统筹城市规划建设管理的要求下，规划评估将在三大环节之间的反馈响应中发挥重要作用，其工作范畴很可能要向城市建设和城市管理大大拓展（图4）。

围绕规划评估工作机制的这一重要转变，我们应当：①结合近期建设规划及其年度实施计划，衔接国民经济和社会发展五年规划，建立5年为周期的"实施评估—新一轮编制—年度计划滚动实施"动态机制。②完善规划评估报告的人大审查制度，提高规划评估工作的地位作用。③逐步完善规划评估的数据平台，使之成为城市治理、城市发展决策的重要支撑。

4 结语

长期以来，规划评估被视为规划修改的前置性程序环节，在规划管理中的重要作用没有得到足够的重视。随着城市工作方针和思路的转型，在未来的城市规划、建设、管理中，我们应当转变思路、大胆创新，积极推动规划评估的四个转变。规划评估工作将大有可为！

信息化视角下城市规划编制在线模式研究

——以深圳为例

胡盈盈　钱　竞
深圳市规划国土发展研究中心

1　传统编制模式存在的问题

（1）信息共享机制滞后。规划编制所需的各类数据获取存在部门共享壁垒、统计标准与数据格式不统一、数据运行平台不一致等问题，导致不同层次、不同类别规划间冲突严重。

（2）工作协同模式简单。规划编制程序相对独立、固化，不同部门与专业间协同方式以调研座谈、书面征求意见为主，缺乏实时互动、反馈机制，手段简单，效率低下。

（3）决策支持智能化程度不高。领导至上、拍脑袋式的规划决策模式仍然存在，仅依靠经验判断和简单的数学分析，难以满足大数据背景下规划编制在广度、深度与精度上的要求。

（4）公众参与有待加强。传统公众参与方式流于象征性和形式化，基本属于"后半程"的被动式参与，且缺乏有效的反馈机制，只能起到"咨询公众"的作用。

2　编制模式变革面临的形势

从物联网到互联网+，从云计算到大数据，新兴信息技术正强劲、深刻地引领着经济社会各个领域的变革，城市规划的编制思维与技术方法也迎来了的发展新机遇。同时，城市规划编制也正经历着一系列的转变，包括从侧重城市宏观整体空间布局到更关注微观主体空间发展需求，从依据查阅文献数据与小样本量表调查到基于海量、多源大数据的处理与时空分析，从相对单一、以空间规划学科为主到跨领域交叉与多学科互融，从阶段性调研、相对封闭的工作到信息实时更新、互助协同的工作，从自上而下的精英规划到协调多方利益的过程式、参与式规划。"在线模式（Online）"为城市规划编制的变革带来了新的契机。如图1所示。

规划编制"在线模式"是指利用先进的计算机技术、GIS技术与数据库等技术以及新式互联网基础设施，以互联网为依托，以规划管理业务数据为核心，构建多技术手段综合支持下的规划编制与管理信息系统，在多部门、多层级之间共建共享基础数据设施，实现规划基础数据在线提供与分析、规划方案在线评估与智能决策、规划成果在线辅助审查、规划编制与管理人员在线协同工作以及在线公众参与。

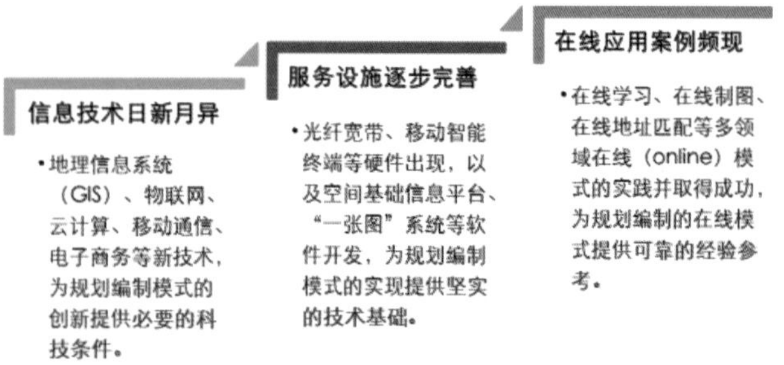

3　在线模式的特点与主要内容

3.1　主要特点

（1）共享。基于统一、规范的信息化标准对基础空间数据与专题数据进行收集、梳理、整合与融合，解决"规划信息孤岛"问题，实现多源异构数据统一管理。

（2）实时。动态、快速、规范和高精度地获取和存贮数据（空间信息和属性信息），协同内外工作，实现部门间信息实时交流、反馈与更新。

（3）智慧。通过智能化模型设计，进行数据加工处理与多维度的分析模拟，实现不同时间尺度、空间尺度、功能尺度上的互联互通，提供智能编制与决策支持。

（4）开放。结合规划编制的核心环节与主要流程，搭建多方对话与协商的在线平台，实现规划过程众筹众规、规划成果动态更新、规划意见及时沟通的全维度公众参与。

3.2　主要内容

1）基于"大数据"的规划编制信息云平台

在空间上涵盖规划编制相关的地上、地表、地下，在时间上可溯及过去、现在、未来，是一个标准统一、数据共享、技术含量高，与规划业务一体化集成的"全、通、新、用"云平台。该平台以多源异构数据与大数据为基础，通过数据收集、数据扩张、数据整合和业务服务四项核心功能的开发，对数据进行整合，为规划编制提供强大的在线信息共享（图2）。各部门可在统一的云平台上直接操作各类数据，既便于数据集中管理，又能减轻数据使用部门在信息搜集、基础数据维护方面的负担。

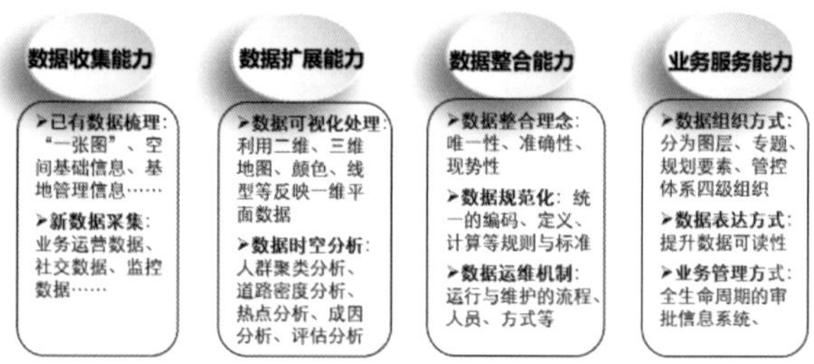

信息技术日新月异
服务设施逐步完善
在线应用案例频现

信息技术日新月异
·地理信息系统（GIS）、物联网、云计算、移动通信、电子商务等新技术，为规划编制模式的创新提供必要的科技条件。

服务设施逐步完善
·光纤宽带、移动智能终端等硬件出现，以及空间基础信息平台、"一张图"系统等软件开发，为规划编制模式的实现提供坚实的技术基础。

在线应用案例频现
·在线学习、在线制图、在线地址匹配等多领域在线（online）模式的实践并取得成功，为规划编制的在线模式提供可靠的经验参考。

图1　新兴技术发展为城市规划提供的基础与条件

数据收集能力
➢已有数据梳理："一张图"、空间基础信息、基地信息……
➢新数据采集：业务运营数据、社交数据、监控数据……

数据扩展能力
➢数据可视化处理：利用二维、三维地图、颜色、线型等反映一维平面数据
➢数据时空分析：人群类数据分析、道路密度分析、热点分析、成因分析、评估分析

数据整合能力
➢数据整合理念：唯一性、准确性、现势性
➢数据规范化：统一的编码、定义、计算等规则与标准
➢数据运维机制：运行与维护的流程、人员、方式等

业务服务能力
➢数据组织方式：分为图层、专题、规划要素、管控体系四级组织
➢数据表达方式：提升数据可读性
➢数据管理方式：全生命周期的审批信息系统、

图2　信息云平台的四大核心功能

2）规划编制在线协同工作模式

以面向规划服务为目标，搭建个性化的规划辅助系统，进行部门之间、规划师与管理人员之间的横向协同，以及规划师之间的纵向协同，实现规划数据、阶段性成果的及时沟通与反馈，减少不同层次、不同类型规划之间的冲突。除了提供有线专网的电子化协同办公之外，该平台通过无线办公网络延伸规划国土管理技术支撑平台应用的时间和空间领域，提供无线信息查询、实时在线联系、在线成果审查与远程移动签批等服务，打破时间、空间的约束，提高效率。如图 3 所示。

图 3　在线协同工作模式

3）面向"智慧规划"的辅助决策支持

以规划相关的基础理论与编制内容为基础，以互联网与GIS 技术为支持，把适用于不同类型规划的分析工作进行集成，构成一套供不同角色人员交互的信息技术框架，实现规划编制中特定的分析功能，并提供后续分析工具补充与完善的服务，为规划提供智能编制与决策支持。在决策支持平台上，通过各类专项分析模型与工具的智能化运用，可开展信息加工、处理、评估、预测、模拟以及多种空间关系分析与方案比选，实现单项专题分析、综合扩展分析等功能。如图4 所示。

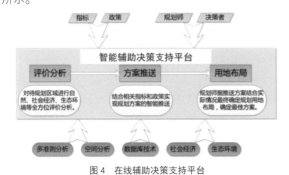

图 4　在线辅助决策支持平台

4）全过程多维度的公众参与

围绕"三多一突出"的公众参与工作机制，基于WEBGIS 的参与模型构建具有讨论、协商、决策等辅助功能的公众参与云平台。一方面，提高交互式、动态的空间信息可视化表达能力，使公众能以在线方式获取更生动、直观的规划成果；另一方面，通过云平台实现参与者实时讨论的传输与反馈，为多方对话与规划协商提供在线服务。此外，结合网络通信技术创新公众参与形式，开展针对数据监测、民意调查、社区营造等规划工作的众包行动，让公众参与变成

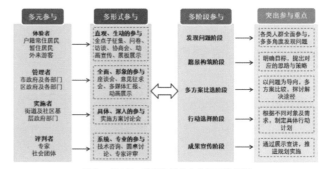

图 5　"三多一突出"的公众参与工作机制

一种普遍的、自觉的行为。如图 5 所示。

4　在线模式在"多规合一"中应用

4.1　"多规合一"在线模式的内涵与平台功能

"多规合一"的在线规划编制模式是根据数据管理、业务协调、规划管理的现实需求，进行在线系统开发与平台设计，形成在线共享、互联互通的统一国土空间规划数据库，实现"一本规划、一张蓝图"的目标。"多规合一"在线平台系统原型设计的主要功能包括以下四部分：

（1）数据共享与查询功能。包括矢量地图和栅格地图，可使用户快速浏览需要的信息，并利用矢量地图进行交互与空间分析。

（2）冲突检测功能。"两规"用地分类对接，约束性用地与相应约束性用地匹配，与其他约束性用地冲突；非约束性用地与任何类型用地均不冲突。

（3）冲突分析功能。基于统一空间基准的"多规"即时冲突分析，包括空间上、指标上与政策上的冲突检测分析，存在不一致的地方给出自动标注。

（4）方案智能化推送功能。分别对规划冲突智能推送出若干解决方案，并从经济、生态、社会等方面进行方案分析与模拟。

4.2　"多规合一"在线模式的应用前景

（1）在数据仓库建设的基础上，拓展地理空间共享框架与数据分析实验平台，运用空间智能模型及算法对数据进行深入挖掘。

（2）在基于统一空间基准的"多规"即时冲突检测基础上，加强发展规划的目标、城市规划的坐标和土地规划的指标三者在时空上的对接，提高"智慧化"决策水平。

（3）逐步扩大在线模式的应用范围，推进发改、产业、环保等其他业务部门在线参与规划方案的审议，加强规划内容与业务审批信息的在线协同。

（4）创新在线模式的公众参与方式，结合"多规合一"改革内容增强公众参与在线平台的体验性与互动性，吸引更多市民关注规划工作。

（5）探索通过设置平台角色和权限的方式，引入第三方评估和监督，对"多规合一"的综合绩效进行监测和评估，及时发现和改进问题。

基于"互联网＋"的规划编制组织模式探索

——以"众规武汉"为例

刘　媛

武汉市规划编制研究和展示中心

李克强总理 2015 年在《政府工作报告》中首次提出"互联网＋"行动计划。"互联网＋"造就无所不在的创新，推动了知识社会以用户创新、开放创新、大众创新、协同创新为特点的创新 2.0，改变了我们的生产、工作、生活方式，也引领了创新驱动发展的"新常态"，对城市规划的编制、审批、实施及监督管理都提出了新的需求。本文将以"众规武汉"在线规划平台的探索与实践为例，重点探讨"互联网＋"背景下的规划编制组织模式创新。

1 传统规划编制组织模式特征

1.1 程序性

传统的规划编制组织按照严格的程序，并在层级分明的组织管理架构下开展。其组织管理架构为一种金字塔式的等级制结构，管理层级长，工作的推进需逐层上报，逐级审核。

1.2 低效性

金字塔结构中链条式逐级传递信息的特征，引发了决策流程慢的现象，导致决策流程的延迟，规划编制组织进展较慢。在信息的传达上明显不能满足互联网时代"快速"这个最基本的要求。

1.3 目标局限性

传统规划编制组织的目标群体较为单一，即满足规划设计资质要求的设计机构。其组织模式为"他组织"方式，即由一个权力主体指定一群人组织起来，以完成一项被赋予的任务，是传统组织常见管理方式。

1.4 封闭性

传统城市规划编制遵循"自上而下"的方式，即使采用了座谈、问卷、公示等公众参与方式，但仍难以全面、动态了解居民、企业的行为及诉求。同时，在规划编制过程中，缺少政府、利益相关群体、设计师及公众之间的互动交流。

2 互联网时代特征

2.1 扁平化

互联网时代提倡扁平化组织结构。通过减少组织管理层级，从而有效减少信息流在组织链条上的停留时间，缩短信息流在链条上的流动长度，加快信息流从发送端到接收端的转移和交互。

2.2 快速化

互联网时代的速度发生了变化，加快了商业社会必须的信息流、资金流、物流的流通。快速化主要表现在决策要快、产品推出要快、行动要快、产品迭代要快、创新速度要快、变革要快和具有快速的市场反应能力。

2.3 类聚性

网络交往使人际关系的结构跳出地域的局限，能够在更大的空间范围内的体现为以共同的兴趣、爱好等主观因素为基础的相互吸引和联结，促使在广大范围内，持相同观点或者有相同诉求的群体结合在一起。

2.4 互动性

互动性是互联网时代信息传播的核心特征。借助网络技术能够轻松地构建起一个可以低成本地实现双向互动的交流平台。互动性的增强使得互联网时代信息传播者和接受者的关系开始走向平等，受众的概念已经被用户所取代。

2.5 平台思维

运用互联网思维最大特征必须运用平台的思想，通过平台规则、平台运营机制的创新，聚合双边或多边市场规模，打造有关利益方共赢的商业生态圈，实现平台模式的变革。

3 "众规武汉"在线规划平台概况

3.1 "众规武汉"平台

"众规武汉"是全国第一个"众规平台"，集规划信息公布、规划方案征集、公众调查以及规划知识宣传等多功能于一体，其目的是为了利用"互联网＋"的优越性，众筹公众相关专业的智慧和力量，充分考虑各方面的因素，将城市规划项目做到最优。

"众规武汉"是运用"互联网＋"思维，以推动"大众创业，万众创新"，增加"公共产品，公共服务"为目标，以"众智、众创、众享"为行动纲领，以"众规"加"人、组织、城市"为平台构建。通过不断的吸纳先进的规划理念和设计思想，培养市民的规划意识，提升规划设计人员的综合水平，提升武汉市城市规划建设质量。

3.2 平台特征

组织机构扁平化。"众规武汉"的平台架构包括公众、设计师与组织，并在规划编制组织过程中为各主体提供互动交流机会。同时简化工作程序，缩短信息链条，领导层直接参与方案决策。

参与主体多元化。将单一的政府主导模式转换为多元主体共同决策。由平台发布信息，定向吸引关心城市、关注规划的人士，发挥类聚效应。对于参与主体而言，其参与方式

图1　针对不同群体的公众参与编制项目

从被动组织到主动参与，有利于将参与主体的热情及积极性转化为高水平的规划设计成果。

编制项目产品化。以包装及打造产品的思维推出规划编制项目，突出项目特色及需要解决的重点问题，形成品牌系列。如图1所示。

组织模式订制化。利用"众规武汉"在线规划平台，针对不同群体的成熟度以及规划编制工作的不同阶段，确定规划编制组织模式。

4　针对不同群体的组织模式

4.1　公众——以东湖绿道公众参与为例

针对公众，主要采取在线设计、调查问卷等组织方式。环东湖绿道是"众规武汉"在线平台（图2）的首个公众参与的规划项目。该工作特点主要体现在以下四个方面：

一是发挥东湖风景区的文化、景观优势，推动东湖绿道建设，丰富东湖旅游内容，激发东湖活力。

二是利用互联网和大数据技术，进一步提升规划编制的科学性、高效性。

三是直接面向社会公众或技术团队征集，不限职业、学历、资质等，均可参加规划策划和方案设计，体现规划编制的公众性、社会性和开放性。

四是是建立全国第一个"众规平台"，启动首次众规工作，为平台的优化、完善和维护提供经验。

图2　环东湖绿道公众参与网络平台

4.2　设计师——以寻找规划合伙人系列项目为例

"规划合伙人"是"众规武汉"近期重点打造的大型公益性系列项目，针对武汉市目前有改造需求的次级功能区、小型社区等，将规划条件和要求通过平台进行发布，在网上公开征集设计方案。

在发布设计任务上，打破常规认资质、认机构的模式，面向全球设计界，召集方案设计师；在方案制定过程中，搭建设计师、政府部门、投资主体和技术专家沟通平台，减少中间信息转递环节；在方案决策上，通过互联网平台，征集公众意见、引发社群讨论、汇集各方利益、逐步达成共识。目前已经成功组织了"华农三角地""紫阳片次级功能区""江汉关西隅地"等多个项目的规划方案征集，共吸引来自美国、荷兰、法国以及北京、天津、广州、上海、重庆和台湾等十几个国家和地区共计上百名的设计师团队报名参加，创意方案线上投票总数近20万。每次项目都充分激发参与团队主观能动性，方案质量都明显高于地块原设计方案，形成了设计圈的热烈讨论以及"为武汉而设计"的高涨热情，取得了良好的社会反响。

工作模式的创新：规划合伙人项目作为优选设计方案的一种方式，在传统竞赛、方案征集以及招标的基础上，对工作模式进行了创新，形成了方案优选的持续性系列项目。使得方案优选的参与面更广且针对性更强、方案创新性更强以及实施保障性更高。如表1所示。

表1　不同方案优选方式分项对比分析表

	规划合伙人项目	竞赛	方案征集	招标
参与	无门槛，具有不特定性	无门槛，具有不特定性	只有得到征集人认可，才能参加知方案征集，具有特定性	需符合投标资格，具有特定性
费用	阶梯式奖金额度设置，奖金覆盖面达80%	前几名的团队获得奖金，奖金覆盖面一般不超过30%	每个应征人均可获得方案征集费，金额从人民币几十元到几百万元不等	公开招标时，除了中标人以外，只有前几名的投标人能获得投标补偿
答疑	设定的答疑环节与日常答疑相结合，参与团队可在踏勘过程中参加集中答疑，或成果提交前随时向组织方提问	不设置答疑环节	无截止时间的限定，在方案征集过程中，应征人可以随时向征集人提问；形成的文件称《答疑文件》	超过提问（答疑）截止期一般不能再提问；形成的文件称《补充招标文件》
时间	两个月-三个月	两个月-三个月	两个月-三个月	20天-45天
评审	三轮评审，二、三轮评审需进行方案汇报，设计团队可根据专家意见对方案进行优化及深化	多轮评审，参赛者不能对方案进行修改，不进行现场汇报	二轮评审（中期汇报、最终汇报），也可根据征集人的要求进行多轮评审	一轮评标（评标会），投标人进行现场汇报
后续	优胜者获得设计合同，设计方案将投入实施	优胜方案不一定投入实施	优胜方案不一定投入实施	中标者获得设计合同，设计方案将投入实施

基于手机信令数据的上海市外来常住人口日常生活空间研究

陈　璞
同济大学建筑与规划学院

1　研究背景

我国城市正经历急剧的社会结构变迁，大批务工人员涌入城市并长期定居下来，成为城市基层业态中的中坚力量，同时也是数量庞大的弱势群体。以上海市为例，2010 年全市常住人口已达 2302 万人，其中外来常住人口 898 万，占比例高达 39%。

当前由公共财政投入的公共服务设施规划中，为了使资源能普及每个人，通常按常住人口的数量根据统一的比例进行配置。问题也由此产生：城市中的人群已出现多样化，然而现有的资源分配方式却将所有的居民都视作同等类型，拥有同等需求、能力的人，这样的做法亟待改进。

本研究以上海市外来常住人口聚集社区为研究对象，以手机信令数据、人口普查数据为基础，定量分析了上海市外来常住人口的日常生活空间极其与本地人群之间的差异。

2　研究方法

研究使用到的数据有：移动手机信令 2G 数据，记录于 2014 年 3 月，共两周；基站空间位置数据；上海市第六次人口普查数据，完成于 2010 年 11 月。

首先，使用六普数据，在上海市域内选择外来常住人口高度聚集的社区。同时设置了"对照组"——户籍人口较多的本地社区，来体现外来人口的活动特征。两类社区的选择原则如表 1 所示。

表1　特征社区筛选原则

选择条件	外来社区	本地社区
外来常住人口比例	大于 80%	小于 20%
社区面积	1 ~ 10 平方公里	1000 ~ 10000 平方公里
常住人口	大于 8000 人	大于 2000 人
住房	—	—

其次，使用手机信令数据识别出居住在上述社区内手机用户，并获取这些用户所有的活动记录点。接下来对所有记录点进行抽样——取最接近整点的记录点，这里命名为"活动点"。在此基础上，将每一个社区内居民的活动点汇总。如图 1 ~ 图 3 所示。

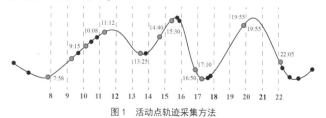

图1　活动点轨迹采集方法

图2　活动点按基站汇总结果　　图3　活动点密度计算结果
（以康家村为例）

图4　标准差置信椭圆与高频活动该范围表征的日常生活空间
（以康家村为例）

示社区内居民的日常生活空间（图 4）。并按工作日、休息日进行计算和特征比较。

3　计算案例分析

1）案例 1：九星村与平阳社区

九星村位于闵行区七宝镇，西临上海外环高速。九星村内部建有九星建材市场，为村内居民提供了大量就业岗位。平阳社区位于九星村东南方向，距离仅有 1 到 2 公里。

九星村与平阳社的差异显著：九星村的活动范围面积显著小于平阳。平阳社区工作日的范围已连绵至市中心，而九星村集中于村附近，此外平阳也有部分活动蔓延至九星村内部。可见九星村内部的建材市场为其提供了大量的就业岗位，影响超出了村域本身。如图 5 所示。

2）案例 2：江海村与曙正社区

江海村位于奉贤南桥镇。村内为大片农田以及零星分布的工厂，工厂主要集中在村的东北方向。沿南亭公路以东，过了沪杭公路便进入到南桥镇城区。曙正社区位于南桥城区内部东南侧，社区周边都为住宅区和相关配套设施。

曙正社区与江海村的差异相较于中心城区和近郊的案例小得多，但本地社区的生活空间依然大于外来社区（图 6）。可见本地社区和外来社区之间的差异在远郊处会适当缩小。

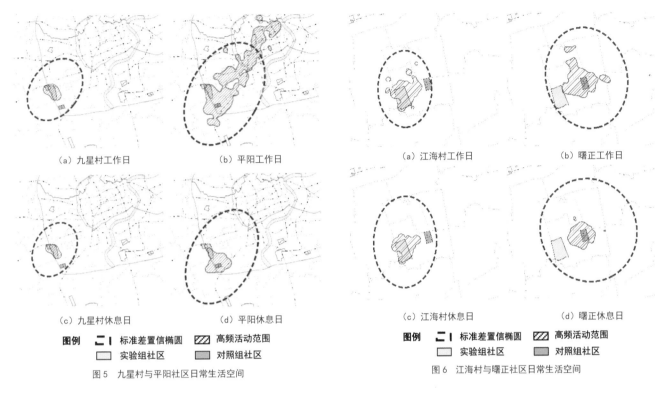

（a）九星村工作日　　　　（b）平阳工作日

（c）九星村休息日　　　　（d）平阳休息日

图例 ⊏⊐ 标准差置信椭圆　▨ 高频活动范围
　　　□ 实验组社区　　　▨ 对照组社区

图5 九星村与平阳社区日常生活空间

（a）江海村工作日　　　　（b）曙正工作日

（c）江海村休息日　　　　（d）曙正休息日

图例 ⊏⊐ 标准差置信椭圆　▨ 高频活动范围
　　　□ 实验组社区　　　▨ 对照组社区

图6 江海村与曙正社区日常生活空间

3）总体特征总结

结合全部14组社区的数据，从标准差置信椭圆看，工作日本地社区平均椭圆面积是外来社区的1.85倍，休息日是1.57倍。从80%高频活动范围看，工作日本地社区平均高频活动范围是外来社区的2.54倍，休息日是1.25倍。外来常住人口日常生活空间中的活动主要指向市中心，且休息日与工作日之间的活动变化不显著。总体上工作日外来常住人口比其他市民的生活空间明显要小，且中心城内的差异会显著于中心城外。这表明，外来常住人口不仅是社会经济层面的弱势群体，在机动性上也属于弱势群体。

上海重点区域及潜力地区空间划分的研究方法

高怡俊
上海复旦规划建筑设计研究院

1 破题思考

"十二五"期间，上海城市空间发展的最主要背景是：空间发展现状与既定空间规划之间的矛盾显著。

上海"十三五"期间面临的空间挑战主要是新增城市功能和新增常住人口与城市建设用地存量不足之间的矛盾。

新增城市功能和新增人口都必然对空间载体提出要求。在上海建设用地极为有限、中心城区人口密度已经较高的大前提下，重点发展哪里？优先发展哪里？植入什么功能？就成为了"十三五"空间规划亟需解决的问题。

研究认为，新一轮发展的"重点地区"与"潜力地区"选择，基础是整合城市的经济社会发展与空间规划，将城市空间与功能统一在完整的框架下进行考量。

2 方法概述

基本设想是通过模型构建，对精准空间进行价值判断，选出重点地区与潜力地区。

步骤一：筛选。筛选出有可开发空间的栅格。

步骤二：评价。构建数学模型、栅格化空间、指标选取和回归模型拟合。

步骤三：识别。确定指标权重，将指标按权重加成推算空值栅格的现状空间价值指数。

3 工作路线

3.1 可开发空间栅格筛选

根据上海市土地利用现状图、工业园区规划图、以及集建区范围图，可将土地开发现状分为六类：集建区内未开发用地、其他工业用地、工业转型用地、工业保留用地、已建成用地和非集建区用地。六类用地的可开发性依次递减。本研究将可开发用地界定为集建区内未开发用地、其他工业用地和工业转型用地。如图1所示。

3.2 数学模型构建

本研究采用栅格化综合评分方法，通过对城市人口、经济、空间和包括政策的空间数据化，将上海分解为可以进行定量分析的空间栅格系统（图2）。政府、企业和市民是推动上海城市发展的三方力量，因此，重点地区和潜力地区的发展也应该综合考虑三方的意志和作用。模型建立选取指标的原则是能综合呈现政府、企业和市民的基本立场。

图1 可开发用地界定

指标类型	符号	指标名称
变量	y	空间价值指标
空间指标	x1	距离指数
	x2	东西发展轴线指数
	x3	黄浦江轴线指数
	x4	轨道交通指数
	x5	快速交通服务指数
	X6	地面路网指数
人口指标	X7	常住人口指数
	X8	人力资本指数
	X9	劳动年龄人口指数
	X10	外来人口比重
企业指标	X11	就业岗位指数
	X12	生产性服务业占比
	X13	企业类型数指数
综合指标	x14	多样性指数 二手房价格差异 写字楼租金差异 企业类型数差异 企业规模差异 餐饮消费差异 外来人口比重差异

图2 回归模型变量选取

回归方程的因变量 y（SVi 为 y 的对数值）是地块的空间价值指标。本研究认为，住宅和办公楼的价格能够较好地反映市民和企业对地块的认可度，能在一定程度上表征地块的发展程度或发展潜力，可以作为地块的空间价值指标。因此，本研究采用归一化以后的二手住宅价格和写字楼租金的几何平均值作为空间价值指标。

自变量 x 为分属 4 大类的 12 个小指标（表 1）。以 xi' 表征指标归一化后的值，xi 表征 xi' 取对数以后的值。通过多元向后回归，剔除掉共线性强和不显著的指标，保留的指标作为评分依据。为了减小分析误差，没有住宅或写字楼的栅格未进入回归运算。实际进行回归分析的样本为 3140 个栅格。

回归方程 $SV = \beta_0 + \beta_1 x_1 + \beta_2 x_2 + \beta_3 x_3 + \cdots + \beta_n X_{n_6}$

回归结果显示，空间价值指标主要受距离指数、东西发展轴线指数、黄浦江轴线指数、轨道交通指数、地面路网指数、常住人口指数、人力资本指数及多样性指数等 8 个指标的影响，而快速交通服务指数、劳动年龄人口指数、外来人口指数、就业岗位指数、生产性服务业占比和企业类型数指数等 6 个指数则影响不显著。

3.3 识别可开发用地的空间价值指数

为保留的指标赋予权重，权重数值上等于回归系数。得到回归方程为：

$$SV_i = 3.761 - 0.413x_1 + 0.035x_2 + 0.012x_3$$
（空间价值指数）（常数项）（距离指数）（东西发展轴线指数）（黄浦江轴线）
$$+ 0.022x_4 + 0.06x_5 - 0.148x_6 + 0.188x_8 + 0.116x_{14}$$
（轨道交通指数）（地面路网指数）（常住人口指数）（人力资本指数）（多样性指数）

由此可识别出可开发用地的空间价值指数分布如图 3 所示。

图 3　可开发用地的空间价值指数

4　重点区域与潜力地区的划分

4.1　三大产业选址的空间价值分析

分析金融、文创、科创三大行业选址的空间价值指数分布规律，可以发现，50% 的金融就业都发生在空间价值指数为 3.01 ~ 3.67 的栅格内，中位数为 3.47；50% 的文创就业发生在空间价值指数为 3.11 ~ 3.56 的栅格内，中位数也是 3.47；相比之下，科创的就业区间的空间价值指数略略偏低，50% 的科创就业都发生在空间价值指数为 2.96 ~ 3.51 的栅格内，中位数为 3.31。73% 的三大产业就业均发生在空间价值指数 3 以上的栅格内（图 4）。

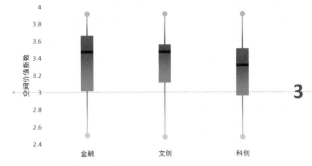

图 4　三大产业企业选址的空间价值指数分布

4.2　重点区域与潜力地区的分级识别和功能建议

依据空间综合价值指标，提出重点区域与潜力地区划分建议：

得分在 3 分以上的栅格：“十三五”重点地区。其现阶段空间价值支持其承载上海发展的核心产业。

得分在 3 分以下的栅格：“十三五”潜力地区。其现阶段空间价值暂不支持其承载上海发展的核心产业，但随着城市进一步的发展，在未来，其空间价值将得到进一步的提高，可能成为重点地区。

通过空间价值与产业集聚的规律，在功能定位方面，我们提出如下建议（图 5）：

3.4 分以上栅格：高可能性地区，建议重点发展以金融为主的高端生产性服务业；

3.2 ~ 3.4 分的栅格：中可能性地区，建议金融、文创、科创三大产业综合发展；

3.0 ~ 3.2 分的栅格：低可能性地区，建议发展科创产业。

图 5　重点与潜力地区的功能建议

在线电子地图数据获取与应用

刘俊环　程　文
哈尔滨工业大学建筑学院

1　国内数据研究现状

2012 年 5 月，联合国发布的《大数据促发展：挑战与机遇》政务白皮书标志着大数据时代的到来。在此背景下，我国的城市规划领域也做出了快速的响应，自 2013 年起，中国城市规划年会开始设置专门的大数据主题分会场或参考议题，带动了大量以数据分析为主要方法的研究和实践。然而严格意义上的大数据应具备"全样本"的特征，所以国内的大数据研究多数应属于开放数据研究。

无论大数据或者开放数据都是进行数据研究的重要基础，在大数据相关理论的研究中，常见的数据类型包括社交网站数据、手机信令数据、公交刷卡数据及浮动车 GPS 数据等。然而上述数据的获取通常有一定的门槛，因此十分有必要充分挖掘各类开放数据的潜力，改善可用数据相对匮乏的困境。本研究尝试基于在线电子地图提取空间地理信息数据，为相关研究提供一个标准统一、覆盖范围广、更新速度快的基础数据平台。

2　国内在线电子地图概况与应用潜力

国内主要电子地图品牌共有四个，分别是百度地图、高德地图、腾讯地图和天地图。百度地图的数据覆盖较为全面，并且通过与诺基亚的 HERE 地图合作正在逐步实现全球覆盖。高德地图以导航见长，拥有从地理信息数据的采集到终端用户产品的完整生态链。腾讯地图的特点在于其完善的街景数据，并提供了查看历史街景的功能。天地图主要作为国家测绘地理信息局发布和展示测绘成果的平台。

四个品牌的电子地图均提供了 API 供用户进行开发，百度地图的自定义功能最为完备，高德地图也具备一定的可操作性，而腾讯地图和天地图在开发自由度方面相对较差。高度自由的自定义功能使数据挖掘和提取成为了可能，根据地图元素的种类以及可叠加的其他数据图层，一般可提取以下三种类型的数据：

（1）静态图形与属性数据。主要指各种基本地图元素和兴趣点（Point of Interest，POI）。前者包括建筑物、道路、绿地和水体等具有明显的形态特征，但蕴含属性较少的数据。此类数据以获取其形态为主要目标，可以为城市形态分析、空间网络分析等提供一定的支持。一般情况下，地图公司提供的 API 并不能直接访问矢量数据，需通过其他方式来提取。后者通常不含形态仅具有空间坐标，但属性信息较多，包括名称、地址、类型等，可利用 API 的查询功能来获取数据。

（2）动态图形与属性数据。主要指实时路况数据，该数据在具有形态的基础上附带了少量信息，且具有较高的时间分辨率，是在线电子地图中少有的实时数据。该数据需要通过图形截取和属性传递两个步骤来完成提取动作。

（3）图像数据。指的是街景车沿道路拍摄的全景照片，可利用神经网络或支持向量机等机器学习方法对照片中的内容进行学习和分析。

3　在线电子地图数据的获取

本研究主要尝试对图形数据和兼有图形和属性的数据进行提取，利用 Python 的 Selenium 库调用浏览器，访问预制的 HTML 模板，并通过设置超高分辨率来实现大范围数据的高效截取。基于这一思路开发的百度地图截获器 0.5beta 版软件可实现对 6 种基本地图元素（建筑、道路、绿地、水体、地铁和铁路）和 3 种高级图层（卫星图、实时路况、街景导航轨迹）的截取。由于百度地图的建筑物数据覆盖率较低，因此增加了高德地图的建筑物模板作为补充数据源。另一方面，百度地图的实时路况图层与兴趣点图层混杂在一起，不利于提取，同样提供了高德地图的模板备选。

4　在线电子地图数据的应用

按照提取数据的具体内容，主要有以下几个应用场景：

（1）建筑物数据。首先，建筑物数据最基本的用途是提供城市建成区的图底关系（图1），便于规划师更好地感知城市空间的形态特征，亦可配合一些形态学分析方法进行相关研究；其次建筑物数据可以用于改善城市雨洪模拟中的地形数据，常规的城市雨洪模拟中使用的是仅含地形不含地物的数字高程模型（Digital Elevation Model，DEM）数据，由于地表径流模拟对于建筑物高度信息不是非常敏感，因此可以将建筑物设定为统一的高度附加到数字高程模型上，得到数字表面模型（Digital Surface Model，DSM）来改善模拟结果的准确性；最后，对建筑物进行矢量化处理后，还可以结合其形态特征进行建筑物的功能识别，并与兴趣点数据相互验证，进而实现对城市用地功能的识别。

（2）道路网络数据。对道路网络数据进行必要的矢量化操作后，可以进行两方面的分析，其一是空间网络分析，如基于交通网络的最短路径分析、服务区分析和选址分析等；其二是拓扑网络分析，如基于空间句法的空间整合度分析和空间穿行度分析（图2）等。

图1 高德地图西安建筑物数据

图2 哈尔滨标准化角度穿行度（NACH）

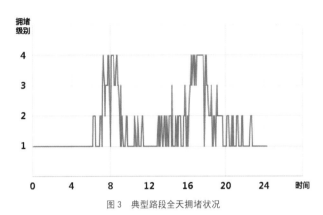

图3 典型路段全天拥堵状况

图例
早高峰
5分钟出行可达性
低
较低
中等
较高
高

图4 哈尔滨早高峰出行可达性

5 结论

在大数据时代，面对当前阶段部分数据难以获取的困境，应当积极尝试探索开放数据的潜力和用途。在线电子地图作为开放数据的代表形式之一，仍然存有许多潜在的应用机会。未来将是一个多源数据融合的时代，每一种数据源都值得也应当被充分的重视和运用，即使国家建成了大数据共享平台，这些开放数据仍然可以作为优秀的补充数据源为城市规划数据研究贡献力量。

（3）实时路况数据。实时路况数据并不等于交通流量数据，只能一定程度上反映道路的服务水平高低。该数据的时间分辨率可达到"分钟"级别，通过24小时高频率地截取数据，可以实现对城市中每段道路拥堵情况的观测（图3）。基于各时段的拥堵级别对路段的平均车速进行估计并折算出各路段的时间距离，再根据研究目的的不同设定相应的时间中断点，对每个地块的单位时间出行覆盖范围进行计算，即可实现以地块为口径的生活圈分析，用以判断出行的难易程度以及空间分布（图4）。

重庆公交系统可靠性的复杂网络研究探索

黄勇 万丹 郭凯睿 冯洁 张启瑞 王亚风
重庆大学建筑城规学院

1 基于复杂网络的城镇公交系统研究背景

城镇公共交通是提升城镇发展品质的先决条件。目前我国大多数城镇的机动化出行方式中，仍以地面公交为主导。地面公交是典型的复杂系统，网络化特征明显，局部故障可能引发连锁失效。近年来，国内外城市公交网络面对交通拥堵、重大事件、自然灾害和暴恐袭击时的表现，促使公交网络可靠性问题受到广泛关注。

复杂网络方法是对现实复杂系统的高度抽象，主要关注系统内在结构关系，广泛应用于数理、生命和工程学科等不同领域。运用复杂网络分析方法，以山地城镇重庆主城区公交系统为研究对象，以平原城镇成都主城区公交系统为参照，从整体结构模式合理性、局部结构稳定性、个体结构均衡性等方面，开展公交系统可靠性问题研究，尝试提出可靠性规划优化策略。

2 研究靶区

选取重庆市主城区公交系统为研究靶区，引入成都市主城区公交系统为参照（图1）。重庆市为典型的山地城镇，空间结构为多中心组团式；成都市为典型的平原城镇，空间结构为单中心圈层式。研究靶区范围内，重庆市公交站点数为2539个，公交线路数为324条；成都市公交站点数为2766个，公交线路数为515条。

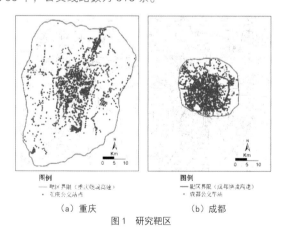

图例
——靶区界限（重庆绕城高速）
· 重庆公交站点

图例
——靶区界限（成都绕城高速）
· 成都公交站

（a）重庆　　　　（b）成都
图1　研究靶区

3 研究方法

3.1 整体技术路线

本研究的整体技术路线为：以重庆市公交系统可靠性规划优化为研究目标，选择重庆市和成都市主城区为研究靶区，获取公交站点及线路基础数据；运用复杂网络方法，构建公交网络模型，提取公交网络关系数据结合空间数据，对公交系统网络结构进行综合研判；通过实证对比分析，挖掘重庆公交复杂网络可靠性特征，提出规划优化策略。

3.2 模型构建

复杂网络分析方法是将研究对象实体抽象为"节点"与"连线"构成的网络模型，节点为系统基本要素单元，连线为要素单元间的相互作用关系。模型构建是将公交系统实体对象抽象为虚拟网络模型的关键步骤。主要流程分为三步：原始数据获取——选取8684公交查询网，作为公交网络基础数据来源；语义模型构建——采用公交换乘语义模型，以公交站点为网络节点，直达的站点间存在连线（图2）；网络模型生成——选取Pajek网络软件分析平台，生成网络模型。

3.3 可靠性评价指标体系

从整体、局部、个体三方面，建立公交网络可靠性评价指标体系。整体层面运用节点对距离指标，考察公交网络的结构模式合理性；局部层面运用双组元与割点指标，考察公交网络的结构稳定性；个体层面运用点度中心度指标，结合站点空间数据，考察公交网络的结构均衡性（图3）。

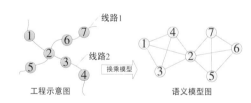

图2　公交网络语义模型示意图

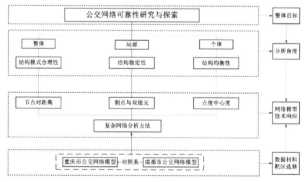

图3　公交网络可靠性评价指标体系

4 计算与分析

4.1 整体结构模式合理性

公交网络节点对距离可以表征站点间实现通勤需要的最

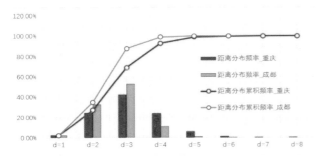

图4 重庆、成都公交网络节点对距离统计分布

少换乘次数：站点对距离为1，表明站点间可以直达；站点对距离为2，表明站点间需要1次换乘可达……以此类推。节点对距离的统计分布规律则反映了公交网络的整体结构模式。计算结果显示（图4），较之成都市公交网络，重庆公交网络中站点直达概率相对较高，1次换乘和2次换乘可达概率相对较低。表明一定程度上，重庆公交网络整体结构模式体现出"直达性"特征，即城市公交系统多采用"长线"直达方式应对远距离通勤，较少采用多条"短线"换乘接驳方式。

公交网络"直达模式"一般产生于城镇交通发展的特定历史时期。随着我国城镇化进程发展，城镇道路建设远远跟不上汽车增长速度，"直达模式"弊端逐渐凸显——易造成部分路段公交线路重复率过高，局部交通压力过大等问题，进而影响网络整体通行效率和公交系统可靠性。同时，重庆主城区受山水地形条件制约，道路资源相对紧张，直达模式的弊端易被放大。

4.2 局部结构稳定性

复杂网络双组元和割点指标可用于探测网络中的局部脆弱结构。割点是在网络中起到特殊联系作用的节点，此类节点失效会导致整体网络被分割为多个不相连通的独立子网络。双组元是指由三个以上节点构成，不包含割点的最大连通子网络。对于城镇公交网络，割点和双组元的存在代表网络局部结构脆弱性较高，单个站点功能失效会导致网络局部结构分裂，整体连通性丧失。

计算结果显示，重庆公交网络中的割点和双组元结构数量明显较多，网络局部结构稳定性相对较低（图5）。

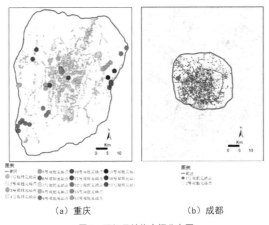

（a）重庆　　　　　（b）成都

图5 双组元结构空间分布图

4.3 个体结构均衡性

公交网络中不同节点，承担结构功能的主要方式和重要程度不同。点度中心度指标反映站点可以直达的其他站点数量，是衡量站点结构权重的代表性指标之一。研究结果显示，较之成都市公交网络，重庆市公交网络个体结构均衡性的空间分布呈现不连续的点状集聚特征（图6）。

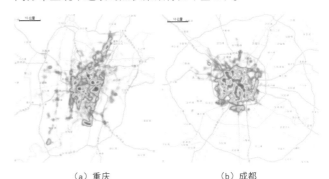

（a）重庆　　　　　（b）成都

图6 公交网络站点点度中心度空间热力图

结合城镇空间结构进行考察。重庆主城区是典型的多中心组团式空间结构，理想状态下各个组团内部的公交网络发育程度应相对完善。研究结果显示，组团背景下重庆公交网络个体结构均衡性相对较差，城镇外围组团的网络结构成熟度相对较低（图7）。

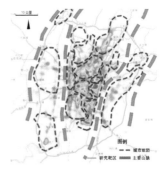

图7 组团背景下重庆公交网络点度中心度热力图

5 优化策略

针对重庆公交网络现状特征，提出"模式优化，局部加强，组团均衡"的公交网络可靠性规划优化策略：在整体层面，将网络"直达模式"演进为"换乘模式"，即减少站点间直达概率，增加1次换乘可达和2次换乘可达概率；在局部层面，于局部脆弱性较高区域，调整或增加公交线路，减少局部脆弱结构数量；在个体层面，于城镇外围组团内，培育结构权重较高的公交站点，增强外围组团的公交网络成熟度，提升整体网络在组团空间上的均衡性。

6 结论与展望

运用复杂网络方法，将公交系统工程实体抽象为虚拟网络模型，有助于把握公交系统网络的主要结构规律，提出针对性规划优化措施，研究思路和方法在整体上具有可行性。本研究不足主要表现为局限于网络"供给侧"的特征规律分析，较少考察网络本身与城镇其他要素间的相互作用关系。以后的工作需要在以上方向予以加强。

"无人机 +"时代城乡规划探索

金锋淑　沈阳市规划设计研究院
朱京海　中国医科大学
李　岩　辽宁远天城市规划有限公司

随着民用无人机技术应用领域不断地拓展和深入，未来将迎来"无人机 +"的时代。无人机利用其响应速度快、效率高、运行成本低及提供的实时信息数据等特点，在建设智慧城市中，展现其不可忽视的角色。

1　大数据向城乡规划领域的深入

大数据时代，随着数据供给渠道的增多和数据分析技术的进步，面向城乡规划编制的数据获取方式向多元化发展，给城乡规划的数据采集带来了新的工具和思路。随着我国城乡规划建设发展速度的加快，城市各区用地、建筑及景观风貌都是瞬息万变，如何能够更快、更便捷、更有效的获取最近、最精确的现场踏勘、地形图、实施影像数据成为了新的挑战。

2　"无人机 +"时代的起航

随着近几年民用低空空域的的开放，无人机在民用领域得到快速普及，在航拍摄影、农业、林业、工业、物流及气象等多领域不断拓宽着其应用场景。这无疑显示着"无人机 +"的时代悄然降临。面对纷繁复杂的城市环境，无人机作为响应速度快、效率高、运行成本低的新一代低空遥感利器，能够有效解决"如何打造实时的数字信息化城市"的难题。能够为城市建设提供实时信息数据，支持快速而准确的提供城市规划决策，助力智慧城市的规划与建设。

3　无人机在城乡规划中的应用

3.1　现场踏勘与数据采集中的应用

无人机遥感系统作为第三代遥感平台，结构简单、易于操作、成本较低。通过简单的操作，就能够快速获取地理、资源、环境等空间遥感信息，完成遥感数据采集、处理和应用分析，弥补其他遥感软件出现的无法满足时效性、精度及信息量大的需求，为城市测绘、调研翻开了新得篇章。与传统全野外测量相比，无人机低空遥感技术可大大减少野外工作量，提高成图效率，且运行成本较低。无人机利用其灵活的特性，能够不受地形地貌的限制，在山区、水面、地下等环境复杂的区域，以及在灾区建设中替代人工，从不同角度查看场景特征进行影像数据的获取。

在乡村规划中，规划前期存在地形图缺失、陈旧或者比例尺过小、缺乏清晰的影像图、规划边界不清晰和土地权限

信息不明确等问题。通过无人机航拍，能够很快、准确的进行勘测，并利用遥感专题信息提取技术对村庄、乡镇进行用地类型现状提取与分析，有助于乡村规划的有序、精细化推进。也通过直观清晰的影像呈现与公众进行互动，提高公众参与的积极性。如图 1 所示。

为了能够更有效的提供普及度较高的无人机航拍监测设备，无人机城市规划专用踏勘车的研发将提供更便捷、专业的服务，这对城市规划的踏勘工作带来全面性的变革。根据城市测量、航拍及监测和山地等环境复杂区域勘测的实际需求，系统集成、功能统一、标准化的全车由驾驶舱、工作区、维修区和车顶平台等四个部分组成。通过对车辆主体进行局部改装，满足人员操控及无人机设备运输，实现在车内指挥、监控无人机为一体的功能车（图 2）。

图 1　乡村航拍图

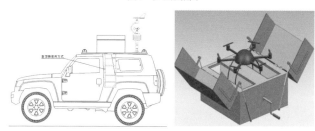

图 2　无人机专用车意向图

此外，无人机可以根据项目特性和设计师需求，可定制飞行路线及区域，实施建立 3D 模型，真正做到全方位、多角度、无死角且更直观的调研，为城市规划设计提供全面真实的第一手场景资料。

3.2　无人机在规划选址与布局中的应用

科学合理的规划选址与城市布局结构关系着城市居民的生产生活方式与社会经济发展。无人机运用航拍技术，可以

精确的提供一定区域范围内的地形地貌、生态环境、建筑布局等相关地理信息，结合 GIS 等遥感技术进行分析，辅助城市重大项目的规划选址的科学性与可行性。如在风电厂规划选址中，尽量避免一些文物保护、风景名胜区、自然保护区和水源地等敏感区，通过测量分级离敏感点的最近距离，结合文物的防护边界，对风场选址进行调整。如图 3 所示。

无人机辅助规划选址应用系统的研发将更好地搭建城市规划无人机低空遥感应用平台。该系统通过无人机搭载的不同传感器，提供多种选项模块，如气象仿真分析、大气雾霾扩散分析结合城市中的居住区、工业区、商业区等不同区域，搭建相应的的模型与数据库，为规划选址及规划布局提供数据分析，指导完善城市空间布局方式，合理的规划结构与发展模式。如图 4 所示。

图 3　黑山风电场无人机航拍影像

图 4　应用系统操作页面

3.3　生态环境保护规划中的应用

生态环境保护规划的编制与实施中河流流域、饮用水源保护区、自然保护区等区域有着面积较大、位置偏远、交通不便等特点，导致其调研、分析、实施评价等工作很难做到全面细致。无人机遥感系统通过无人机遥感影像针对分析区域进行采样工作，收集保护区自然、地理、生态以及空间专题数据等信息，使用 GIS 和指数评价技术，以定性与定量相结合的方式分析土地利用的现状、土地适宜性、景观格局特征（图 5）。由于生态环境系统的恢复是一个漫长的过程，在生态环境保护规划实施评价中，可通过持续性的进行逐年拍摄、采样分析对比，清楚地了解该区域内植物生态环境的动态演变情况，为规划实施评价提供参考。

在沈阳建筑大学编制的《辽河生态治理规划》中，为了

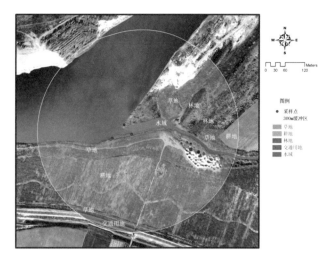

图 5　左小河无人机遥感影像解译图

明确辽河干流水生态系统完整性现状，开展辽河干流无人机大面阵遥感调查和大型底栖生物调查。首次将无人机遥感技术与 B–IBI 河流生态健康评价相结合，对整个辽河干流进行 1:2000 大比例尺航拍，分辨率为 0.16m。规划实施后，将 2015 年与 2007 年辽河做小河区域的无人机航拍影像解译对比分析结果，为规划的实施评价提供了强有力的依据。

3.4　城市乡建设管理中的应用

规划实施的监督和管理是确保规划实施到位的重要手段。通常的监测和巡查是城市建设管理部门定期通过人工巡查的方式，实施监督管理。这样的实施监管效率较低、人力成本较大等局限性与片面性，也很难再短时间内达到监督全覆盖、常态化的要求。

无人机低空遥感系统在城市建设管理领域中的应用有着得天独厚的优势。通过不同时间段对同一区域获取区域的遥感影像，采用无人机遥感系统提供的图件与规划设计阶段的图件对比分析，可以清楚、直观地核实各个环节，实施科学、高效率、灵活和严密的监管，为排查违法施工建设、非法侵占等现象提供依据，有效控制违法建设行为的发生。此外，无人机遥感系统安全作业保障能力强，可进入危险及偏僻地区开展工作，也有效地避免了监测人员的安全风险。

4　结论与展望

无人机遥感技术作为可以用微中观视角去采集实时动态数据的手段，利用其成本低廉、起降方便、操作灵活性强等特点，能够广泛应用于城乡规划、建设与管理中，这方面，辽宁在一定程度上走在了时代前沿。如今，多城市将无人机应用于城市交通、城市市政、勘测及管理等多方面，为其他城市的数字化发展提供了借鉴，但仍有很大的空间进行创新探索。无人机遥感系统的介入，会带给智慧城市旺盛的生命力。

转型期基于"生态导向"的西咸新区规划编制与建设管控实践探讨

张军飞 陈 健 王 汐
陕西省城乡规划设计研究院

西咸新区是全国首个以"创新城市发展方式"为主题的国家级新区,旨在建成生态田园城市。目前,新区正处在城镇化的加速发展阶段。本次选题结合西咸新区的城镇化发展阶段和特征,重点从城乡空间的生态化角度,基于西咸新区的规划编制和建设管控实践,探讨我国西部快速发展地区生态导向型的城镇化实践路径,以期为我国类似地区的城镇化发展提供经验借鉴与实践参考。

1 西咸新区现状特征及问题

西咸新区具有"生态本底优厚、交通框架优越、文化底蕴深厚"等典型特征。在落实"现代田园城市"和"西部特色生态城市"理念上具有得天独厚的生态文化本底。新区现状规划管理体系分新区 – 新城 – 园办多个层级,各层级之间独立编制规划,不同层级之间存在事权重叠,指导建设不畅等突出问题。规划编制分总体规划,控制性详细规划和专项规划,不同层级规划内容庞杂,规划之间缺少有机衔接,规划刚性约束和传导体系不明,规划理念难以落实。在快速城镇化阶段,急需构建一整套体现新区发展理念和建设要求的规划编制和规划管理体系。

2 "生态导向"的规划编制与建设管控体系构建与实践

2.1 "生态导向"的规划编制与管控体系

构建基于"生态导向"的全周期规划编制与管控体系。

一方面,将生态发展建设要求纳入法定规划体系,完善形成基于"生态导向"的城乡规划编制体系与内容。另一方面,通过规划审批倒逼生态城市建设,在用地规划许可报建、方案报建、修详规报建和工程建设项目报建阶段,通过"一书三证"强制要求加入生态控制内容,形成基于"生态导向"的城乡建设管控体系与内容(图1)。

2.2 总体规划阶段

在总体规划阶段就引入"生态导向"概念,在现状分析、规划目标和用地布局上建立生态思维,通过"控制生态总量、限定生态底线、严守生态框架"等方式形成"生态导向"下的总体规划编制框架。

2.3 控制性详细规划阶段

控制性详细规划阶段的核心在于如何通过"优化用地布局、制定生态建设指标、强化生态要素控制"等方面落实总体规划的生态建设要求。优化用地布局分两步实现,第一步,在现状"水""田"生态系统的基础上,通过河道与农田系统的修复,形成生态基本框架(廊道)。第二步,在"水""田"生态基本框架(廊道)的基础上,通过修复水系两侧的(坑塘、水池、湿地等)毛细血管,形成连接绿廊的指状绿地,进而将用地细分成九个组团。新区生态城市建设控制指标体系从生态空间、生态交通和生态市政三个大的评估策略下,由 9 个规划手段衍生出 16 个规划指标。通过制定生态绿地控制单元图则,重点对生态绿地的主体功能、绿地率、服务设施用地比例、兼容性用途控制、建筑主体限高及公用设施引导等方面进行控制与引导,以进一步落实生态建设控制指标体系(图 2)。

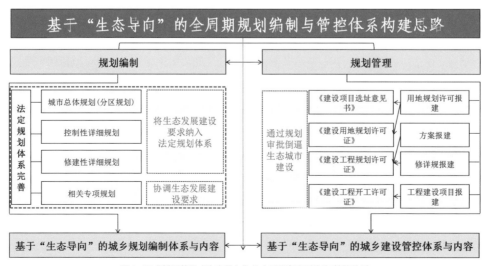

图1 西咸新区基于"生态导向"的全周期规划编制与管控体系

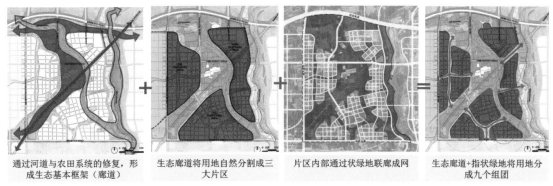

通过河道与农田系统的修复，形成生态基本框架（廊道）　　生态廊道将用地自然分割成三大片区　　片区内部通过状绿地联廊成网　　生态廊道+指状绿地将用地分成九个组团

图 2　控制性详细规划阶段"生态导向"规划重点—优化用地布局

2.4　修建性详细规划和相关专项规划阶段

修建性详细规划阶段的核心在于如何通过"加强地块城市设计研究、协调相关专项规划、实施相关生态建设设施"等方面落实控制性详细规划阶段提出的生态建设控制指标。相关专项规划包括城市竖向规划、蓝线（水系）规划、给水系统专项规划、排水系统专项规划、防洪排涝综合规划、绿地系统规划、道路交通系统规划和其他专项规划，相关专项规划阶段的重点是做好与总体规划和控制性详细规划的衔接和协调，落实生态建设要求，设计生态建设相关设施。

2.5　"生态导向"下的法定规划建设管控体系

从规划编制管控和规划建设管控两方面构建生态导向的城市规划编制与规划建设全周期管控体系。在总体规划、控制性详细规划和修建性详细规划阶段，将生态城市建设要求纳入法定规划体系，重点做好用地落实和指标控制；在相关专项规划阶段重点协调生态城市建设要求，包括用地、竖向和设施。在《建设项目选址意见书》、《建设用地规划许可证》、《建设工程规划许可证》和《建设工程开工许可证》核发阶段，要求增加生态控制指标。同时，在施工监管、竣工验收、运行与维护和实施评估阶段，需加强规划监督和反馈。

3　结论总结与思考

生态文明建设和新型城镇化发展对西咸新区建设"西部生态示范新城"提出了更高的要求。如何体现生态和绿色发展理念，落实"海绵城市"和"城市双修"等相关建设要求，并以此理念切实指导新区建设，探讨从规划编制到规划建设的全周期生态城市规划和管控体系是本次研究的核心内容。一方面，完善城乡规划编制体系，探讨将生态城市建设要求纳入法定规划内容，更好的发挥规划引领作用，指导生态城市建设，提升城乡发展品质。另一方面，完善城乡建设管控

体系，从规划管理和监督的角度倒逼生态城市建设内容的落实，实现生态城市建设从规划编制、建设实施到监督反馈的全过程实施。

研究以陕西省西咸新区为例，探讨我国西部地区城市新区在落实生态城市建设过程中的实践经验和理论探索，通过全周期规划建设管控更好地促进西咸新区生态城市的快速建设，同时为我国其他城市新区的生态城市建设提供参考和借鉴意义，也是新时期针对城市新区两级管理模式的"生态导向"的城市新区规划与管控体系的重要探索。

开放大数据支撑下的城市空间活力评价

蒋金亮
江苏省城市规划设计研究院

以人为本的新型城镇化成为城市发展新的趋势，更加具有活力的城市环境日益成为许多城市发展的主导目标。城市空间活力反映在城市空间这一物质载体中，根据《雅典宪章》提出，城市分为居住、交通、工作及游憩四大功能分区，城市活动按照功能分区进行界定。美国社会学家欧登伯格提出第三空间的概念，他把家庭居住的空间称为第一空间，把花费大量时间工作的职场空间称为第二空间，而其他购物休闲空间成为第三空间，如城市的酒吧、咖啡馆等。传统数据环境下对于城市活力评价和分析多在定性层面进行指标分项的描述，总结不同因素对活力影响关系。在互联网时代背景下，国内已有学者对街道、商业空间活力进行量化评价，但现有分析较多针对城市某一类特定空间，侧重从不同指标体系分析特定空间活力特征、规律，缺少对城市空间整体分析。按照不同功能空间划分，本文将城市空间活力研究按照居住、就业及休闲空间进行界定，借助开放数据中地图数据表征不同空间设施建设情况，通过定位数据反映人流活动进而表征城市空间活力，在分析不同城市空间活力特征基础上，引入城市空间设施活力匹配度分析，对不同空间城市活力进行评估，对城市空间活力提升提出建议，提升城市建设空间品质。

1 研究假设及方法

1.1 研究假设

选择南京主城区为研究区域，将 POI 设施分别对应到居住、就业和休闲三类空间。同时，根据不同空间的时空行为规律，界定23点、10点及20点的活动时间分别对应居住、就业和休闲空间的活动时间，进而结合腾讯热度数据表征不同空间空间活力度（图1）。

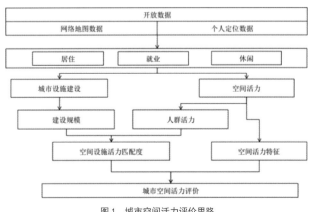

图1 城市空间活力评价思路

1.2 研究方法

本文以交通小区作为研究单元，引入空间设施活力匹配度公式对城市活力建设进行评估。具体公式如下：

$$A = \frac{Pop/Area}{Num}$$

其中 A 表示不同交通小区空间设施活力匹配度，Pop 表示交通小区某一时段人流聚集总数，$Area$ 为交通小区面积，Num 表示某一类型 POI 设施总量。空间设施活力匹配度数值越高，表明范围内人流活力与设施建设匹配度较好，空间活力较强。

2 研究结果

2.1 空间活力特征

居住空间活力度较高的区域主要在南京老城区、河西、江宁、桥北及六合一带。其中以主城区居住空间人群活跃度最高，新街口、湖南路及城南地区，河西地区万达广场附近人群活力较高，江宁的东山镇、百家湖和九龙湖地区居住空间活力度较高，江北的桥北和大厂片区居住人口较为密集。目前在居住空间分布上，南京以呈现以老城区为核心，河西、江宁、仙林和江北多点分布的辐射状方式，"一主多副"的城市中心体系基本形成（图2）。

图2 居住空间人流活力分布图

就业空间活力度较高的区域主要分布在主城区。具体以主城区的新街口、夫子庙、湖南路附近就业空间活跃度高，其他如河西、江宁、仙林及江北等区域就业空间活跃度明显不如主城区。新城或副城在建设过程中，城镇居住空间发展较快，产业空间的建设未能配套跟进，职住不平衡的情况较为凸显（图3）。

休闲空间活力度较高区域在空间上呈现一种"大分散、小集中"的分布特征，商贸中心的服务功能明显，外围新区的商贸中心建设有强化，四级商业中心网络体系基本形成。从体量上看，新街口商业中心占有绝对优势，河西中市级商业中心与新街口相比存在差距。湖南路、夫子庙等副中心基本形成。仙林、东山、浦口等商业副中心基本形成，与主城内商业中心呈现明显的梯度结构（图4）。

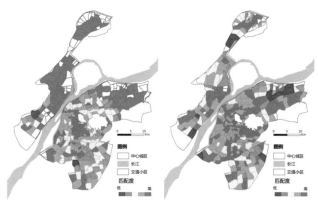

图5　居住空间设施活力匹配度　　　图6　就业空间设施活力匹配度

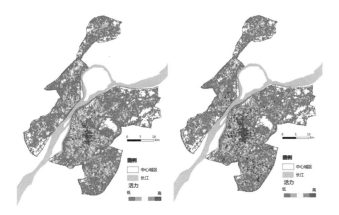

图3　就业人流空间活力分布图　　　图4　休闲空间人流活力分布图

2.2　空间设施活力匹配度分析

居住空间设施活力匹配度较好的区域主要集中在南京老城区、江北部分区域、仙林地区，其中老城区属于居住用地和设施较为密集，人口也相对聚集，仙林地区、江北地区的桥北、高新区及六合地区居住设施密度低于老城区。但随着新城（副城）的发展，配套设施逐步建设，对于主城人口疏散起了一定作用。匹配度较低的区域主要集中在城北、江宁、江浦及洪家园等区域，具体指城北的燕子矶、万寿等片区，江宁的岔路口、东山镇、将军大道等片区，江浦靠近老山片区，以及秦淮区洪家园片区（图5）。

就业空间设施活力匹配度较好的区域以主城区为主，江宁、仙林及江北部分地区匹配度也较好。主城以服务业和高新技术产业为主，聚集商务、商贸、科技、信息和综合管理等高端服务职能，对就业人口吸纳能力较强，且主城基础具有较好基础设施条件，服务设施集中，人力资源相对丰富，综合服务能力强。匹配度较差的区域主要集中在江北、江宁和仙林三个副城，第二产业或大学城的快速拓展和延伸，而生产性公共服务设施和生活性公共服务设施的配套建设相对滞后，导致了副城地区的综合服务能力相对较弱（图6）。

休闲娱乐空间设施活力匹配度空间格局表现在主城区存在一定程度的空间差异。主城区的老城片区匹配度较高，北片和南片相较老城区，服务业发展和商业设施建设相对滞后，未能形成强有力的商业中心，在商业辐射力方面存在一定的差距，影响副城功能实现。以河西地区为例，虽然在河西中部布局万达广场，对周边产生一定的人流聚集效应，但是奥体周边大型购物中心、高档百货店等大型商业设施建设相对

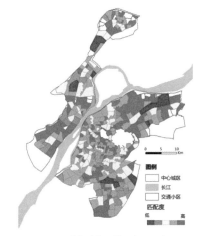

图7　休闲空间设施活力匹配度

滞后，运营起步较晚，对周边辐射能力有限。另一方面，河西地区整体超市、便利店、购物中心等业态分布相较于老城区较为零散，在数量、规模方面难以与老城区匹敌（图7）。

3　结论与讨论

本文结合时空大数据对研究区范围内居住、就业和休闲空间结构进行识别和分析，较之以往依靠小样本数据做出评估的模型和分析方法，可以为城市中心体系识别提供更坚实的基础。本文通过POI设施识别城市物质空间建设情况，通过居民活动反映城市活力强度，对二者匹配度进行分析，按照结果进行分类，可以对城市人地发展不匹配地区进行识别。基于开放的网络地图数据和移动设备检测数据，能够实现对城市空间的精细化评价，特别是在对于研究资料相对匮乏的情况下，借助开放数据能够快速对城市空间进行定量评价，促使传统的规划实施评价向精细化方向迈进。但目前在数据和方法上活力评价都处在探索阶段，后续将结合更多指标体系对城市空间进行综合评估，为城市公共服务设施配置、综合交通等规划提供更详实、精确的数据，提高规划科学化水平。

建成遗产旅游可持续发展量化模型框架和展望

任伟博士　阿拉丁旅游研究院
郭昭隽　复旦大学中国语言文学系

1　研究背景

建成遗产涵盖了以建造方式形成的建筑遗产、城市遗产和景观遗产三大部分，亦可总括表述为历史环境，即具有特定历史意义的遗产，城乡建成区及其景观要素。建成遗产的可持续发展旅游研究，在国际和国内日益受到重视。

2　国际框架

联合国第 70 次大会将 2017 年定为可持续发展国际旅游年，联合国认为这是一个在提供公众和企业决策者，以及可持续旅游发展的贡献意识，鼓励所有利益相关者共同努力的绝佳机会（United Nations，2017）。2017 年在西班牙召开的国际旅游交易会（FITUR）致力运作新型可持续发展旅游模式，FITUR 向与会者宣传推广旅游产业对经济、社会以及环境可持续发展方面的贡献（FITUR，2017）。美国科罗拉多州立大学大卫·奈特提出在如何衡量发展的可持续方面，有四点值得关注：加强制度参与的必要性，提高经济竞争力的必要性，维护社会凝聚力的必要性和从环境角度限制吞吐量的必要性。

3　国内框架

2017 年，中国建筑学会城乡建成遗产学术委员会在同济大学正式成立，这是我国建成遗产保护与再生领域的第一个学术组织。与此同时，"建成遗产：一种城乡演进的文化驱动力"国际学术研讨会在同济大学举行。汪黎明在 2007 年指出古村镇旅游持续发展须处理好几方面的关系：正确处理资源保护和利用的关系，处理好古村镇管理方与当地居民之间的关系，古建筑保护利用与城镇化建设之间的关系，新旧生活方式之间的关系，旅游资源与旅游产品的转换关系以及传统文化与现代文明之间的关系。2017 年 4 月 5 日，联合国教科文组织世界遗产与可持续旅游中国试点项目签约仪式正式启动，联合国教科文组织"世界遗产与可持续旅游"中国试点项目是全球范围内首个该专题能力建设与案例研究相结合的项目，它为世界遗产保护和管理的策略升级提供了良好的契机，对实现遗产保护和可持续旅游的共赢发展具有重要意义。中山大学旅游发展与规划研究中心根据世界旅游组织 GOST 项目的指标与方法已经成功完成了部分旅游目的地的可持续发展监测。在实践尝试中，任伟 2016 年在第 5 届金经昌中国青年规划师创新论坛上发表《建筑遗产旅游可持续发展规划思路初探》，提出了评估建筑遗产景区可持续发展的模型，同时把牛津城堡作为案例进行研究。研究指出，建筑遗产的可持续发展规划应从经济、环境、社会和管理四个方面着手，建筑遗产规划方案不仅仅需要考虑建筑遗产本身的历史文化价值，也要充分考虑与当地社会和经济发展相协调，考虑不同利益相关者的需求。2017 年，任伟针对如何解决发展文化遗产地区经济与保护保护文化遗产的冲突，在世界上首次提出了世界遗产可持续发展旅游社区新型概念规划，编制了《建成遗产类旅游目的地可持续发展旅游社区新型概念规划手册》，该概念规划正在被中国某央企推广到更多的地方政府旅游目的地开发实践中。

4　发展展望

虽然建成遗产可持续发展旅游目的地的研究有了一定的进展，但是目前没有一个量化模型去评价可持续发展的绩效。2017 年 4 月，联合国世界旅游组织统计委员会提出支持开发评价可持续发展旅游的国际性量化评价指标（Measuring Sustainable Tourism），指标包含可持续发展旅游的维度（经济，环境和社会）以及层级（全球，国家和地区）（UNWTO，2017）。国际的量化模型有一定前瞻性，并不见得会符合中国旅游行业发展的实际情况。国际组织和机构提出的量化模型，主要针对于旅游目的地在景区量化方面的缺陷。国际上量化指标主要以旅游目的地游客和当地企业的基本信息统计为主，对单一遗产类旅游景区的研究较少。针对性的提出建成遗产旅游可持续发展量化模型框架，对如何评价可持续发展旅游至关重要。

制定建成遗产可持续发展的量化模型主要有五个步骤。

第一，选择评价建成遗产可持续发展旅游的影响因子和指标

建成旅游产品的差异化是吸引游客的重要因素，每个旅游产品都有不同特点，处于发展不同阶段，所以在评估旅游标的前需要因地制宜进行分析。建成旅游产品一般分为旅游目的地和旅游景区，旅游产品的管理角色、利益相关者不同，所以在进行选择影响因子和指标的问题上会有很大的差异性。在分析的维度上，建成遗产可以分为经济、环境、社会和管理四个维度。每个维度设立评价指标和次级评价指标（图1）。

第二，确定每个评价指标的权重

充分考虑到利益相关者在旅游规划中的不同作用。例如有些利益相关者希望景区的经济利益最大化，而有些人希望

图1 建成遗产可持续发展旅游评价体系

利益相关者	权重评级方法	案例：项目一权重比例	列：项目二权重比例
政府	准则决策方法进行问卷	20%	60%
实际管理者	查收集影响因子重要性	30%	20%
游客	比重	40%	5%
三方机构		10%	15%

图2 多准则决策方法权重评级框架

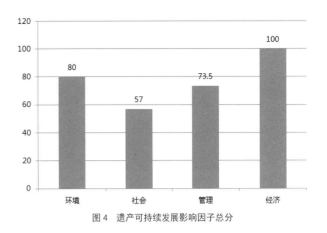

图4 遗产可持续发展影响因子总分

5 总结

　　建成遗产旅游可持续发展量化是发展的必由之路，量化以后对景区进行评分可以建立可持续发展旅游排名，利用排名督促管理旅游资金支持和配套政策，从而迫使旅游标的从被动的进行可持续发展改革转为主动进行可持续发展改革，深度促进推动整个旅游行业进行可持续发展的浪潮。

文化遗产的权益保护最大化。在如何去平衡二者之间的问题上，可以为他们设置不同的权重（图2）。理想的权重模型不应该固守陈规，需要充分考虑到具体的案例。多准则决策方法（Multi-Criteria Decision Making）可以根据不同的案例支持迥异的权重模型。

　　第三，计算建成遗产可持续发展指数

　　制定好影响因子的评分标准以后，通过比对得出每个影响因子的分数，再用单一分数去乘以权重得出该项建成遗产可持续发展指数（图3）。通过进行汇总，可以计算出该景区的整体遗产可持续发展指数。

			环境	社会	管理	经济
案例：项目一	权重	政府	30%	15%	45%	10%
		管理者	10%	30%	20%	40%
		游客	20%	30%	30%	20%
		三方	40%	20%	10%	30%
	单项分数		80	60	70	100
	总分		80	57	73.5	100

图3 遗产可持续发展指数

　　第四，校正数据

　　分析权重数据和影响因子数据的可靠性和误差，进行校正。

　　第五，建立并运营建成遗产可持续发展大数据模型

　　汇总并且统计多个建成遗产可持续发展旅游因子的分数，根据四个维度和单项因子建立数据库，根据数据以及影响因子的变量形成最佳分数范围（图4）。通过对比建成遗产和数据库中影响因子分数，指出建成在哪些方面可以提高。

浅谈交通需求管理

——以迈阿密都市区推行弹性工作制为例

杨 颖
上海同济城市规划设计研究院

1 交通需求管理政策

交通需求管理（Travel Demand Management，TDM）作为交通政策中重要的类别，旨在通过影响出行者的出行时间、需求以及出行方式，在交通产生的源头采取措施，达到减少或重新分配出行对空间和时间需求的目的。在中国，交通需求管理还是一个新兴事物，但是在美国，早在 20 世纪 70 年代，TDM 的政策就已经开始实施。当时政策提出的原因有很多，包括能源危机，兴起的交通拥堵问题，人们日渐意识到使用汽车对空气造成的污染，以及越来越多的公司因为高租金搬离市中心导致的通勤成本增加。由于日常通勤交通的重要性，TDM 的政策有很一大部分是关于工作者的，例如"通勤拼车"和弹性工作制等。

本文重点研究 TDM 政策中重要的一条，弹性工作制。弹性工作制指在规定的一天工作时长下，员工可以自由选择自己的上下班时间。但是这样的制度实行到底会不会达到交通规划者预期的效果，让员工选择避开早晚高峰出行呢？到底什么样的人群更容易被弹性工作制影响呢？这些问题是我研究的主要内容。通过迈阿密都市区的交通出行调查数据分析，我建立了一个多层次 Logit 模型，利用回归分析，检测及预测弹性工作制是否会对工作者的出行时间会有影响，以及什么样的工作者会更容易接受弹性工作制？例如是男人还是女人？什么工种？有家庭还是单身？

2 研究区域

本文的研究区域为迈阿密都市区，包括迈阿密（Miami）、罗德岱堡（Fort Lauderdale）、庞帕诺比奇（Pompano Beach）三个城市所在地区，位于美国佛罗里达的东南角。根据 2015 年美国人口调查，迈阿密都市区的总人口为 550 万人，位列全美第八位，同时也是美国提供最多就业机会的地区之一。都市区内部每天长距离的通勤需求非常大，有一条轨道交通穿梭在三个城市之间。

交通需求管理政策在迈阿密都市区已经实行了多年，包括高速公路 I-95 上的快速通道，政府从 1998 年就开始推广的"拼车"项目，当然还包括弹性工作制。在政府发布的 2035 年远期交通规划中，着重提到了交通需求管理的重要性。虽然政策施行已久，但迈阿密的堵车在美国相对来说也算是比较严重的，全年堵车时长排在美国第 11 位。考虑到将近 300 万的就业人口，针对工作者的交通政策对于改善早晚高峰的拥堵至关重要，此次研究的成果也会对政府考虑是否推广、怎样推广弹性工作制有一定借鉴作用。

3 研究数据

本文主要的数据来源是 2009 年美国全国交通出行调查数据，提取其中 1069 条迈阿密都市区的基于家庭的工作出行（Home-based work trip—HBW），详细信息包括出行相关数据和出行者的个人数据。出行相关数据有出行目的、出发时间、出发点和目的地、出行时长及出行方式等；出行者个人数据有性别、人种、工作行业和家庭信息等。

有了详尽的出行数据，笔者还增加了一项很关键的因素，出行者工作地点的就业密度，由此来判断目的地的拥堵程度。在阅读过大量文献后发现，工作地点的就业密度越大，极有可能在早高峰该地点越拥堵，那么出行者有更大的可能性会提前一点离开家。因此回归分析模型中加入"工作地点就业密度"这一参数。

4 研究步骤

本文的工作流程是先对这 1069 条出行数据进行描述性统计，判断哪些参数应该被纳入模型中，然后建立了三个多层次 Logit 回归模型，得到效用函数，以此进行多个情景模拟，测试弹性工作制对工作者出行时间的影响。如图 1 所示。

首先将出行者早上出行时间按照 15 分钟分成多个时段，笔者发现，早上 6 点半至 8 点半是出行的集中时间段，因此，在模型里将早上的时间分为三个时间段，出行高峰（6 点半至八点半），高峰前（6 点半之前）以及高峰后（8 点半至 12 点）。如图 2 所示。

图 1 工作流程示意图

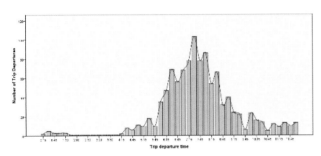

图 2　早高峰出发时间分布图

5　结果与讨论

在模型调试的初期，笔者加入了很多认为影响出行者出行时间的影响因子，再慢慢排除不显著的因子，最后得到了一个所有参数都在 ±90% 置信区间或以上的显著模型，如表 1 所示。

表 1　工作出行时间显著模型

	Pre Peak 高峰前		Post Peak 高峰后	
	Coefficient（系数）	std.err.（标准偏差）	Coefficient（系数）	std.er（标准偏差）
Constant（常数）	-1.621***	0.436	-1.277***	0.386
Flextime（弹性工作制）	-0.188	0.199	0.648***	0.175
Individual social-demographics（出行者个人信息）				
Female（女性）	-0.394*	0.194	-0.408**	0.182
Race（种族）				
White（白人）	-0.110	0.227	0.634**	0.257
Education Level（教育程度）				
Bachelor's degree (BA, AB, BS)（学士）	-0.471**	0.215	-0.055	0.202
Graduate or Professional Degree (MA,MS,MBA,MD,PHD, EdD, JD)（研究生）	-1.014***	0.305	0.092	0.236
Employment-related characteristics（工作相关信息）				
Employment Status（工作状态）				
Full-time（全职）	0.112	0.334	1.134***	0.229
Job Category（行业）				
Sales / service（销售）	0.541**	0.217	0.931***	0.194
Manufactory,construct, maintenance, or farming（制造业、建筑和农业）	0.846***	0.295	-0.222	0.407
Work Location Employment Density (Jobs/acre)（工作地点工作密度）	0.00005**	0.00002	0.00004*	0.00003
Trip Miles（通勤里程）	0.037***	0.008	0.014	0.010
Interaction Variables（交互变量）				
Flextime * White（弹性工作制*白人）	-0.356	0.377	1.467***	0.327
Flextime * Graduate（弹性工作制*研究生）	-1.024**	0.436	0.265	0.274
Flextime * Fulltime（弹性工作制*全职）	0.905**	0.387	1.229***	0.331
Flextime*Employment Density（弹性工作制*工作地点工作密度）	-0.00025**	0.0001	0.00004	0.00007
Summary Statistics（样本数 1069 个）				
Full Model	Log likelihood function = -827.478			
	R² = 0.1244　Adjusted R² = 0.1116			

* 表示置信区间为±90%;

** 表示置信区间为±95%;

结果显示，在迈阿密都市区，如果有弹性工作制的选择，工作者更有可能 8 点半之后离开家，也就是会避开高峰出行，这证明了弹性工作制在迈阿密地区具有一定影响人们出行时间的能力，推广这一政策对于缓解交通拥堵有一定意义。

在得到显著函数之后，笔者还做了多种情景模拟，第一种，给随机 20%、40%、60% 的原先没有弹性工作制的工作者提供这个自由；第二种，针对不同行业提供不同比例的弹性工作制；第三种，给在不同地方工作的人不同比例的的弹性工作制。

结果显示，如果制造业、建筑业等劳动业从业者，以及在高就业密度地方工作的人，例如 CBD，他们有弹性工作制，有选择上班时间的自由的话，相较于其他行业的人，他们更愿意避开高峰出行。因此，针对这些特定的公司实施弹性工作制，有更大的可能性对缓交高峰拥堵起到更大的作用。

6　结语

本文利用美国的出行数据，针对特定区域做模型分析，为当地政府制定交通政策提供借鉴。针对中国的不同城市，模型结果肯定有很大区别，但是，这种数字统计学的回归模型方法对于我们未来预测、验证我们的规划方案确有一定借鉴作用。当然，建立回归分析模型对基础数据有更详尽的要求，例如应用于本模型的交通出行调查数据，要求针对出行者个人信息的数据尽量详细，以便后期模型中能加入人群特征的参数。而目前的交通调查中，普遍针对出行本身的数据调查居多，例如出行目的、起讫点、出行时长等，缺少对个人信息的调查，以至于后期规划决策判断缺少相关数据支撑。

交通需求管理这一政策研究在中国尚处于起步阶段，这与目前我国大多数地区仍处于以基础道路设施建设为主的阶段有关系。然而很多大城市的实际经验却一次次告诉我们，一味的基建对于很多交通问题并起不到关键性的帮助作用，因此不少城市也开始转向在交通产生的源头采取措施，例如不少大城市采取的单双日限号、拍车牌，以及引起广泛讨论的北京是否实行"拥堵收费"，等等。随着城市建成空间的饱和，城镇化速率减缓，我们的规划重点应该会逐渐从空间用地上的规划，逐渐转向对软环境，例如政策研究、空间品质提升、需求管控等方向的研究。届时，规划师的工作中政策研究会越来越重要，相较于目前对于政策保障章节的一笔带过，运用科学严谨的数理统计方法预测与验证政策条例的重要性会得以凸显。

未来已来

——虚拟现实技术下的城市规划

胡　剑
上海同济城市规划设计研究院

1　引言

虚拟现实与城市规划，这个话题跨度太大，很多人认为是风马牛不相及的事情，这两者怎么扯到一起的呢？

首先谈谈什么是虚拟现实技术，也就是所谓的 VR 技术。虚拟现实技术就是利用电脑模拟产生一个三维空间的虚拟世界，提供使用者关于视觉、听觉、触觉等感官的模拟，让使用者如同身历其境一般，可以及时、没有限制地观察三度空间内的事物。VR 主要有三个特征，分别是可感知性、沉浸感和交互性。可感知性指使用者可以通过 VR 系统感知其所具有的视觉、听觉、触觉等感觉信息，在虚拟环境中，用户几乎可以体会到一切真实环境；沉浸感指使用者以主角存在于虚拟环境中，场景随使用者视点的变化而变化；交互性指使用者可以通过三维交互设备直接操纵虚拟世界中的对象，虚拟世界中的对象也能够实时地作出相应的反应。

对普通大众来说，虚拟现实似乎只能在科幻大片中才可看到，至今仍有不少人认为虚拟现实技术还处于想象阶段的未来技术。其实，随着 VR 技术的发展，越来越多的 VR 设备已经实实在在地出现在人们地生活里，包括苹果、谷歌、脸书等越来越多的互联网公司纷纷在 VR 领域投资布局。

VR 可以实现实时三维显示，对观察者头、眼和手的跟踪，以及触觉／力觉反馈、立体声、网络传输和语音输入输出等。脸书总裁扎克伯格多次在公开场合强调"虚拟现实将是下一代基础设施平台"。可以说虚拟现实技术时代已经到来。

虚拟现实作为基础设施平台，除了自身技术的发展，更重要的是内容的完善。各类 VR 内容将会按时间顺序先后发力。从内容发展趋势上看，虚拟现实技术与设计相融合的内容属于中前端，可以说"VR+ 设计"已经成为未来设计界的趋势。如图 1 所示。

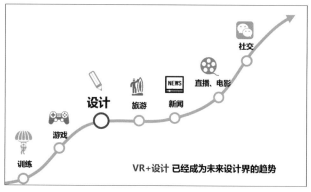

图 1　虚拟现实的内容发展趋势

其实在室内设计领域，虚拟现实技术已经开始了实际应用，室内设计师利用 VR 技术使客户沉浸到设计场景的家居环境中，大大地提高设计师的设计效率，降低了装修设计方案的沟通成本。当虚拟现实技术时代到来的时候，规划师依然在伏案画图。

2　虚拟现实技术在城市规划中的应用

一千年以前的建筑师就在用图纸出规划方案了，而至今还没有发生改变。利用图纸上规划城市自然有好处，因为图纸表达结构清晰、符合人类思维方式。但是，图纸表达依然是一种二维化的表达，依然是一种描述城市终级蓝图的表达，依然是一种符号化的表达。

不论是规划图纸，或者是现在经常运用的城市模型和三维动画，只能获得鸟瞰效果，或者按照动画路线进行观察，本质上依然是静态二维的。而城市是多姿多彩，是持续变化的。在静态的 2 维空间（图纸、模型）上理解和表达丰富的城市，显然是不合适的。

城市规划需要真正变革性的规划手段，这种手段一定是具有前瞻性的、一定是多维表达的、一定是易于理解的。而虚拟现实技术可感知性、沉浸感和交互性的特性，恰恰提供了这种变革的可能性。当 VR 的优势与规划行业的需求结合时，其结合点主要在规划设计、公众参与、城市规划管理三方面。

2.1　虚拟现实下的规划设计

对规划师而言，VR 通过构建高仿真、沉浸式的模型空间。使规划师在模拟的真实空间中对设计方案虚进行修改，所做修改实时反应，直至最终完成规划方案，实现一种高效率、精细化的设计。彻底改变了传统方式利用二维模拟规划方案的做法。

规划师可观察现有设计方案对已有周边建筑的影响情况，颜色是否协调，高度是否阻挡采光等问题，并支持实时切换规划方案，直观地感受多种环境方案，做出客观且全面的对比。如图 2 所示。

2.2　虚拟现实下的公众参与

对公众而言，传统的规划语言和符号过于专业性，如同天书，公众参与度低。通过 VR 技术真实再现城市规划设计的方案，通过临场感，向评审者或公众展示规划，使公众可以切身感受到规划项目，同时可实现向规划师的反馈。

建设前　　　　　　　　建设后

图2　利用虚拟现实技术进行规划设计方案比选

2.3　虚拟现实下的城市规划管理

对城市管理者而言，虚拟现实不仅可以十分直观地表现虚拟城市环境，而且可以模拟各种设定情景仿真，如早晚通勤高峰、环境质量等，可以让城市管理者提出针对性的对策。

2.4　虚拟现实技术在城市规划中的应用实例

通过一个综合的案例，可以更加清晰的认识到 VR 在城市规划领域的优势。东京涉谷站区域准备继续扩建商业和办公室等设施，预测这个地区将面临人流、车流的增长，并有可能带来严重的交通滞留问题。因此该地区规划建设一个以形成综合优良交通环境和绿化配置的高品质的步行空间为目标的人行天桥。设计师将该目标分解为四个模型进行构建。首先是人行天桥和周边相关的道路环境的三维模型的构建；其次是人行天桥、机动车道的声音环境构建；第三是人行道的生态设计以及沿路空间热岛效应等现状的环境治理模型；第四是人行天桥构造太阳能电板的设置和对设计方案的影响模型。同时在虚拟环境中实现交通流和天气等自然环境的自由设置，并通过叠加时间维度，创造一个四维的虚拟现实环境。公众通过 VR 系统对多个设计方案评价，形成意见并反馈给设计师，设计师通过不断调整参数，直至形成最佳方案（图3）。

可以说，虚拟现实技术与城市规划相结合，完成了静态二维规划到动态三维规划的跨越，实现了规划技术手段的真正变革。

3　结语

当然，虚拟现实技术对城市规划改变的远不止如此。未来，当科学技术继续发展达到一定阶段后，以 VR 技术核心，利用 GIS 构建数据库，同时高度集成 AI 和云计算技术，对空间数据、属性数据、城市运行规律等所有的城市信息进行整体性的逻辑构建，实现城市全要素模拟，打造一个平行于现实世界的智能虚拟城市。对我们规划师而言，借助这样的技术平台，可以实现城市动态运营模拟，回测城市发展与变迁，推演城市发展未来，实现整个城市资源的优化配置和规划的最优解。如图4所示。

在规划技术手段的发展历史中，没有任何一种技术手段像虚拟现实这样可以真正实现规划师的理想，虚拟现实技术和城市规划结合将会创造无限可能。未来已来，一起拥抱未来吧！

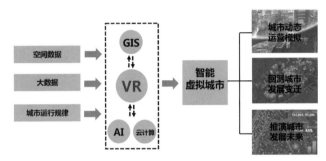

图4　未来虚拟现实技术与城市规划结合展望

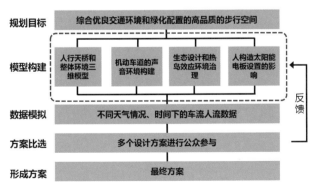

图3　东京涉谷站人行天桥设计利用虚拟现实技术实现模式

人民的民意

——微调查技术在城乡规划中的应用

燕存爱　夏慧怡　上海同济城市规划设计研究院
任琛琛　同济大学建筑与城市规划学院

1　什么是"微调查"

1.1　微调查与技术平台 Planbook 概况

微调查技术平台（Planbook）是由同济大学课题组自主研发，基于手机移动端软件（微信、qq 等）针对用户主、客观数据进行收集、分析的城乡规划问卷调查技术平台。项目出发点是为了优化和改善城乡规划公众参与问卷调查的参与度不高和调查成果可信度低的问题，利用微信、qq 等当前广泛应用的手机移动端应用为载体，实现基于热点收集（定时、定点）有目的性的公众参与问卷调查。

1.2　微调查的特点

1.2.1　方便有趣，规划易懂

通过手机端软件（图 1），方便进行民意调查，结合现场规划专业人员讲解沟通，起到宣传推广规划作用。

1.2.2　化繁为简，碎片整合

把复杂的规划专业调查问卷进行拆分，通过调查平台自动收集民众在碎片时间提供的碎片信息，利用核心"碎片整合（FI，Fragmentary Integration）"技术，分析民众对城市、乡村及规划的意见和建议。把原先需要 100 人做 100 道问题需要搞清楚的调查问题，转化为 2000 人每人做 5 ~ 10 道题进行整合分析。如图 2 所示。

1.2.3　后台运算，安全可控

平台后台利用标准"客户需求判别模型（CDM，Customer Demand Model）"对问卷结果进行深入分析和判别，基于

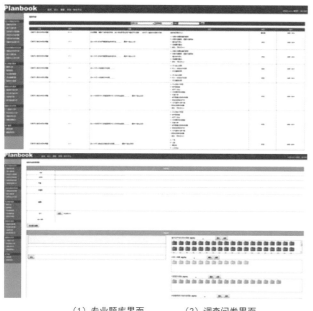

（1）专业题库界面　　　（2）调查问卷界面
图 1　平台软件主要界面图（来源：软件界面截图）

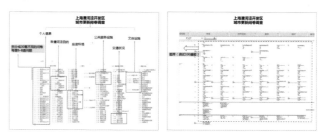

图 2　漕河泾开发区现状调查问卷拆分与整合示意图（来源：作者自绘）

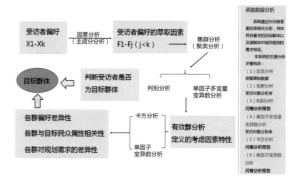

图 3　Planbook 平台对民众规划需求分析的一般流程示意图

SPSS 和 SAS 统计分析结果来总结分析民众在调查过程中对城市发展和规划表现出的需求因素和意见。如图 3 所示。

1.2.4　专业评估，有效验证

引入问卷答案"有效性指数（EI，Effectiveness Index）"，通过比对受访者答题时的综合情况，包括：①答题速度、②答题时间、③行为模式、④前后逻辑一致性等因素对问卷答案进行有效性验证，优化民意调查分析结果。

2　城乡规划领域哪里会用到微调查

微调查技术平台已被成功应用到城乡规划领域的各种调查项目中，如安徽繁昌县旧城改造项目、云南富源县城市总体规划项目、安徽合肥环巢湖旅游发展规划项目和乡村规划项目，等等。

微调查在这些项目中的应用，极大地提高了调查效率和效果。相信在城乡规划领域中，还有很多问题等待被探索和挖掘，微调查也一定能发挥更加广阔的作用。

3　案例：安徽合肥环巢湖周边旅游发展规划微调查报告

3.1　准备阶段

调查准备工作始于 2016 年 8 月上中旬，历时 2 周，主要完成工作如下：

（1）提交调查问卷初稿与甲方沟通调整修改；

（2）线上平台测试服务器运行状况；

（3）进行内部小规模测试调查。

3.2 调查阶段

整个过程跨越 2016 年 8—10 月，历时三个月，主要完成工作如下：

（1）8 月中旬在线平台正式开启，随着政府机关网站、官方微信群的陆续传播，在线平台收到当地群众填写的在线问卷；

（2）在 8 月 20 日、8 月 21 日（周六、周日），项目组在合肥市杏花公园、天鹅湖公园、滨湖湿地森林公园和三河古镇等地展开"扫码送红包"现场活动；

（3）在 9 月 24 日、9 月 25 日（周六、周日），项目组在第十届中国（合肥）国际文化博览会、合肥市规划局展台展开民众问卷调查活动。

3.3 调查报告

3.3.1 典型意群分析

如表 1 所示。

表 1 受访者意群包含内容情况表

3.3.2 对比分析结果

环巢湖周边游玩花费预算（请问您本次出行旅游的人均预算是多少）（图 4）

游玩花费：游客 > 商科人士 > 市民。

主要区段：500；300 ～ 500；100 ～ 300（单位：元）。

在环巢湖周边游玩花费预算问题上，市民、商务科研人

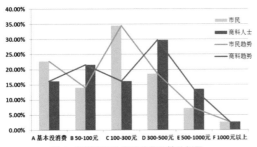

图 4 环巢湖周边游玩花费预算分析图

士（以下简称"商科人士"）和游客表现不同。其中，市民与商科人士的差异在于合肥本地市民的消费主体区间在 100 ～ 300 元档次，而商科人士的消费主体区间在 300 ～ 500 元档次，而且商科人士平均花费要高于本地市民；游客普遍消费更高于市民和商科人士，其中有近 50% 游客花费大于 500 元档次。如图 5 所示。

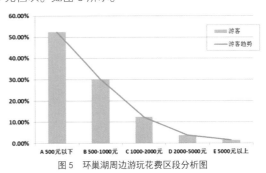

图 5 环巢湖周边游玩花费区段分析图

4 启示、结语与展望

4.1 启示：公众参与重新回到学界视野

根据北京大学胡云（胡云，2005）的概括，公众参与是在社会分层、公众和利益集团需求多样化的情况下采取的一种协调对策。自 20 世纪 40 年代末起，公众参与理论与实践在英国、德国、美国和加拿大逐渐发展（陈志诚、曹荣林、朱兴平，2003）。经历近 70 年的发展，公众参与在国外已经作为城市规划的方法论以及社区规划的组织基础被反复实践并且有一套自身的工作模式。在新常态下，中国经济增长将趋于平稳，增长动力更为多元，增长特征将由速度和数量转变为协调和质量，新的规划创新思维正在逐步形成。（樊森，2015）

但是在国内，根据美国规划师谢莉·安斯汀（Sherry Amstein）将公众参与分成的三种类型和八个层次来看，我国现阶段公众参与处于初级阶段，属于象征性参与（胡云，2005）。这当中既有原先因为城市发展经济效率的考量因素，也有民众作为公众参与主体的成熟度对城市规划公众参与效果的影响（莫文竞等，2012），使得我国在城市规划方面的公众参与理论与实践发展速度不相适应，理论走在了实践之前。

4.2 研究结语

十多年之前，规划院校的课堂上普及日本和西方社区规划的模式时，学生们对这种效率十分低下的规划模式显得不甚理解，彼一时间中国速度式规划和建设更加看重的是结果的科学性和合理性。随着时间流逝，建设的加速度放缓，学界开始认识到规划过程的科学性和合理性也是规划成果得以实现的保障，因此公众参与的思维方式被提上了台面。

让规划对象也参与到规划决策的过程中来，是理论界一直坚持的规划原则，本研究则是从实践和方法论层面探索这一原则的操作方式。前辈大师们曾指出，城市规划就是具体为人民服务的工作。在当前的项目实践中，渐渐感受到这句话的分量，相较于传统规划过程，能够更加直接、更加真实地接触群众、沟通群众，并且能够感受到城市规划一词在一张张图之后所承载的民众期望。

后 记

第 6 届"金经昌中国青年规划师创新论坛"征稿采用单位推荐和个人报名的方式，得到了相关单位的大力支持和青年规划师的踊跃参与，共计征集到 101 份报名材料。组委会专门组织了同济大学建筑与城市规划学院教授、论坛主持及策划人就议题对所有材料进行了评议，选取了其中的 28 份紧扣主题、特色鲜明、具有讨论价值的文稿作为青年创新论坛的演讲材料。演讲者来自于高校、科研院所与各类设计机构，形成了一定程度上的多维视角与观点碰撞。受篇幅限制，组委会选取了 85 份材料，并酌情修订成集。不妥之处，敬请谅解。

提交参加第 6 届"金经昌中国青年规划师创新论坛"的讲演材料目录（按收稿时间顺序）：

题目	作者	单位
规划视角下无锡特色小镇的编制思路与方法研究	王 波	无锡市城市规划编研中心
遵循城市发展规律 提升城乡发展品质	郭凯峰	云南省设计院集团
城市非建设用地控制性详细规划编制方法研究	高慧智	浙江省城乡规划设计研究院
外出精英参与的村庄规划编制过程研究	刘天竹	同济大学建筑与城市规划学院
西北地区"特色小城镇"空间品质提升思考	乔壮壮	西安建筑科技大学
新常态下开发区转型创新的"园中园"模式实践	梁印龙 孙中亚	江苏省城市规划设计研究院
基于实施导向的县域宜居乡村规划探索	刘春涛	沈阳市规划设计研究院
基于大数据的中国城市空间扩展综合测度研究	王 蓓 荣毅龙 黄晓春	北京市城市规划设计研究院
信息化视角下城市规划编制在线模式研究——以深圳为例	胡盈盈、钱 竞	深圳市规划国土发展研究中心
面向健康城市和全民健身理念的规划设计反思	谢永红	广东省城乡规划设计研究院
转型期基于"生态导向"的西咸新区规划编制与建设管控实践探讨	张军飞	陕西省城乡规划设计研究院
嘉兴市小城镇环境综合整治	脱斌锋	嘉兴市城市发展研究中心
基于手机信令数据的上海市外来常住人口日常生活空间研究	陈 璞	同济大学建筑与城市规划学院
以流定形——城市记忆的规划价值观与技术框架探讨	段瑜卓	北京城市规划设计研究院
高铁网络化与区域城镇网络格局	韦 胜	江苏省城市规划设计研究院
基于信息熵的铁西区土地利用结构系统演变特征研究	侯 莹	沈阳建筑大学
趣城坂田北片区 DY01 综合发展研究	毛玮丰	深圳市规划国土发展研究中心
沈阳市特色小镇总体发展规划	李晓宇	沈阳市规划设计研究院
"三类空间"划分的前世今生	周 秦	江苏省城市规划设计研究院
推进城市屋顶面更新利用的方法研究	胡 斌	深圳市城市空间规划建筑设计有限公司
关于江苏省区域协调发展的调查研究——以苏南、苏中、苏北的农业和旅游业经济为例	曹瑞冬	温州大学人文学院
提升城区品质与民生设施保障水平	吴 娟	天津市城市规划设计研究院
产权地块作为历史城镇空间形态的研究对象与空间形态管理工具	董 征	同济大学建筑与城市规划学院
区域视野下乡村聚落遗产集群保护模式探索	邓 巍	华中科技大学建筑与城市规划学院
基于水工实验模拟的填海造地空间布局研究	张 赫	天津大学建筑学院
基于流域一体化发展视角下的辽河干流城镇带总体规划	焉宇成	沈阳市规划设计研究院
从配置服务设施到塑造生活中心——邻里中心规划布局比较研究	刘 泉	深圳市蕾奥规划设计咨询股份有限公司
上海城市功能疏解研究	王梦珂	上海复旦规划建筑设计研究院
上海中心城区的职住空间匹配及其演化特征研究	程 鹏	同济大学建筑与城市规划学院
基于"互联网＋"的规划编制组织模式探索	刘 媛	武汉市规划编制研究和展示中心
上海重点区域及潜力地区空间划分的研究方法	高怡俊	上海复旦规划建筑设计研究院
新形势下规划评估的四个转变	曾祥坤	深圳市蕾奥规划设计咨询股份有限公司
开放大数据支撑下的城市空间活力评价	蒋金亮	江苏省城市规划设计研究院

续表

题目	作者	单位
大都市远郊区的科技创新空间营造——以中关村延庆园"创新市镇"概念规划为例	安 悦	中国城市规划设计研究院
农村公共服务空间供给模式改进策略探讨	陆 学	深圳市城市规划设计研究院
传统营建智慧对提升我国当代城市品质的启示	王英凡 崔 羽	陕西省城乡规划设计研究院
纽约区划条例对城市与住宅形态的塑造及启示	李 甜	同济大学建筑与城市规划学院
区域文化视野下的总体城市设计探索——以西安总体城市设计为例	杨晓丹	西安建大城市规划设计研究院
建成遗产旅游可持续发展量化模型框架和展望	任 伟	阿拉丁旅游研究院
基于城乡统筹发展的重庆城郊农村土地利用政策研究	许 骏	重庆市规划研究中心
西北地区镇级市就地城镇化路径探索	宋 玢	陕西省城乡规划设计研究院
英国美丽乡村规划建设的政策演变及启示	陈 轶	南京工业大学规划系
花都"斗南"的抉择：向左走？向右走？	路 倩 陈 商	昆明市规划设计研究院
在线电子地图数据获取与应用	刘俊环	哈尔滨工业大学建筑学院
山地城镇生命线系统的复杂网络研究与探索	万 丹	重庆大学
产城融合视角下开发区规划策略研究——以天津市北辰产城融合示范区为例	高世超	上海复旦规划建筑设计研究院
2004—2014年武汉市小城镇发展效率评价与时空演化特征	时二鹏	华中科技大学建筑与城市规划学院
基于声景营造的城市历史地段空间优化研究	李会娟 许熙巍	天津大学建筑学院
人本主义的城市色彩规划设计——以基于色彩敏感性分析的洛阳城市色彩规划为例	张 翔	南京大学
历史环境中的规划设计方法初探——以西安阿房宫考古遗址公园及周边用地规划设计为例	严 巍	福州大学
"成片连线"——特色镇村群规划建设的成都实践	陈建滨 张 毅	成都市规划设计研究院
海绵城市生命共生系统建构研究——对台州海绵城市专项规划编制的思考	杨 秀	同济大学建筑与城市规划学院
数据自适应城市设计的方法与实践 – 以上海衡复历史街区慢行系统设计为例	曹哲静 龙 瀛	清华大学建筑学院
导控与拼贴：基于公共休憩空间建构的珠三角传统产业镇	李建学	广东省城乡规划设计研究院
"无人机＋"时代城乡规划探索	金锋淑 朱京海 李 岩	沈阳市规划设计研究院、辽宁省环境保护厅、辽宁远天城市规划有限公司
绩效与能动：苏州大都市外围地区空间演化研究	雷 诚	苏州大学金螳螂建筑学院
从雕塑规划到公共艺术规划：转型视角下城市规划的跨界与协同	刘 勇	上海大学
塑造富有品质与特色的现代化小城镇	江慧强	盐城市市规划市政设计院杭州分院
镇域多村连片规划方法研究——以泰兴镇九村连片规划为例	吴童荣	上海同济城市规划设计研究院
基于"完整街道"理念城市品质提升的实践与思考	马思思	上海同济城市规划设计研究院
结构重于品质——从雄安新区"突构"看国家城乡空间结构提升	罗志刚	上海同济城市规划设计研究院
基于数据分析的城市色彩规划研究	白雪莹	上海同济城市规划设计研究院
上海新市镇总规编制规范中的城乡统筹创新	陈 浩	上海同济城市规划设计研究院
城镇交通优势度与城镇化发展水平的空间耦合	张 瑜	上海同济城市规划设计研究院
基于生态恢复的城市湿地公园营造——以达州莲花湖湿地公园为例	林真真	上海同济城市规划设计研究院
浅谈交通需求管理——以迈阿密都市区推行弹性工作制为例	杨 颖	上海同济城市规划设计研究院
拒绝资本，回归生活	陈 悦	上海同济城市规划设计研究院
语义推理技术在智能化规划中的应用	孙洋洋	上海同济城市规划设计研究院
从海绵城市到海绵城乡	刘曦婷	上海同济城市规划设计研究院
守住家园	宋起航	上海同济城市规划设计研究院
理序、提质——上海总体城市设计中的空间高度秩序研究	陈雨露	上海同济城市规划设计研究院
共享单车时代，我们准备好了吗	韩云月	上海同济城市规划设计研究院
皮划艇标准—水岸重塑复兴的创新系统构建	陈竞姝	上海同济城市规划设计研究院
小城大爱，洱海之源	胡佳蓬	上海同济城市规划设计研究院

续表

题目	作者	单位
ppp 模式参与养老领域建设运营的探索	黄 勇	上海同济城市规划设计研究院
全域旅游背景下长白山保护开发区小城镇公共服务设施配置探索	雍 翎	上海同济城市规划设计研究院
未来已来—虚拟现实技术下的城市规划	胡 剑	上海同济城市规划设计研究院
文化空间修补下的老城维护与更新—以湖口县老城改造概念规划为例	朱晓玲	上海同济城市规划设计研究院
星巴克来了—创意经济与休闲消费集聚关系探讨	张子婴	上海同济城市规划设计研究院
街道空间视角下的城市风貌规划管控机制研究—以云南省镇雄县为例	蒋希冀	上海同济城市规划设计研究院
降维思维在规划设计表达中的运用	袁天远	上海同济城市规划设计研究院
微调查在城乡规划中的应用—理念、技术与案例	燕存爱	上海同济城市规划设计研究院
城市运营角度下的规划设计路径—以睢宁人家项目为例	朱钦国	上海同济城市规划设计研究院
"新常态"发展背景下的城市更新模式和实施路径思考	汪 洋	上海同济城市规划设计研究院
代码之余 文化所需	刘亚微	上海同济城市规划设计研究院
四千年的荣耀：农业何以成为一种景观	张金波	上海同济城市规划设计研究院
如何拯救一座衰退型资源城市？	陈超一	上海同济城市规划设计研究院
微生态智慧网络与城市品质提升研究	孙 舸	上海同济城市规划设计研究院
基于公交服务水平和公交优先的工业旧址再开发规划设计	王 博	上海同济城市规划设计研究院
编制工作中新技术推广之难——来自一线实践的经验	宗 立	上海同济城市规划设计研究院
城市星球	房静坤	上海同济城市规划设计研究院
基于能源负荷平稳化的用地布局优化研究	周 梅	上海同济城市规划设计研究院
源＋流：生态约束下城乡生态安全空间框架构建	陈 君	上海同济城市规划设计研究院
从预测人口到论证人口	俞晓天	上海同济城市规划设计研究院
衔接管理，让规划落地——上海单元规划转型思考	杨雨菡	上海同济城市规划设计研究院
劳务经济视角下的贵州省城镇化发展现状评析、特征解释及策略探讨	王 理	上海同济城市规划设计研究院
基于生态安全格局的城市设计——以平顶山白龟湖为例	孙常峰	上海同济城市规划设计研究院
街道印象	殷雨婷	上海同济城市规划设计研究院

参加推荐单位名单（42 家单位，排名不分先后）：

阿拉丁旅游研究院

北京大学城市与环境学院

北京市城市规划设计研究院

成都市规划设计研究院

福州大学

复旦大学

广东省城乡规划设计研究院

广州市城市规划勘测设计研究院

哈尔滨工业大学建筑学院

华蓝设计（集团）有限公司

华中科技大学建筑与城市规划学院

嘉兴市城市发展研究中心

江苏省城市规划设计研究院

昆明市规划设计研究院

辽宁省环境保护厅

辽宁远天城市规划有限公司

南京大学人文地理研究中心

南京工业大学建筑学院

清华大学建筑学院

陕西省城乡规划设计研究院

上海大学美术学院

上海复旦规划建筑设计研究院

上海同济城市规划设计研究院

深圳市城市规划设计研究院

深圳市城市空间规划建筑设计有限公司

深圳市规划国土发展研究中心

深圳市蕾奥规划设计咨询股份有限公司

沈阳市规划设计研究院

苏州大学金螳螂建筑学院

天津大学建筑学院

天津市城市规划设计研究院

同济大学建筑与城市规划学院

无锡市城市规划编研中心

武汉市规划编制研究和展示中心

西安建大城市规划设计研究院

西安建筑科技大学

云南省设计院集团

浙江省城乡规划设计研究院

浙江省建筑科学设计研究院建筑设计院

中国城市规划设计研究院

重庆大学建筑城规学院

重庆市规划研究中心

感谢所有作者对"金经昌中国青年规划师创新论坛"的支持！感谢所有参加推荐单位的大力支持！

第 6 届"金经昌中国青年规划师创新论坛"组委会

2017 年 11 月

图书在版编目（CIP）数据

提升城乡发展品质：第 6 届金经昌中国青年规划师创
新论坛 / 金经昌中国青年规划师创新论坛组委会编 .
-- 上海：同济大学出版社，2017.12
　ISBN 978-7-5608-7566-8

　Ⅰ. ①提⋯　Ⅱ. ①金⋯　Ⅲ. ①城市规划－文集
Ⅳ. ① TU984-53

中国版本图书馆 CIP 数据核字（2017）第 302182 号

第 6 届金经昌中国青年规划师创新论坛

提升城乡发展品质

Urban and Rural Development Quality Improvement

金经昌中国青年规划师创新论坛组委会　编

责任编辑　荆　华　　责任校对　徐春莲　　装帧设计　朱丹天

出版发行　同济大学出版社 www.tongjipress.com.cn
　　　　　（地址：上海四平路 1239 号　邮编：200092　电话：021－65985622）
经　　销　全国各地新华书店
印　　刷　上海安兴汇东纸业有限公司
开　　本　889mm×1194mm　1/16
印　　张　12
字　　数　384 000
版　　次　2017 年 12 月第 1 版　　2017 年 12 月第 1 次印刷
书　　号　ISBN 978-7-5608-7566-8
定　　价　98.00 元